Manfred Noé
Crash-Management in Projekten

Crash-Management in Projekten

Vorbeugen, Erkennen, Analysieren und Überwinden von Konflikten und Krisen

von Manfred Noé

PUBLICIS

Bibliografische Information Der Deutschen Bibliothek
Die Deutsche Bibliothek verzeichnet diese Publikation in der Deutschen Nationalbibliografie; detaillierte bibliografische Daten sind im Internet über http://dnb.ddb.de abrufbar.

www.publicis-erlangen.de/books

Lektorat: Dr. Gerhard Seitfudem, Publicis Corporate Publishing, Erlangen

ISBN-13: 978-3-89578-269-5
ISBN-10: 3-89578-269-6

Verlag: Publicis Corporate Publishing, Erlangen

Printed in Germany

Vorwort

Immer wieder haben sich Philosophen, Theologen, Eltern, Politiker, Wissenschaftler und Wirtschaftsexperten mit dem Thema „Konflikt und Krise" beschäftigt. Die Weltliteratur ist voll von Beobachtungen und Handlungsvorschriften, wie Konflikte und Krisen gehandhabt werden sollen. Viele von uns haben von diesen Denkern gelernt, Konflikte und Krisen in bestimmter Weise zu betrachten und darauf zu reagieren.

Auch als Projektmanagement-Disziplin wird das Thema Krisenmanagement offenbar immer wichtiger, immer häufiger werden „Krisenmanager" gesucht, um in Schwierigkeiten befindliche Projekte zu einem erfolgreichen Ende zu führen. *Krisenmanagement ist und bleibt dabei eine Notmaßnahme in Ausnahmesituationen* („Feuerwehraktion").

Es versteht sich von selbst, dass Unternehmen möglichst alle Krisen vermeiden wollen und daher auch möglichst wenig Krisenmanagement betreiben möchten (sonst würde das Instrument „Krisenmanagement" auch seine Wirksamkeit verlieren). Leider wird dies ein frommer Wunsch bleiben; denn überall dort, wo Menschen zusammenkommen – ob privat oder im Geschäftsleben – ist permanent Konfliktpotenzial vorhanden.

Dieses Buch versteht sich als Sammlung von Hinweisen aus der Praxis für die Praxis. Wenn sich auch jede Krise und deren Folgen in sehr spezifischer Weise äußern und daher keine „Patentrezepte" zur Krisenüberwindung möglich sind, so sind doch häufig ähnliche *Vorgehensmuster* empfehlenswert. Dieses Buch bietet Hilfen, um Krisenvorgänge zu erkennen, um in der Krise die Erfolgsaussichten für eine erfolgreiche Bewältigung der Krise zu erhöhen und so das Beste aus der prekären Situation machen zu können. Es bietet keine Informationen über Organisationsstrukturen im Projektmanagement.

Zielgruppen dieses Buches sind

- Projektmanager und übergeordnetes Management,
- Krisenmanager und
- Mitarbeiter im Projekt.

Nach der Einleitung (Kapitel 1) wird im Kapitel 2 gezeigt, dass Konflikte, Krisen und Katastrophen nicht nur zum Alltagsgeschäft der Unternehmen gehören, sondern auch zum Projektgeschäft. Selbst wenn man durch ein Risikomanagement entsprechende Vorbeugemaßnahmen betrieben hat, muss man jederzeit mit Krisen rechnen, sie akzeptieren und möglichst schnell reagieren. Das Kapitel zeigt, wie eine Krise bewältigt werden kann, wenn man frühzeitig die Signale bemerkt und das „Ohr an die richtige Stelle" hält.

Im Kapitel 3 werden Methoden und Techniken aus der (Problem-)Analysepraxis als Voraussetzungen zur Beherrschung von Krisensituationen vorgestellt. Mit ihnen kann man leichter mit prekären Situationen umgehen und Erkenntnisse für die anschließende Krisenbewältigung gewinnen.

Kapitel 4 beschreibt mit den Krisenstrategien die wesentlichen Aspekte der Krisenbewältigung. Dabei wird insbesondere auf den Führungsstil und die Aufgaben des Projektmanagers eingegangen, außerdem werden organisatorische Maßnahmen, das Informationsmanagement und das Thema Verhandlungen dargestellt.

Im Kapitel 5 geht es um die Vorbeugung und Verhinderung von Crashs. Dazu werden Erfolgsfaktoren vorgestellt, zum Beispiel kulturprägende, kommunikative Fähigkeiten und Überzeugungs- und Umsetzungskraft des Unternehmens- und Projektmanagements.

Ein besonderer Abschnitt in diesem Kapitel ist dem Risikomanagement in Projekten gewidmet.

Im Kapitel 6 werden dann die Zielgruppen Unternehmensführung, Projekt-/Krisenmanagement und die krisenbetroffenen Mitarbeiter persönlich angesprochen, sie erhalten in verdichteter Form Hinweise und Empfehlungen. Dieses Kapitel kann als eine Art „Verhaltens-Checkliste" verwendet werden.

Kapitel 7 bietet als eine Art „Selbstlerninstrument" zahlreiche Übungen an, mit denen sich Informationen über wichtige Aspekte des eigenen Verhaltens gewinnen lassen. Diese Übungen können Sie nutzen, um bestehende Verhaltensweisen zu rechtfertigen, um Schwächen zu erkennen oder um Möglichkeiten zu entdecken, wo Sie etwas dazulernen können.

Dieses Buch ist allen Menschen gewidmet, die mich auf meinem beruflichen Lebensweg begleitet haben. Zu nennen sind die Trainer der ehemaligen EDV-Schule der Firma Siemens in München und des Trainingscenters Siemens Nixdorf, durch deren hervorragende Ausbildung der berufliche Grundstein als Projekt- und Qualitätsmanager gelegt wurde. Die dort erlangten Kenntnisse und das zur Verfügung gestellte Informationsmaterial sowie eine über 30-jährige Erfahrung im Projekt-/Qualitätsmanagement und als Krisenmanager fließen in dieses Buch ein. Zu nennen sind auch die vielen Kollegen in diversen Bereichen der Firma Siemens, die mit mir gemeinsam Richtlinien und Leitfäden für die tägliche Arbeit im Projekt-/Qualitäts-/Risiko- und Krisenmanagement entwickelt haben. Zu Dank verpflichtet bin ich auch den Mitstreitern in kleinen und großen Projekten sowie Krisenprojekten, die oft leidgeprüft so manchen Konflikt bewältigt und alle Projekte zum guten Ende geführt haben. Herzlichen Dank auch meiner Ehefrau Waltraud für das mir entgegengebrachte Verständnis während der Erstellung des Buches.

Rheinbach, im Mai 2006
Manfred Noé

Inhaltsverzeichnis

1 Einleitung

Konflikte und deren Bewältigung prägen täglich das unternehmerische Geschehen und bestimmen zahlreiche Projekte. Nicht bewältigte Konflikte können Krisen verursachen, die letztlich zum gefürchteten Crash führen.

Crash-Situationen zeigen, dass Entwicklungen falsch laufen oder falsch gelaufen sind. Deshalb gilt es, Konflikte und Krisen frühzeitig anhand typischer Symptome zu erkennen bzw. präventive Maßnahmen zur Vermeidung von Crash-Situationen einzuleiten.

Wenn sich auch jede Krise in spezifischer Weise äußert, so lässt sich doch klar feststellen:

- Risiken sind *potenzielle* Probleme,
- Krisen sind *akute* Probleme.

Im Gegensatz zum *Risikomanagement*, das hauptsächlich vorbeugenden Charakter hat (aber auch Eventualmaßnahmen vorbereitet), handelt es sich beim *Krisenmanagement* eindeutig um den Umgang mit unvorhergesehenen Problemen, die bereits akut sind.

Es geht also darum, schnell zu reagieren und Maßnahmen zu setzen, nachdem bereits etwas schief gelaufen ist oder gravierende Probleme erkannt wurden. Häufig ist Krisenmanagement dann mit organisatorischen Umstrukturierungen und personellen Konsequenzen in einem Projekt verbunden.

Manchmal wird eine Krise erst dann als Krise bezeichnet und erkannt, wenn aufgrund von Reaktionen des Auftraggebers das verantwortliche Management zum Handeln gezwungen wird. Derartige Situationen sind besonders heikel (da man extrem wenig Spielraum hat) und sollten durch sorgfältige Planung, Risikoanalysen und professionelles Projektmanagement unbedingt vermieden werden.

In diesem Buch werden die folgenden Begriffe in der hier beschriebenen Form benutzt:

- *Konflikt,* lateinisch „conflictus“, befindet sich seit dem 18. Jahrhundert im deutschen Sprachgebrauch. Der Begriff wird in der Bedeutung von „Zusammenstoß, Kampf, Widerstreit“, auch von gegenseitigen Interessen oder der „Motive“ gebraucht.
- *Krise,* lateinisch „crisis“, seit dem 16. Jahrhundert im deutschen Sprachgebrauch, ursprünglich ein Terminus der Medizin, beschreibt den Höhe- und Wendepunkt einer Krankheit. In alltäglichen Situationen wird der Begriff im Sinne von „entscheidende, schwierige Situation, Klemme“ bzw. weitergehend auch in der Bedeutung von „Entscheidung, Wendepunkt“ verwendet. Krisen werden häufig als Phasen vorübergehender Unordnung zwischen Zuständen der Ordnung interpretiert. In einer Krise entfaltet sich das gestörte Gleichgewicht nach eigenen Gesetzmäßigkeiten und führt in sich rasch verändernden und unstetig ablaufenden Vorgängen zu einer Katastrophe – falls niemand korrigierend eingreift.
- *Katastrophe* bedeutet soviel wie „Umwendung“. Die Katastrophe steht häufig als Synonym für ein großes Unglück, eine Verheerung oder den Zusammenbruch. Sie kann als Endstufe einer Krise betrachtet werden.
- *Crash,* englisch, im Sinne von „Krach, Absturz bzw. Zerschmettern“. Als Crash bezeichnet man unter anderem ein Aufeinanderprallen von Gegensätzen (Entladen von Spannungen). Hauptsächlich in diesem Sinn wird der Begriff in diesem Buch verwendet.

Im deutschen Sprachgebrauch werden die Wörter „Konflikt, Krise, Katastrophe, Crash“ ausschließlich negativ verstanden. Dabei gilt deren jeweiliges Ausmaß als Maßstab für den Grad der Negativität. Dennoch haben alle diese Themen auch regulierende und somit *positive* Funktionen.

1.1 Krisenmanagement und „normales“ Projektmanagement

Gute Krisenmanager verdienen Anerkennung für ihren hohen Einsatz. Sie sind mit ihren spezifischen „Troubleshooter-Fähigkeiten“ in bestimmten Situationen dringend gefragt. Dies darf allerdings nicht zu falsch verstandenem Heroismus und Ausnützen von Ausnahmesituationen führen, frei nach der Devise: „Führen wir das Projekt zuerst mal in die Krise, damit wir dann ordentlich Krisenmanagement betreiben können.“ Allerdings zeigt die Erfahrung, dass ein aus der Krise geführtes Projekt die Karrierechancen junger Manager steigen lässt.

Wenn der Krisenfall zum Normalfall wird oder es nur im Krisenfall möglich ist, bestimmte sinnvolle Maßnahmen zu setzen, dann sollte ganz genau überprüft werden, ob nicht die „normalen Prozesse“ der Projektabwicklung verbessert gehören (zum Beispiel Vertragsmanagement, Personalrekrutierung, Auswahl von Lieferanten, Hardware- und Software-Beschaffung, Fortschrittskontrolle, usw.).

Denn natürlich ist es nach wie vor wesentlich besser, Krisen zu vermeiden (Kosten- und Imageprobleme!) und somit „ganz normales Projektmanagement“ zu betreiben.

2 Typische Krisensituationen

2.1 Konflikte, Krisen und Katastrophen

Hört der Mensch über die Medien etwas von Konflikten, Krisen und Katastrophen, so verbindet er damit stets etwas Schlechtes, was in jedem Fall Schrecken, Unruhe, Betroffenheit und Nervosität mit sich bringt. Viele fragen sich dann: „Warum passierte so etwas, konnte es nicht vermieden werden?"

Auch in Projekten bedeuten „die drei K" Unruhe und sie sind auf jeden Fall kontraproduktiv und verschlechtern das Arbeitsklima. Dies kann so weit gehen, dass Projektmitarbeiter, durch die es zu einer Konfliktsituation gekommen ist, als emotional gestört betrachtet werden. Sie hätten ja sonst nicht den Konflikt verursacht. Diese althergebrachte Sichtweise einer harmonischen Welt entspricht jedoch nicht der Wirklichkeit und führt häufig zu einem Fehlverhalten einzelner oder gar aller Beteiligter. Konflikte werden nicht selten eher geleugnet als gelöst; die Fähigkeit, Konflikte anzugehen und zu handhaben, ist mangelhaft entwickelt oder gar nicht vorhanden.

Konflikte, die schlecht oder gar nicht bewältigt werden, haben ein extrem zerstörerisches Potenzial. Dies bedeutet für die Beteiligten psychische Belastungen, die im äußersten Fall psychische oder organische Krankheiten zur Folge haben können. Die gemeinschaftlichen Projektaufgaben können schließlich, im Falle von stark eskalierten Konflikten, überhaupt nicht mehr bearbeitet werden, da alle Energie dazu verwendet wird, den Gegner zu bekämpfen und zu vernichten. Solche Konflikte dehnen sich häufig auch auf unbeteiligte Dritte aus. Eine solche Auswirkung auf Dritte nennt man übrigens „Domino-Effekt".

Negative Folgen von Konflikten sind

- Stress und Unzufriedenheit bei den Beteiligten/Betroffenen,
- Störungen der Kommunikation und Kooperation,
- Wahrnehmungsverzerrungen und Stereotypenbildungen als Folge rückläufiger Interaktion,
- Abnahme der Rationalität und Aufbau von Emotionalität,

- Funktionsstörungen im Organisationsablauf,
- Instabilität und Verwirrung aus der Sicht der Organisation und
- Verschwendung von Ressourcen.

Die moderne Auffassung über Konflikte, Krisen und Katastrophen ist jedoch, dass man sie zum Alltagsgeschäft zählen muss:

- Sie sind *normal*, denn sie sind durch individuelle und strukturelle Faktoren bedingt, die teilweise unaufhebbar sind. Konflikte sind mit dem menschlichen Leben und somit auch mit dem Geschehen in Projekten untrennbar verbunden. Konflikte und Konsens, Harmonie und Disharmonie bedingen und ergänzen einander.
- Sie sind *allgegenwärtig und permanent*, denn es gibt sie in allen sozialen Gruppen und zu allen Zeiten. Sie existieren unabhängig von der Wirtschafts- und Gesellschaftsordnung. Je höher die Änderungsrate der Umweltverhältnisse ist, desto stärker sind die Impulse und Spannungen, denen sich die Individuen wie Unternehmen ausgesetzt sehen. Eine Krise kann manifestierte, überholte Vorstellungen in Unternehmen erschüttern. Aufgaben, die bisher als Nebensache betrachtet wurden (zum Beispiel das Management von Human Capital, professionelles Projektmanagement oder auch Qualitätsmanagement), werden plötzlich vordringlich.
- Sie sind *produktiv nutzbar*, denn sie können zu Wandel, Lernprozessen, Innovation und positiven Neuansätzen führen, sofern die richtigen Lehren gezogen und geeignete Präventivmaßnahmen eingeführt werden. Latent vorhandene Probleme treten (endlich?!) klar zutage und müssen in kürzester Zeit gelöst werden. Sie sind die Chance zur wirklichen Veränderung. Ohne Krisen gibt es keine radikale Weiterentwicklung. Krisensituationen beschleunigen in der Regel höchst wünschenswerte Veränderungen eingefahrener Verfahrensweisen und gestatten die Entwicklung neuer Strategien. Sie geben oft genug den entscheidenden Anstoß zur intensiven Auseinandersetzung mit Problemen und geänderten Verhältnissen in der Umwelt bzw. im Umfeld.

So bieten Konflikte, Krisen und Crashs tatsächlich *potenzielle Vorteile* für die Arbeit von Unternehmen, wie sie im Folgenden genannt werden (nach Staehle); sie

- führen zur Entwicklung neuer Energien und Aktivitäten,
- geben oft den Anstoß zur Selbstbesinnung,
- wecken neue Ideen und Interessen (als Voraussetzung für Kreativität und Innovation),

- erhöhen die Teambindung (Kohäsion),
- führen zu Qualitätsverbesserungen und zur Eliminierung unproduktiver und nicht wertschöpfender Prozesse,
- führen zu besserer Selbstwahrnehmung von Individuen und Gruppen (Zwang zum Überdenken der eigenen Situation und Position),
- führen zum Abbau von Spannungen,
- schaffen klare Verhältnisse (wenn latente Konflikte zu manifesten Konflikten werden oder Konflikte evtl. sogar institutionalisiert werden) und sie
- stellen eine Voraussetzung für organisatorischen Wandel dar (Unzufriedenheit mit einem Status quo führt zu Konflikten mit den herrschenden Normen).

Ein Beispiel für solche Effekte sind Öltankerkatastrophen: Denken Sie beispielsweise an die Havarien der „Exxon Valdez" vor Alaska und der „Haven" vor der Küste Italiens. Sie können feststellen, dass diese Katastrophen eine neue Ausgangssituation geschaffen haben. Ein verändertes Bewusstsein der Verantwortlichen und der Öffentlichkeit bewirkt eine Neudefinition des Verhältnisses von Nutzen, Wirtschaftlichkeit und Risiken von Großtankern (Bild 2.1).

Je höher das eingegangene Risiko ist, desto gefährlicher sind die Auswirkungen für die Umwelt beim Eintritt eines Störfalls.

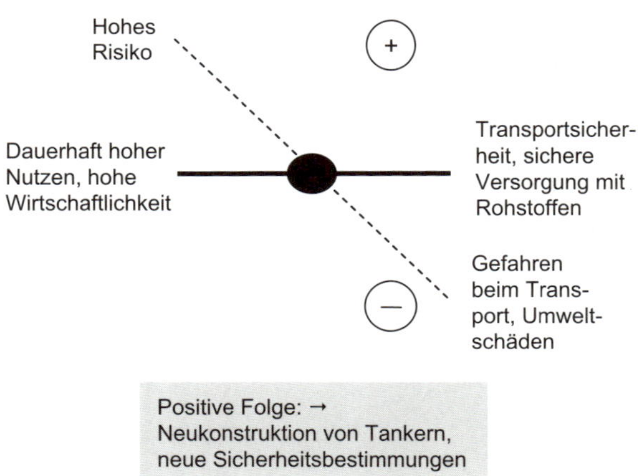

Bild 2.1
„Nutzen-Risiko-Waage" am Beispiel der Nutzung von Großtankern (nach Apitz)

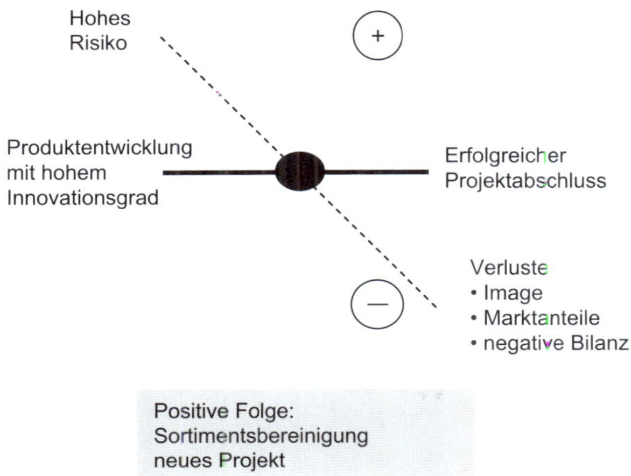

Bild 2.2
„Nutzen-Risiko-Waage“ für Projekte

Wird diese Erkenntnis auf das Projektmanagement übertragen, ergibt sich beispielsweise die in Bild 2.2 gezeigte Nutzen-Risiko-Waage.

2.2 Krisenstrukturen und -verläufe

Grundsätzlich lassen sich zwei Typen von Krisen unterscheiden:

- Typ A: *Die Überraschungskrise. Sie ist plötzlich da.*
- Typ B: *Die Krise, die sich entwickelt.*

Die Überraschungskrise tritt zum Beispiel in Form von Unfällen (Störfällen), Naturkatastrophen (sofern Frühwarnsysteme versagen) oder kriminellen/terroristischen Ereignissen wie Brandstiftung, Attentaten oder Sabotage in Erscheinung. Sie ist in Unternehmen wesentlich seltener vorzufinden als der Krisentyp B. Charakteristisch für die Überraschungskrise ist, dass die Intensität der Wirkung auf die Öffentlichkeit oder die leitenden Angestellten innerhalb kürzester Zeit extrem hoch ist. Insbesondere bei ihr prägen Image- und Sympathieverluste langfristig die öffentliche Meinung und üben negativen Einfluss auf potenzielle Kunden sowie die gesamte wirtschaftliche Entwicklung des Unternehmens aus (Bild 2.3).

Beispiel einer Überraschungskrise war die Explosion des amerikanischen Weltraumgleiters „Challenger“ am 28. Januar 1988. Dieses Ereignis zer-

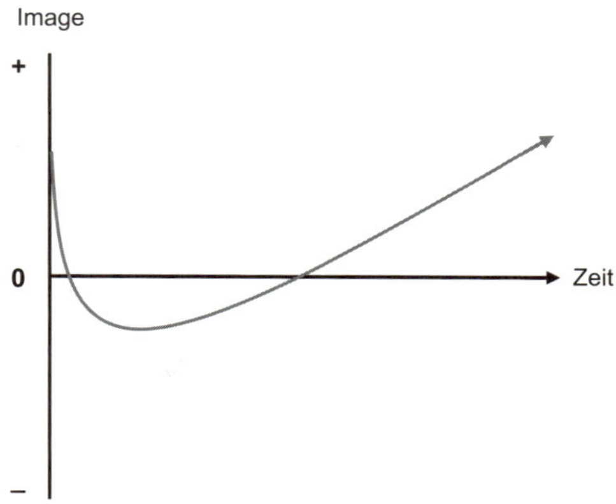

Bild 2.3
Plötzlicher Imageverlust bei einer Überraschungskrise (nach Apitz)

störte innerhalb weniger Sekunden den guten Ruf der NASA und warf das Forschungs- und Dienstleistungsprogramm um Jahre zurück.

Bei einer Überraschungskrise sind präventives und krisenbezogenes Handeln nur selten möglich, so dass derartige Krisen meistens voll auf das Image durchschlagen.

Bei einer Krise, die sich entwickelt, nimmt die Intensität der Wirkung auf die Öffentlichkeit im Laufe der Zeit bis zu einem Kulminationspunkt zu, danach ebbt sie langsam ab (Bild 2.4). In der Regel gibt es hier einen kur-

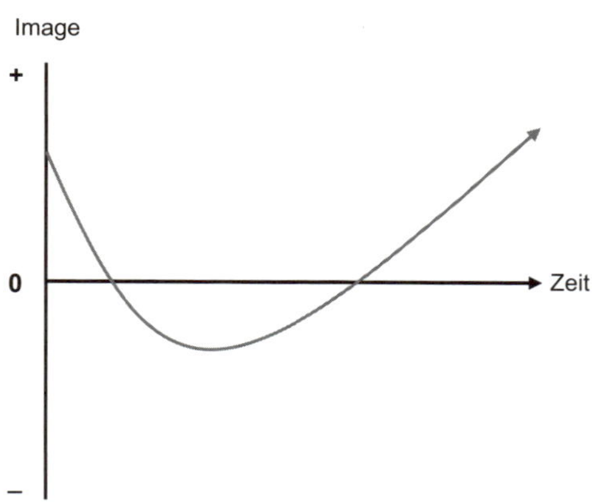

Bild 2.4
Langsamer Imageverlust bei einer sich entwickelnden Krise (nach Apitz)

zen Handlungsspielraum vor und während der Krisenentwicklung. Image- und Gesamtschaden können in diesem Zeitraum durch engagierte, fehlerfreie Kommunikation und schnelles, überlegtes Handeln noch begrenzt werden. Dieser Krisentyp lässt sich in allen Bereichen finden, zum Beispiel bei Produktflops – bei denen das Wort Krise manchmal gar nicht fällt, obwohl es sich definitiv um eine Krise handelt. Insbesondere ist dieser Krisentyp charakteristisch für Projektkrisen.

Grundsätzlich gilt: Eine Krise ist eine plötzliche oder sich entwickelnde Abweichung von einem definierten Ziel bzw. einer vereinbarten Leistung. Eine Krise weist daher die gleiche Struktur wie jedes andere Problem auf. Alle Krisen beinhalten Probleme, aber längst nicht alle Probleme sind Krisen. Krisen und Probleme haben gemeinsam, dass ihre Lösung umso einfacher wird, je besser es gelingt, ihre Ursachen zu isolieren. Zur Ursachenfindung und -behebung lässt sich die klassische Methode der Problemanalyse (zum Beispiel nach Kepner/Tregoe, siehe Kap. Problemanalyse) anwenden.

Nicht gesteuerte Krise – gesteuerte Krise

Jede Krise lässt sich in eine Vorphase, die eigentliche Krise und eine Nachkrise unterteilen. Die Art und Intensität der Ereignisse unterscheiden sich jetzt gravierend, je nachdem, ob es sich um eine gesteuerte oder nicht gesteuerte Krise handelt (Tabelle 2.1). Die nicht gesteuerte Krise endet in der Regel mit einem radikalen Wechsel, die gesteuerte Krise mit einer Reform.

Tabelle 2.1 (Teil 1)
Krisenentwicklung in gesteuerten und nicht gesteuerten Krisen (nach Meyers)

Krisenentwicklung	Nicht gesteuerte Krise	Gesteuerte Krise
I. Vorkrise	Mangelhafte Leistung ⬇ Leugnen/gegenseitige Beschuldigung ⬇ Wut/Furcht	Anzeichen ⬇ Eingeständnis ⬇ Lösung
	⬇	⬇
II. Krise	Fehlschlag ⬇ Panik ⬇ Zusammenbruch	Höhepunkt ⬇ Beurteilung ⬇ Richtlinien
	⬇	⬇

Tabelle 2.1 (Teil 2)
Krisenentwicklung in gesteuerten und nicht gesteuerten Krisen (nach Meyers)

Krisenentwicklung	Nicht gesteuerte Krise	Gesteuerte Krise
III. Nachkrise	Schock ⬇ Ungewissheit ⬇ Radikaler Wechsel	Wiederaufbau ⬇ Gesundung ⬇ Reform

Werden Krisen früh entdeckt und die ganze Zeit über energisch gesteuert, werden sich die unternehmens- oder projektbedrohenden Ereignisse wahrscheinlich in stark abgeschwächter Form gegenüber der nicht gesteuerten Krise entwickeln.

2.3 Konflikte

In der Fachliteratur über Konflikte wird jede Menge von Konfliktarten aufgeführt und beschrieben. Eine häufige vorgenommene Einteilung gliedert sie nach

- innere (seelische) Konflikte und
- äußere (zwischenmenschliche) und soziale Konflikte.

Bei den seelischen Konflikten (auch intrapersonale Konflikte genannt) werden nochmals drei Konflikttypen definiert:

- *Annäherungs-Annäherungs-Konflikt (Appetenz-Appetenz-Konflikt)*
  Der Annäherungs-Annäherungs-Konflikt ist dadurch gekennzeichnet, dass eine Person gleichzeitig und gleich stark zwei Ziele anstrebt, die sich jedoch nicht vereinbaren lassen.
- *Vermeidungs-Vermeidungs-Konflikt (Aversion-Aversion-Konflikt)*
  Der Vermeidungs-Vermeidungs-Konflikt ist dadurch gekennzeichnet, dass eine Person sich zwischen zwei oder mehreren unangenehmen Alternativen entscheiden muss.
- *Annäherungs-Vermeidungs-Konflikt (Appetenz-Aversion-Konflikt)*
  Der Annäherungs-Vermeidungs-Konflikt ist dadurch gekennzeichnet, dass ein und dieselbe Sache sowohl angenehme als auch unangenehme Aspekte in sich vereint.

Zwischenmenschliche (auch interpersonelle Konflikte genannt) und soziale Konflikte werden nach der Anzahl der beteiligten Personen unterschieden in

- *Zweier- oder Paarkonflikte,*
- *Dreier- oder Dreieckskonflikte* und
- *Gruppenkonflikte.*

In einem Projekt treten organisatorische Konflikte auf. Dabei geht es um die

- *Sache,* definiert durch Ziele und Aufgaben, um die
- *Menschen,* die in einem Projekt gemeinsam die Aufgaben bewältigen und die Ziele erreichen wollen, und um die
- *Werte,* die in einer Vision, Unternehmens- und Projektkultur definiert sind und gelebt werden sollen.

Treten innerhalb dieser drei Wirklichkeitsbereiche oder Subsysteme Unstimmigkeiten auf, so spricht man von einem

- *Sachkonflikt,*
- *Beziehungskonflikt* oder
- *Wertkonflikt.*

Sachkonflikte

Sachkonflikte treten auf, wenn Parteien zwar ein gemeinsames Ziel verfolgen, aber über die Vorgehensweise – die Art der Mittel, den Einsatz von Ressourcen, die Wahl der Methoden und Werkzeuge – uneins sind. Sie entstehen gewöhnlich bei unterschiedlichen Vorstellungen der „Parteien“ bei organisatorischen oder fachlichen Entscheidungen und können sich sowohl zwischen dem Projektmanager und dem Team, als auch innerhalb des Teams ergeben. Sie sind gewöhnlich nicht von der Hierarchie abhängig.

Beispiele:

- Die übergeordneten Ziele eines Unternehmens und des Projekts erfordern oft Abstimmung zwischen verschiedenen Teams. Diese müssen sich also ggf. unterordnen und verlieren an Autonomie. Hieraus können Konflikte zwischen den Interessen der einzelnen Teams und anderen Organisationseinheiten entstehen.

- Die Aufgabenstellung oder das Projektziel ist unklar. Dies kann der Fall sein, wenn ein klarer Projektauftrag und die dementsprechenden Projektziele fehlen oder die erwarteten Leistungen nicht genau definiert wurden. Hieraus resultiert eine Ungewissheit über die jeweiligen Detailaufgaben der einzelnen Mitarbeiter. Diese Verunsicherung und Desorientierung kann die Entstehung von Konflikten im weiteren Verlauf der Projektdurchführung fördern.
- Durch die Aufteilung verschiedener Arbeitsschritte in einem Projekt kann die Abhängigkeit der Mitarbeiter untereinander ansteigen, da die zu lösenden Aufgaben oft miteinander verkettet sind oder aufeinander aufbauen. Konflikte können entstehen, wenn beispielsweise die Planung, Dringlichkeit und die Koordination des Arbeitsablaufs fehlerhaft sind oder der Input des „Vorarbeiters" nicht die erwartete qualitative Arbeit abliefert oder Termine nicht eingehalten werden.

Beziehungskonflikte

Beziehungskonflikte entstehen, wenn die Erwartungen der „Parteien" auf der persönlichen oder sozialen Ebene unterschiedlich sind oder sich widersprechen und sich die Parteien verletzen, demütigen, missachten usw.

Beispiele:

- Ein Projektmanager, der die Methoden der Kommunikation nicht ausreichend beherrscht, zu Unsicherheiten neigt und sich nicht durchsetzen kann, wird oft Konflikte innerhalb des Teams auslösen.
- Oft wird im Vorfeld der Projektarbeit bei der Zusammenstellung des Teams mehr auf die fachliche Qualifikation als auf die Persönlichkeit der Mitarbeiter geachtet. Unter Umständen treffen Personen in einem Team aufeinander, deren Persönlichkeitstypen nicht harmonisieren oder schlimmstenfalls vollkommen konträr sind.

Wertkonflikte

Wertkonflikte entstehen dann, wenn unvereinbare Ziele, Strategien, Prinzipien, Grundsätze usw. vertreten werden. Wertekonflikte werden auch Bewertungskonflikte genannt.

Beispiel:

- Ursachen für ernsthafte Krisen sind in erster Linie Konflikte mit oder Verletzungen von als sinnvoll erkannten Werten. So führen etwa Meinungsverschiedenheiten über den „richtigen" Führungsstil oder die Art und Weise der Machtausübung zu unterschiedlichen Handlungen.

Weitere Konflikte

Neben diesen „reinen“ Konflikten gibt es angelehnt an diese reinen Konflikte noch weitere Konfliktarten.

- *Sachkonflikte, die (zwischenmenschliche) Beziehungskonflikte verursachen*
  Hierbei handelt es sich meist um Konflikte, die durch organisatorische oder fachliche Anordnung ausgelöst werden und in die persönlichen oder sozialen Belange einer „Partei“ eingreifen.

  Beispiele:

  - Durch die mangelnde Definition der Rollen im Projektteam kann es zu Konflikten kommen, vor allem, wenn die Aufgabenzuteilung im Team nicht zu jedem Zeitpunkt für jedes Teammitglied nachvollziehbar und akzeptabel ist.
  - Selbst wenn die Ziele eines Projektes für jeden subjektiv klar definiert sind, kann es dennoch zu Konflikten kommen, da nicht jeder Mitarbeiter die Zieldefinition gleichermaßen versteht und interpretiert.
  - Wenn die erforderlichen technischen Belange nicht erfüllt werden, weil zum Beispiel die Betriebsmittel nicht oder nur unzureichend zur Verfügung stehen und der Einsatzort ein ordnungsgemäßes Arbeiten behindert und nicht zulässt.

- *Beziehungskonflikte, die Sachkonflikte (inhaltliche) verursachen*
  Oft stimmen die persönlichen oder sozialen Ansichten einer „Partei“ nicht mit den organisatorischen oder fachlichen Vorstellungen einer anderen überein. Diese Diskrepanz kann zu Sachkonflikten führen.

  Beispiel:

  - Im Rahmen des Personaleinsatzes können Konflikte ausgelöst werden, wenn es zum Beispiel keine Personaleinsatzplanung gibt oder wenn es zu Ressourcenengpässen kommt und es um den Einsatz zusätzlicher Mitarbeiter geht.

2.3.1 Konfliktpotenziale und -ursachen in Projekten

In Projekten lassen sich vielfältige Konfliktursachen beobachten. Die häufigsten Gründe für das Auftreten von Konflikten sind in Tabelle 2.2 aufgeführt.

Tabelle 2.2
Konfliktpotenzial und -ursachen in Projekten

Konfliktpotenziale in Projekten	Konfliktursachen
1 *Planung*	• Unterschiedliche, wechselnde, bewegliche und nicht erreichbare Ziele • Fehlende Informationen • Ungenaue Schätzungen von Aufwand, Kosten, Zeit • Verschiedene Wege zur Zielerreichung (Methoden, Strategien, Verfahren) • Linienorganisation versus Projektorganisation • Ressourcenengpässe • Unklare Machtverhältnisse, Rollendefinition • Mangelndes Entscheidungsvermögen • Unklare, ungenaue Anforderungen • Missverständlicher Projektauftrag • Unklare Risiken
2 *Dringlichkeit (Prioritätenvergabe)*	• Unterschiedliche Ziele • Abweichende Informationen • Verschiedene Wege zur Zielerreichung (Methoden, Strategien, Verfahren) • Teamegoismus • Keine Regelung für Änderungsanforderungen • Nichtbeachtung von Qualitätsanforderungen
3 *Personaleinsatz*	• Ungenaue Personaleinsatzplanung • Mangelnde soziale und/oder fachliche Kompetenzen • Zusätzliche, nicht projektspezifische Aufgaben • Auflösung und Neuformierung von Teams • Korrelation zwischen Teilprojekten und Teams
4 *Technische Belange*	• Schlechte Einsatz-/Standortbedingungen • Nicht ausreichende Betriebsmittel (Einrichtungen, Geräte) • Mangelnde Toolunterstützung • Nicht definierte unklare Schnittstellen • Sicherheitsanforderungen
5 *Administrative Belange (Organisation)*	• Schlechte Information und Kommunikation • Kein durchgängiges Berichtswesen • Keine regelmäßigen Projektsitzungen • Unangebrachte Führungsmethode/Führungsstil • Hierarchieebenen (zu viel Mitspracherechte) • Unklare Machtverhältnisse/Kompetenzen • Kein kompetenter Entscheider • Übertriebenes Konkurrenzdenken

Tabelle 2.2
Konfliktpotenzial und -ursachen in Projekten

Konfliktpotenziale in Projekten	Konfliktursachen
6 *Kosten*	• Nicht ausreichende finanzielle Mittel • Keine korrekte Aufwands- und Kostenplanung • Schlechte Aufwands- und Kostenmeldung • Keine oder verspätete Aufwands- und Kostenverfolgung
7 *Persönlichkeit (der Projektmitarbeiter)*	• Unterschiedliche Wertvorstellungen • Zwischenmenschliche Beziehungen • Zusammenarbeit mit Projektbeteiligten • Persönlichkeitsstil, Einstellung, Verhalten, Charakter • Moralische Auffassung • Vertauschen der Sach- und Beziehungsebene • Angst als Triebfeder für emotionsbelastendes, aktives Verhalten • Falsche Aufgaben, falscher Einsatz • Einschränkung des Handlungsspielraumes • Motivationsprobleme • Nicht erfüllbare Karrieremöglichkeiten

Aus den angeführten Konfliktursachen ergeben sich weitere Konflikttypen:

- So kann man den Punkt 1 *Planung* den *Zielkonflikten* zuordnen. Zielkonflikte entstehen durch unterschiedliche Auffassung der in einem Projekt zu erreichenden Ziele oder dadurch, dass sich die definierten Ziele gegenseitig ausschließen.
- Ebenso findet man unter Punkt 1 auch *Rollenkonflikte*, die dadurch entstehen, dass den Projektbeteiligten Aufgaben und Funktionen zugeordnet werden, die diese nicht ausfüllen können oder nicht wollen. Rollenkonflikte treten dann auch noch während des Personaleinsatzes (Punkt 3) auf, wenn zum Beispiel der Personaleinsatzplan nicht korrekt ist. Auch innerhalb des Teams kommt es zu Rollenkonflikten, wenn sich zum Beispiel Teammitarbeiter über- oder unterfordert fühlen oder sich mit ihrer Rolle nicht identifizieren können.
- In der Planungsphase gibt es noch das Thema der *Verteilungskonflikte*. Dabei handelt es sich um die Verteilung der knappen Ressourcen insbesondere des Personals. Die Linienorganisation ist in den seltensten

Fällen bereit – vor allen Dingen dann, wenn sie keinen Nutzen daraus ziehen kann – ihre besten Mitarbeiter für ein Projekt abzustellen.

- *Wahrnehmungskonflikte* entstehen durch persönliche Einschätzungen und Beurteilungen der Projektbeteiligten. Sie werden begründet mit unterschiedlichen Meinungen, Erfahrungen und Sichtweisen der Menschen in einem Projekt. Wahrnehmungskonflikte treten in einer frühen Phase des Projekts (Punkt 1 *Planung*) auf und setzen sich dann kontinuierlich fort, zum Beispiel im Punkt *2 Dringlichkeit* (Prioritätenvergabe) im Zusammenhang mit verschiedenen Lösungsmöglichkeiten und Zielen.
- Eine wichtige Rolle spielen noch die *Beziehungskonflikte* unter Punkt 7 *Persönlichkeit der Projektmitarbeiter.* Beziehungskonflikte entstehen häufig durch unterschiedliche Wertvorstellungen, persönliche Einstellungen oder Moralauffassungen, aber auch durch Sympathie und Antipathie der einzelnen Projektmitarbeiter untereinander.

Konflikte im Bereich der zwischenmenschlichen Beziehungen werden oftmals in sachliche bzw. fachliche Konflikte umgewandelt. Antipathien, Rachegefühle, Rivalitäts- und Machtkämpfe werden ausgetragen, indem über Ziele oder Methoden gestritten wird. Es kommt darauf an, dieses möglichst rechzeitig zu erkennen und zu bewältigen, bevor größerer Schaden entsteht.

2.3.2 Konflikte in Projektphasen

Bild 2.5 zeigt die relative Intensität der Konflikte entsprechend der sieben Konfliktpotenziale aus Tabelle 2.2. Das Konfliktpotenzial in Projekten weist in allen vier Projektphasen fast identische Strukturen auf. Allerdings verändert sich die Intensität, mit der Konflikte ausgetragen werden, außerdem wechseln einzelne Konfliktursachen in ihrer Bedeutung. Auffallend ist die zunehmende Konfliktstärke in der zweiten Projektphase, während sie in der dritten und vierten Phase wieder abnimmt. Zu Beginn eines Projektes können erfahrungsgemäß die meisten Konflikte auftreten. Meinungsverschiedenheiten bezüglich der Prioritätenfestsetzung sind in dieser Phase die häufigsten Konfliktauslöser.

Konflikte spielen sich nicht nur im Projektteam ab, sondern verlaufen auch über Teilprojekte oder sogar unternehmensübergreifend und betreffen das gesamte Umfeld (Auftraggeber, Unterauftragnehmer, Zulieferer usw.).

Am kontinuierlichsten treten Planungsprobleme auf. Sie begleiten ein Projekt vom Anfang bis zum Ende. Die überdurchschnittliche Konflikt-

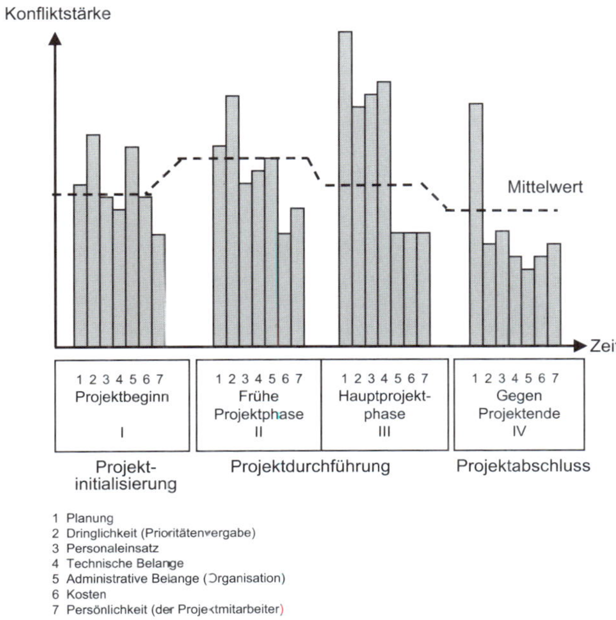

Bild 2.5
Konflikte in Projektphasen (nach Kummer)

stärke von Planungsproblemen gegen Projektende weist auf einen fast immer herrschenden großen Termindruck hin.

Projektkosten bieten den geringsten Konfliktstoff im Projektteam. Mangelndes Kostenbewusstsein der Teammitglieder und unzulängliches Controlling fundamentieren diese Bedeutungslosigkeit.

Technische Probleme bieten insbesondere in der Hauptphase der Projektdurchführung das meiste Konfliktpotenzial.

Das Konflikt- und Krisenpotenzial realer Projekte soll im Anschluss an dieses Kapitel ausführlich analysiert werden. Auf dieser Basis lassen sich dann gezielte Steuerungsmaßnahmen einleiten bzw. Präventivmaßnahmen entwickeln.

Frei nach Murphy gilt (vgl. Tabelle 2.3):

„Wenn es vier Ursachen gibt, die zu einem Konflikt führen, und man diese ausschaltet, findet sich bestimmt noch eine fünfte."

Tabelle 2.3
Thesen für Konflikte im Projektteam

Konflikte, Krisen und Crashs in Projekten sind umso wahrscheinlicher, • je unklarer die Projektziele definiert worden sind, • je weniger der Weg zur Zielerreichung von den Projektmitarbeitern verstanden wird, • je unterschiedlicher der Informationsstand aller Projektbeteiligten ist, • je unklarer die Rollen, Funktionen und Kompetenzen für die Projektbeteiligten definiert sind, • je verschiedenartiger die fachlichen Kenntnisse und Erfahrungen der Projektmitarbeiter sind, • je schwächer die formale Stellung des Projektmanagers gegenüber den Projektmitarbeitern ist und • je weniger Rückendeckung der Projektmanager von der Unternehmensleitung erhält.

Unklare Projektziele

Zwischen dem internen Auftraggeber (Unternehmens-/Geschäftsbereich) und dem Projekt sind Zielkonflikte im Rahmen der Aufgabendurchführung vorprogrammiert, da die Erfüllung eines Ziels häufig die Erfüllung eines anderen Ziels aus logischen oder unternehmenspolitischen Gründen ausschließt. Bild 2.6 zeigt exemplarisch einige der möglichen Zielkonflikte auf.

Die Konfliktparteien (Unternehmen und Projekt) streben verschiedene Ziele an, das heißt, sie verfolgen letztlich unterschiedliche Handlungsalternativen. Interessen- und Zielkonflikte sind wohl die am häufigsten auftretenden Konfliktursachen in Unternehmen und folglich auch in Projekten.

Jedes verantwortliche Management bewegt sich Spannungsfeld von Leistung (Ergebnis und Qualität), Kosten und Terminen. Dabei sind diese Aspekte natürlich gegenseitig voneinander abhängig, das heißt, jede Veränderung an einem Eckpunkt dieses „Magischen Dreiecks" zieht automatisch Veränderungen der beiden anderen Aspekte nach sich.

Beispiel: Eine aufgrund veränderter Projektanforderungen (Änderungsanträge, Change-Requests) erhöhte Funktionalität bedeutet in der Regel höhere Kosten und/oder verlängerte Termine.

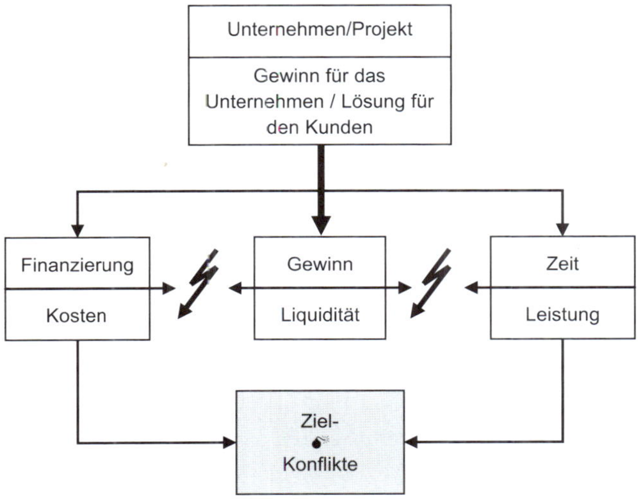

Bild 2.6
Beispiel möglicher Zielkonflikte zwischen Unternehmen und Projekt

Der Versuch, einen Eckpunkt des magischen Dreiecks zu verändern und dabei gleichzeitig die anderen beiden Aspekte unverrückbar festzuhalten, führt zwangsläufig zu Konflikten in der Projektarbeit und möglicherweise zu einer ausgewachsenen Projektkrise. Obwohl diese Zusammenhänge allgemein bekannt sind, wird in Projekten immer wieder der Versuch unternommen, alle drei Ecken unabhängig voneinander und ohne Berücksichtigung der jeweils anderen Aspekte auf einen bestimmten vorgegebenen (Wunsch-) Wert einzustellen. Und nicht selten kommen diese „Wunschwerte" von einem internen Auftraggeber (Unternehmensbereich).

Ein grundsätzliches Unternehmensziel sind Gewinn und Liquidität. Ein *Zielkonflikt* ist dann gegeben, wenn dem Projekt eine unrealistische Finanzierung (Budget) „aufs Auge gedrückt" wird. Das Projekt hat nun das Problem, dass die Kosten von vornherein nicht gedeckt oder dass die während der Projektdurchführung steigenden Kosten (zum Beispiel durch neue Tarifabschlüsse, Mehrarbeit durch Änderungsforderungen) nicht berücksichtigt sind. Wird das Projekt gezwungen, die Kosten einzuhalten oder möglicherweise noch zu senken, so treten zwangsläufig Zielkonflikte mit der Leistungserbringung und der Qualität ein. Die Lösung für den Kunden ist gefährdet und somit auch dessen Zufriedenheit.

Die Zeit ist sicherlich ein bedeutender Erfolgsfaktor, nicht nur für Unternehmen, auch für Projekte. Vorgegebene, teilweise auch unrealistische

Termine des Auftraggebers haben aber einen entscheidenden Einfluss auf die Leistungserbringung im Projekt und beeinträchtigen der Qualität.

Verschiedene Wege der Zielerreichung

Wird ein Ziel von allen beteiligten Interessengruppen akzeptiert, so kann der Weg zur Zielerreichung dennoch zu häufigen Meinungsverschiedenheiten führen, auch wenn ein einheitlicher Informationsstand vorausgesetzt wird. Diskussionen über Methoden, Verfahren und Strategien führen nur allzu oft zum offenen Konflikt.

Abweichende Informationen

Ein unterschiedlicher Informationsstand der Beteiligten, sei es aus informationspolitischen Gründen, aus Desinteresse, mangelnder aktiver Informationsbeschaffung oder sonstigen Gründen, führt zu Konflikten bzw. verstärken diese. Die Konfliktparteien können unterschiedliche Handlungsalternativen verfolgen, weil sie das Problem verschieden definieren oder über unvollständige Informationen verfügen oder Informationen unterschiedlich verarbeiten bzw. interpretieren. Informationsmängel und -fehler sind als bedeutende Konfliktursachen nicht außer Acht zu lassen.

Unklare Rollen, Funktionen und Kompetenzen

Wenn die formale Stellung des Projektmanagers gefestigt und akzeptiert ist, muss er seinen Führungsanspruch behaupten, indem er die Initiative bei den Planungsgesprächen ergreift und neben allen fachlichen Themen auch die Rollenzuordnung vornimmt. Er weist seinen „Fachexperten" die jeweils zu besetzenden Rollen zu und stattet sie mit entsprechenden Kompetenzen aus. Dieser Vorgang verläuft nicht ohne Rollenkonflikte, seien es „intrapersonale" Rollenkonflikte – ein Mitarbeiter kann sich nicht mit der angedachten Rolle identifizieren – oder auch „interpersonelle" Rollenkonflikte – damit ist die gegenseitige Nichtanerkennung der Rollen im Team gemeint. Der Projektmanager muss diese Konflikte aus der Welt schaffen, mit dem Ziel einer verbindlichen Vereinbarung über Rollen, Funktionen, Kompetenzen, Aufgaben und Verantwortung.

Verschiedenartige fachliche Kenntnisse und Erfahrungen

Die Kreativität der Menschen im Projekt lebt davon, dass Mitarbeiter mit unterschiedlichsten Qualifikationen zusammenwirken. Dies führt natürlich zu Konflikten aufgrund unterschiedlicher Werte und Einstellungen, was bei Kompetenzüberschneidungen und einem schwachen Projektmanager für zusätzliche Probleme sorgt. Wird zur Vermeidung derartiger Konflikte ein möglichst „einheitliches" Team gebildet, geht in starkem Maße Kreativität verloren.

Formale Stellung des Projektmanagers

Hier sind Konflikte vorgezeichnet und zu erwarten, wenn ein Projektmanager das Projekt eigentlich nicht machen wollte und man ihm das Projekt „schnell aufs Auge gedrückt" hat. In einem solchen Fall ist seine formale Stellung kaum gefestigt, die „Fachexperten" werden möglicherweise gegen ihn opponieren.

Hat ein Projektmanager sich dagegen für die Übernahme eines Projektes entschieden, so muss er darauf dringen, dass seine formale Stellung (Rolle, Funktion, Kompetenz, Verantwortung) vom Auftraggeber beim Projektstart unmissverständlich und in schriftlicher Form allen Projektbeteiligten bekannt gemacht wird.

Um nun als „Autoritätsperson" anerkannt zu werden und agieren zu können, muss er die „Fachexperten" für die gemeinsame Projektarbeit gewinnen und ihnen klar machen, dass er von ihnen Kooperation erwartet, um die gesetzten Projektziele (Leistung, Termin, Kosten) zu erreichen.

Nur wenn er die volle Verantwortung hat, kann er entsprechende Entscheidungen treffen. Werden Entscheidungen (beispielsweise wegen hierarchischer Gegebenheiten) tatsächlich an anderem Ort getroffen, führt dies spätestens bei offenkundigen Sinnwidrigkeiten zu erheblichen Konflikten im Projektverlauf.

Mangelndes Entscheidungsvermögen hängt oft auch mit dem Wunsch zusammen, es allen recht zu machen („Everybody's Darling") und mit der Angst vor den sonst zu erwarteten Konflikten.

Rückendeckung

Beim Auftraggeber eines Projektes findet man das meiste Konfliktpotenzial, alle Unzulänglichkeiten und Fehler, die hier vorkommen, führen unweigerlich zu Konflikten, Krisen und Crashs. Bei der Initiierung eines Projektes verfolgt man nur die Idee, die man im Kopf hat. Oft werden keine Kosten-Nutzen- oder Machbarkeitsanalysen durchgeführt, mit entsprechenden Folgen für die Qualität des Projektauftrags.

Konflikte und Krisen sind außerdem vorprogrammiert, wenn der Auftraggeber die notwendigen Mittel nicht oder nur unzureichend zur Verfügung stellt: Mittel in Form von Personal mit Fachkompetenz, ausreichendes Budget und selbstverständlich auch Arbeitsmöglichkeiten und -unterstützungen.

Aber auch fehlende Rückendeckung während der Projektdurchführung, wenn es zum Beispiel mal „kriselt“, stärken nicht gerade die Durchsetzungs- und Standfestigkeit eines Projektmanagers. Auftraggeber, die zum Beispiel die Lenkungsausschusssitzungen nur zur Abrechnung mit einem eventuellen Fehlverhalten des Projektmanagers nutzen, demotivieren diesen. Auch Personalabzug, Budgetkürzungen oder neue unrealistische Termine sind Motivationskiller und führen das Projekt unweigerlich in eine Katastrophe.

Erfahrene Manager aus dem Auftraggeberkreis nutzen jede Gelegenheit, offen und ehrlich mit dem Projektmanager über Probleme und Lösungsmöglichkeiten zu diskutieren und bieten ihm Hilfe an.

2.3.3 Konflikte im Projektteam

Man kann die Arbeitsform „Team“ nicht schlichtweg anordnen (etwa durch Unternehmensleitung oder Projektmanager); man kann überhaupt eine intensive Zusammenarbeit nicht erzwingen. Dies würde den gewünschten Erfolg entscheidend verhindern, denn ein „Wir-Gefühl“ muss von allein entstehen.

Die Projektmitarbeiter müssen systematisch gelernt und geübt haben, Abstand zu nehmen von der konkurrierenden auf Selbstdarstellung und Rivalität abgestellten Arbeitsweise, die sie von der Arbeit im Alltag einer Linienorganisation (Hierarchie) gewohnt sind und als traditionelles Rollenmuster, das ihnen vielleicht in dieser Organisationsform gute Ergebnisse brachte, in sich herumtragen.

Sie haben sich fortan zu orientieren an

- der teamspezifischen Arbeitsweise,
- einer neuen Anforderung, die das wechselseitige Verhältnis auf der Basis der Gleichberechtigung zum Inhalt hat,
- der Fähigkeit und Bereitschaft zur Verständigung,
- offener Kommunikation und Informationsaustausch,
- einem Aufeinander-Eingehen,
- rationaler Konfliktbewältigung,
- effektiver Kooperation und
- Selbstkontrolle.

Das Nicht-Erfüllen dieser Punkte gehört zu den vielfachen Unzulänglichkeiten und den nur selten völlig überwundenen Kinderkrankheiten der meisten „real existierenden“ Teams, denen es noch an „Team-Geübtheit“ fehlt. Der Projektmanager muss daher insbesondere die personellen Voraussetzungen (Teamfähigkeit) überprüfen, die erfüllt sein müssen, damit Hindernisse und „Reibungsverluste“ vermieden und die Funktionsfähigkeit des Teams sowie die systematische Teamarbeit nicht gehemmt werden.

Selbst wenn verschiedenen Teammitarbeitern die Teamfähigkeit attestiert werden kann, so bedeutet dies nicht, dass das Projektteam sich sofort findet. Die Erfahrung lehrt uns, dass die Teamentwicklung ein dynamischer Prozess mit eigenwilligen Phänomenen ist:

Es bilden sich diverse Rollen heraus, es kann zu Spannungen kommen, Ängste und Konflikte entstehen. Die Voraussetzungen können manchmal günstiger oder auch ungünstiger aussehen, eine Entwicklung mit spezifischen Krisen und Konflikten wird bei jeder Teambildung durchlaufen. Erfahrungsgemäß dauert es eine Weile, bis sich ein Team gefunden hat und die Teammitglieder aufeinander eingespielt und somit „teamgeübt“ sind, so dass eine enge und zielgerichtete Zusammenarbeit stattfinden kann.

Der Projektmanager muss sich bewusst sein, dass der Prozess des Aufbaus und der Einübung gewisse Zeit benötigt. Der Teambildungsprozess durchläuft in der Regel verschiedene Phasen, die sich, wie im Folgenden dargestellt, gliedern und beschreiben lassen.

Orientierungsphase

Das Team konstituiert sich mit der Abklärung von Aufgaben und Rahmenbedingungen, die Beteiligten tasten einander vorsichtig ab („Beschnuppern“). Es geht um ein Kennenlernen der Aufgabe und der anderen Teammitglieder. Man geht vorsichtig und respektvoll miteinander um. Meinungsunterschiede werden konstatiert, aber nur selten gleich zu Beginn ausgetragen. Eine Abhängigkeit der Teammitglieder von einer formellen Leitung/Führung, die strukturiert, entscheidet und initiiert, ist aufgrund der inneren Unsicherheit der einzelnen Teammitglieder groß.

Konfrontations- und Konfliktphase

Diese Phase ist die Phase der Turbulenzen und des kritischen Aufbegehrens. Das Projektteam hat sich etabliert, man glaubt die Stärken und Schwächen der anderen Teammitglieder zu kennen, Vorurteile haben sich gebildet und nun zeigen sich Meinungsunterschiede und Interessensgegensätze. Spannungen und Konflikte tauchen auf, die Tendenz zur Polarisierung nimmt zu, Status-Kämpfe und Eigeninteressen scheinen wichtiger zu sein als die gemeinsame Bewältigung der Aufgabe. Die formelle Kontrolle und die Aufgabe werden angezweifelt oder gar abgelehnt. Die Abhängigkeit von einem formellen Führer wird bekämpft. Man will sich nicht in eine formelle, also eine von anderen festgelegte Ordnung zwängen lassen. Dies ist das Stadium, wo das Vorankommen schwierig wird und die Gefahr zu weit schweifenden Auseinandersetzungen und ausweglosem Aneinander-Vorbeireden besteht. Um die Arbeitsfähigkeit der Gruppe muss gerungen werden.

Konsensphase, Kooperation und Kompromiss

Das ist die Stufe des Strukturierens und Durchorganisierens, der Versachlichung der Beziehungen. Das Projektteam entwickelt in dieser Phase ein Bedürfnis nach Normen und Spielregeln, da die wiederkehrende Klärung von Grundfragen als nicht ökonomisch (Energieverlust) und aufreibend erlebt wurde. Jetzt suchen die Teammitglieder gegenseitige Unterstützung. Normen und Spielregeln entspannen die Situation, sorgen für Standpunktklärung und Feedback. Das „Wir-Gefühl" und die Zusammenarbeit bilden sich aus, Kooperation entsteht. Der Widerstand gegen die Führungsautorität wird abgebaut, Konflikte unter den Teammitgliedern werden bereinigt. Es findet eine kooperative Suche nach Alternative statt. Im besten Falle entsteht daraus Harmonie und Klarheit über Rollen, Vorgehensweisen und Methoden.

Arbeitsphase

Dies ist die Phase der Konsolidierung und Verschmelzung des Teams. In dieser Phase beginnt die eigentliche konstruktive Aufgabenbearbeitung. Das Team hat sich zur Geschlossenheit, zum synergetischen Zusammenhalt durchgerungen und ist herangereift zur aufgabenorientierten Einheit. Die Energie des Projektteams richtet sich auf die Erfüllung der Aufgabe. Jetzt kommt der Ideenreichtum zum Tragen. Produktivität und Kreativität sind da. Das alles geschieht flexibel, selbst organisiert, in Verantwortung füreinander und für die Projektziele und -ergebnisse. Der Teamprozess wird beiläufig mitreflektiert und entwickelt sich auf einmal spielerisch und selbstverständlich weiter.

Wird dieser „langsamen" Teamentwicklung über mehrere Phasen nicht Rechnung getragen, indem zum Beispiel gleich mit der Arbeit begonnen wird, braucht sich der Projektmanager nicht zu wundern, wenn die nicht erfolgte Konfliktbewältigung zu einem späteren Zeitpunkt aufbricht.

2.4 Stadien der Konfliktentwicklung

Konflikte können einen sehr unterschiedlichen Verlauf nehmen: Sie können lange oder nur kurz andauern, sie können sachlich oder aggressiv ausgetragen werden, sie können offen angesprochen oder indirekt angegangen werden. Trotz dieser Vielfalt lassen sich Vorgänge finden, die für das Verständnis aller Konflikte wichtig sind. Tritt ein Konflikt auf, so folgt er im Prinzip einem allgemeinen Ablaufschema (Bild 2.7). Die einzelnen Stadien der Konfliktentwicklung können sehr unterschiedlich intensiv ausgeprägt sein, einzelne Elemente innerhalb der jeweiligen Stadien ergeben sich je nach Situation.

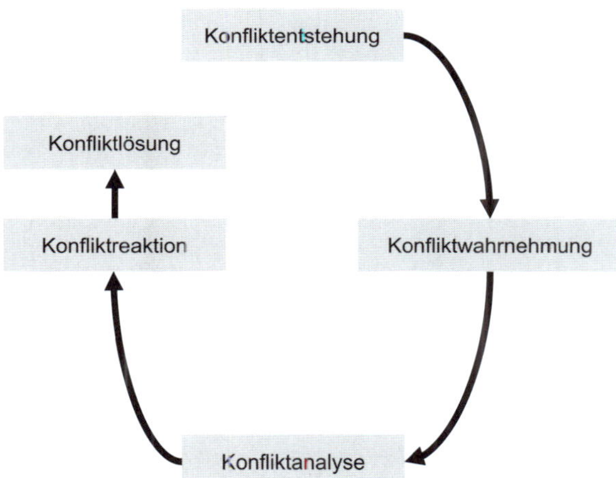

Bild 2.7
Konfliktkreislauf

1. **Konfliktentstehung**
   Konflikte beginnen damit, dass sich Ursachen herausbilden oder Ereignisse stattfinden, die Anlass zu einem Konflikt geben können. In diesem Stadium sind zwar die Fundamente zum offenen Auftreten der Spannungen schon gelegt, der Grund der Spannung und somit der Konflikt selbst wird aber noch nicht wahrgenommen, das heißt Gegensätze sind den Betroffenen noch nicht bewusst, werden aber evtl. von Personen wahrgenommen, die nicht direkt betroffen sind (zum Beispiel direkte Kollegen, Projektmanager, gemeinsamer Vorgesetzter). Konflikte sind in dieser Phase schwer in den Griff zu bekommen, da latente Konflikte oft zu spät erkannt werden. Zwischen dem

Entstehen des Konfliktes und seiner Wahrnehmung klafft eine zeitliche Lücke.

2. **Konfliktwahrnehmung und erste Beurteilung**
   Wie und wann Konflikte wahrgenommen werden, ist von entscheidender Bedeutung für den weiteren Konfliktverlauf. Den Betroffenen sind die Gegensätze bewusst, sie sprechen jedoch nicht miteinander darüber, und zwar aus verschiedenen Gründen:

   - *Hoffnung:* Das Problem löst sich von selbst.
   - *Wartehaltung:* Neue Fakten können die Sachlage entscheidend verändern.

   Oft bestehen Scheinkonflikte, je nach Wahrnehmungsfähigkeit des Betroffenen kommt es zu Konfliktverzerrungen, durch die ein Konflikt über- oder unterbewertet wird. Im Rahmen der Wahrnehmung des Konfliktes kommt es zumeist zu einer ersten, mehr oder weniger intuitiven Beurteilung des Konfliktes. Hier ist unter Umständen eine schnelle Klärung möglich, zum Beispiel durch Information, Aussprache oder Entschuldigung. Kommt dies nicht in Frage oder wird nicht akzeptiert, muss der Konflikt bearbeitet, das heißt bewältigt werden.

   Eine Gefahr in dieser Phase ist jedoch, dass sich die Betroffenen zu einer Pseudolösung entschließen, die zwar unter Umständen eine kurzfristige Erleichterung bringt, langfristig den Konflikt jedoch noch verschlimmert. Die Pseudolösungen können in drei Gruppen unterteilt werden:

   - *Angriff* umfasst alle Strategien, die lediglich darauf ausgerichtet sind, den Gegner psychisch oder physisch fertig zu machen. Dies kann Verleumdung, Sabotage, Erpressung oder bewusste Falschinformation sein.
   - *Flucht* als Pseudolösung ist ein Meiden, Unterdrücken oder Leugnen der Situation.
   - *Sich abfinden* beinhaltet Strategien wie Kompensation, das heißt Konzentration auf etwas anderes, Verdrängung oder Resignation.

   Alle diese Pseudolösungsstrategien haben gemeinsam, dass sie kurzfristig helfen, den durch die Konfliktsituation entstandenen negativen Gefühlen Herr zu werden, langfristig gesehen die Situation jedoch verschlimmern.

3. **Konfliktanalyse und Diskussion**
   In dieser Phase werden die betroffenen Konfliktbereiche und Personen aufgedeckt, das heißt, wer beim Austragen des Konflikts in den

Konfliktprozess hineingeraten ist bzw. wer mit einbezogen werden muss. Daran schließt sich das Erkennen der Konfliktursache an. Das Erkennen der wesentlichen Ursachen eines Konflikts ist sehr wichtig, da sonst die Gefahr besteht, dass anstatt der Konfliktursachen die Konfliktsymptome angegangen werden. So werden Sachkonflikte in der Praxis häufig von persönlichen Streitigkeiten sowie Wertkonflikten überlagert und dadurch falsch analysiert.

Ziel dieser Phase ist die Präzisierung und Versachlichung des Konflikts. Es sollte ein reger Informationsaustausch stattfinden und abweichende Ansichten sollten offen und frei angesprochen werden. Häufig können sowohl Scheinkonflikte als auch Konfliktverzerrungen sehr leicht gelöst werden, wenn das Problem erst einmal angesprochen wurde. Auch ohne weitere systematische Analyse wird klar, dass die Betroffenen eigentlich dasselbe wollen. In diesem Fall kann auf die weitere systematische Analyse verzichtet werden. Ist dies nicht der Fall, muss entschieden werden, wie wichtig der Konflikt bzw. die Konfliktbewältigung ist. Es geht um die Frage: Lohnt sich eine systematische Bearbeitung oder bringt sie mehr Probleme mit sich als der Konflikt selbst?

4. **Konfliktreaktion**
Diese Phase ist hauptsächlich durch extremes Drohverhalten gekennzeichnet. Dabei wird die Gegenpartei vor Ja-Nein-Entscheidungen gestellt, die jegliche Kompromisse verbauen. Diese Drohung antizipiert die schlimmste mögliche Verhaltensweise des Gegners und wird ausgesprochen, um diese zu verhindern. Gerade dadurch wird diese jedoch heraufbeschworen, da auch der Gegner keine Schwäche zu zeigen bereit ist. Stattdessen reagiert er mit Gegendrohungen. Die fallen häufig noch extremer aus, da in die ursprüngliche Drohung Aspekte hineininterpretiert werden, die diese gar nicht enthielt.

   - *Offene Auseinandersetzung*
   Gegensätze werden offen angesprochen. Der Versuch zur Durchsetzung des eigenen Standpunktes gegen die anderen Standpunkte ist offenkundig. Auseinandersetzungen finden nun nicht mehr auf verbaler, sondern vorwiegend auf tätlicher Ebene statt, da man zu der Überzeugung gekommen ist, dass Gespräche nicht weiterführen. Das bedeutet, dass die Betroffenen nicht mehr über konkurrierende Handlungspläne diskutieren, sondern beginnen, diese auch ohne die Einwilligung des anderen in die Tat umzusetzen. Der Gegner soll nun durch harte Fakten überzeugt werden. Dabei wird jedoch nicht bedacht, dass dieser häufig schon nicht mehr in der Lage ist, Taten als Fakten zu akzeptieren. Stattdessen reagiert er mit Gegenhandlungen. Die Betroffenen können keine Rückschritte

mehr machen, da sie befürchten, vom Gegenüber ausgenutzt zu werden. Die Betroffenen haben nun eine überwiegend kompetitive Einstellung. Es kommt zu einem Kräftemessen.

- *Offener Kampf*
  Die Auseinandersetzung ist klar definiert, sie wird jetzt nur noch kompetitiv ausgetragen. Die Betroffenen zeigen ein feindseliges Verhalten. Das Ergebnis lautet Sieg oder Niederlage, Gewinn oder Verlust. Auch ein ehemaliger Sachkonflikt wird nun auf der Beziehungsebene ausgetragen. Man will sich nicht vom Gegner unterkriegen lassen. Das primäre Ziel des Konfliktes ist nunmehr die Wahrung des eigenen Gesichts und die Bloßstellung des Gegners. Dafür ist man auch bereit, große Opfer zu bringen. Im Zuge dessen kommt es häufig zu publikumswirksamen „Enthüllungen" über den Gegner.

  Die ursprünglichen Ziele sind längst nicht mehr erreichbar. Die Vernichtungsaktionen werden verstärkt. Es geht darum, die Macht- und Existenzgrundlage des Gegners zu vernichten. Das einzige, was den einen oder anderen Betroffenen noch vom „totalen Krieg" abhält, ist die Sorge um die Sicherung der eigenen Existenz. Fällt auch dieser Vorbehalt, ist die letzte Hemmschwelle überwunden. Die Betroffenen wissen, dass sie sich selbst zum Untergang verurteilen. Sie empfinden das jedoch als höheren Zweck, der jedes Opfer rechtfertigt. Die Vernichtung des Feindes ist zum einzigen Lebensziel geworden. Wird dieses Ziel erreicht, fühlen sich die Betroffenen im Untergang als moralischer Sieger.

5. **Konfliktlösung**
   Welche Methode bzw. Vorgehensweise zur Konfliktlösung am geeignetsten ist, hängt von der Analyse ab. Der Projektmanager wird sich zu einer situativen Entscheidung durchringen müssen. Beispiele zur Konfliktlösung in Projekten sind:

   - Team- oder Einzelgespräche mit den Konfliktbeteiligten,
   - Sicherung des effizienten Arbeitens im Team; Rollen klären (Kompetenz-, Aufgabenabgrenzung),
   - organisatorische Maßnahmen (Krisenzentrum bilden),
   - Führungsstil anpassen,
   - Verhandlungen führen,
   - usw.

   Diese Punkte werden im Kapitel 4 genauer dargestellt.

2.5 Krisenzeichen erkennen

Die Symptome von Projektkrisen sind immer wieder ähnlicher Natur und sind fast immer im Bereich der so genannten Soft Facts angesiedelt – zum Beispiel Gerüchte oder abnehmende Motivation und Unzufriedenheit von Mitarbeitern. Aber auch erfasste und ausgewertete Projektdaten (Fakten) können auf eine entstehende Krise hinweisen.

Trotzdem werden diese Indikatoren vielfach von den Verantwortlichen selbst dann noch ignoriert, wenn sie sogar für Außenstehende (externe Auftraggeber, Medien) unübersehbar sind. Dieses Verhalten ist übrigens auch ein wichtiger Grund dafür, dass Probleme sich oft zur Krise auswachsen, bevor gehandelt wird.

Ein unrühmliches Beispiel ist das Prestigeprojekt „LKW-Maut". Hier wurden von dem Betreiberkonsortium technische und terminliche Zusagen an ein Ministerium gemacht, ohne dass dieses sich im Klaren darüber war, ob diese überhaupt in der zugesagten Form möglich gewesen wären (fehlende oder mangelhafte Machbarkeitsstudie). Auf Basis der technischen/terminlichen Probleme haben sich dann zwischenmenschliche Konflikte abgespielt, die wahrscheinlich auch zu fachlich und menschlich unkorrekten Personalentscheidungen geführt haben.

Gerüchte

Gerüchte sind häufig Vorboten einer sich ausbreitenden Information. Unwichtig ist dabei, ob das Gerücht bzw. dessen Inhalt falsch oder richtig ist. Das Gerücht bildet Meinungen und Meinungen sind letztendlich Fakten. Gerüchte entwickeln sich in der Regel unkontrolliert und werden bewusst oder unbewusst manipuliert bzw. verfälscht. Unkontrollierte Gerüchte entstehen häufig in einem Klima, in dem nicht genügend zuverlässige Informationen zur Verfügung stehen. Die Ursache für ein Gerücht oder wer es in die Welt gesetzt hat können meist schon nach kurzer Zeit nicht mehr aufgeklärt werden.

Im Gegensatz zu den unkontrollierten Gerüchten werden gelegentlich Gerüchte bewusst und ganz gezielt in Umlauf gebracht. Sie stellen ein Instrument zur positiven oder negativen Krisensteuerung dar, aber als „schmutzige" Gerüchte gehören sie zweifellos zu den bösartigsten Methoden, einen „Kontrahenten" anzugreifen. Der neuartige Begriff des „Mobbing" geht ebenfalls in diese Richtung und kann neben vielen Projektbeteiligten insbesondere auch den Projektmanager treffen, dessen fachliche und soziale Kompetenz damit direkt oder indirekt angezweifelt wird.

Unzufriedenheit

Im Mittelpunkt erfolgreicher Projektarbeit steht der Mensch, als Auftraggeber, Projektmitarbeiter, Anwender oder sonstwie am Projekterfolg Interessierter. Jeder einzelne hat seine Aufgaben im Projekt, und nur durch geeignetes Zusammenwirken aller Beteiligten lassen sich die oftmals anspruchsvollen Projektziele verwirklichen. Gerade in kritischen Situationen ist es besonders wichtig, dass sich alle Betroffenen über diese simple Wahrheit wirklich im Klaren sind. Sowohl bei Projektmanagern als auch bei Mitarbeitern ist leider immer wieder zu beobachten, dass Unklarheit über die Projektziele, Aufgaben und die Bedeutung der einzelnen Beteiligten besteht. Bleiben dann noch die erwarteten Erfolge, zum Beispiel bei Zwischenergebnissen, aus, so signalisieren die Beteiligten schon eine Art Unzufriedenheit. Am Anfang äußert sich diese Unzufriedenheit als Resignation oder Frustration, nach einiger Zeit verwandelt sie sich in Aggression, Wut oder andere gefährliche Reaktionen.

Fakten

Fakten, die kennzeichnend für eine Krise sind, sollten erfasst, ausgewertet und dokumentiert werden, so dass sie in ähnlich krisenrelevanten Situationen als Vorboten eines Crashs erkennbar sind.

Jeder in Tabelle 2.4 aufgeführte Fakt zeigt an, dass ein ernsthaftes Problem im Projekt besteht, und erfordert entsprechendes Handeln. Erfolgt dies nicht, kann man fest davon ausgehen, dass im Laufe der Zeit weitere Fakten sichtbar werden und schließlich eine Krise entsteht, die das ganze Projekt gefährdet.

Drei Methoden, mit denen sich krisenrelevante Fakten erkennen lassen, werden nun kurz vorgestellt: Terminverschiebungen lassen sich mit der *Meilenstein-Trendanalyse* frühzeitig erkennen, explodierende Kosten mit der *Kosten-Trendanalyse* und Sachfortschrittsprobleme mit dem Fertigstellungs-Bewertungssystem der *Earned-Value-Analyse*.

Bei der *Meilenstein-Trendanalyse (MTA)* (Bild 2.8) werden in einem Dreieck vertikal die geplanten Meilensteintermine und horizontal die geplanten Berichtszeitpunkte eingetragen. Bei der Einteilung der beiden Zeitachsen sollte über die geplante Projektdauer hinaus ein zusätzlicher Puffer berücksichtigt werden.

Die Berichtszeitpunkte sollten periodisch gewählt werden, sinnvollerweise in Verbindung mit den Statusbesprechungen.

Zu den Berichtszeitpunkten wird, gemeinsam vom Projektmanager mit den entsprechenden Mitarbeitern, auf der Grundlage des aktuellen Pro-

Tabelle 2.4
Krisenrelevante Fakten

- Terminverschiebungen
- Nicht eingehaltene Meilenstein-Ergebnisse (Phasenergebnisse)
- Explodierende Kosten
- Fehlende oder fehlerhafte Funktionalität
- Reklamationen, schriftliche Beschwerden seitens des Auftraggebers
- Häufige Ressourcenanforderungen (hohe Fluktuationsrate)
- Häufige Statusbesprechungen (kurzfristig, ergebnislos)
- Besprechungsthemen wiederholen sich (Termin als erster Tagesordnungspunkt)
- Technische Produktmängel (Absicherungsschreiben)
- Schwankende Produktqualität
- ...

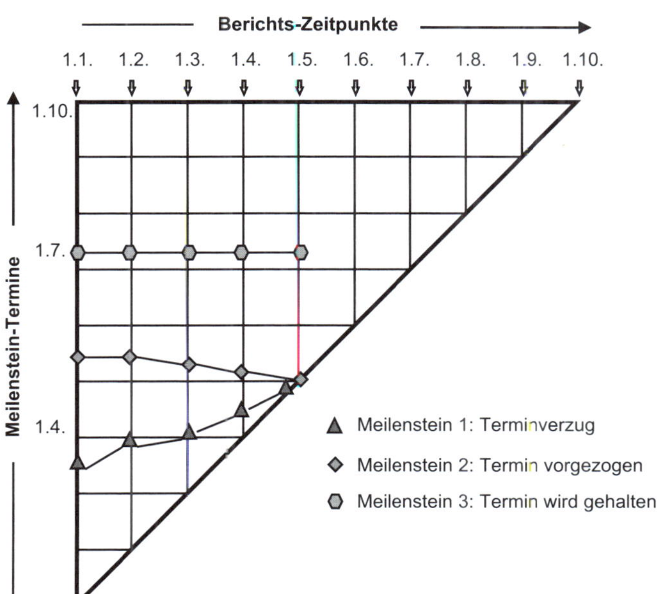

Bild 2.8
Beispiel einer Meilenstein-Trendanalyse

jektstandes und der bekannten Randbedingungen eine Terminschätzung für alle Meilensteine durchgeführt. Die geschätzten Termine werden in der Grafik markiert und mit dem vorherigen Schätzwert verbunden.

So entsteht mit Fortschreiten des Projekts eine Kurve, die den Trend der Terminentwicklung anzeigt:

- Ein horizontal gerader Verlauf zeigt an, dass der geplante Termin wahrscheinlich gehalten wird.
- Steigt die Kurve an, so ist ein Terminverzug zu erwarten.
- Fällt die Kurve ab, so wird der geplante Termin vermutlich unterschritten.

Wenn ein Meilenstein erreicht ist, endet seine Kurve auf der diagonalen Seite des Dreiecks. Abweichungen von vorherigen Schätzwerten werden in einem Beiblatt erläutert, wobei die Ursachen, die Auswirkungen und eventuelle korrektive Maßnahmen beschrieben werden.

Die *Kosten-Trendanalyse* als Methode zur Kostenüberwachung gestattet es, während des Projektverlaufs regelmäßig Schätzwerte über die Gesamtkos-

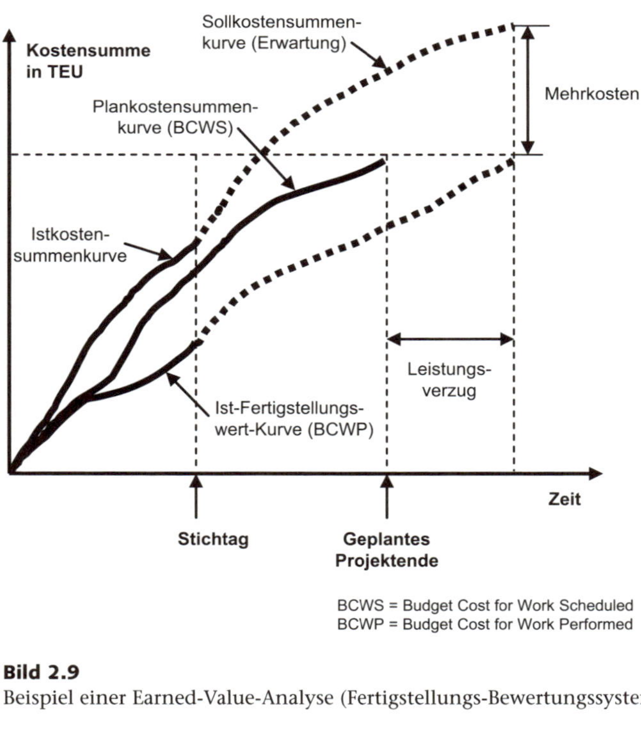

Bild 2.9
Beispiel einer Earned-Value-Analyse (Fertigstellungs-Bewertungssystem)

ten des Projekts zum voraussichtlichen Endtermin zu gewinnen. Dazu werden zum jeweiligen Berichtszeitpunkt die Istkosten des Projekts und der bis dahin erreichte Arbeitsfortschritt ermittelt. Anhand dieser Werte und der geplanten Gesamtkosten wird der Schätzwert für die Endkosten errechnet. Die grafische Darstellung erfolgt entsprechend der Meilenstein-Trendanalyse. Krisenrelevante Fakten sollten eindeutig dem Projektstatusbericht zu entnehmen sein.

Die *Earned-Value-Analyse* (EVA) analysiert die einzelnen Komponenten (verstrichene Zeit, verrichtete Arbeit, verursachte Kosten) unabhängig voneinander und setzt Plandaten und Istdaten in Relation. EVA zeigt kompromisslos den aktuellen Stand des Projekts (siehe Bild 2.9).

Der ursprünglich geplante Kostenverlauf (Plankostensummenkurve) gegenüber dem tatsächlichen Kostenverlauf (Istkostensummenkurve) sowie dem prognostizierten Kostenverlauf (Sollkostensummenkurve) macht die Mehrkosten deutlich transparent.

Der „verdiente Wert“ (Fertigstellungswert-Kurve) macht deutlich, wo die Leistungserbringung steht und wann die Leistung voraussichtlich erbracht wird (Leistungs-/Terminverzug). Voraussetzungen für den integrierten „echten“ Soll-Ist-Vergleich zum Stichtag sind eine vollständige Planung (Planwerte) und die vollständige Erfassung der Istsituation (Istwerte und Restwerte zum Stichtag). Im Gegensatz zu den Einzelbetrachtungen der Termine und des Aufwands sind hier Fertigstellungsgrade unerlässlich. Folgende Vorgehensweise ist erforderlich:

1. Terminplan-Aktualisierung (Isttermine, Restdauer, Fertigstellungsgrade der Vorgänge). Aus der Aktualisierungsrechnung ergeben sich die neuen Solltermine. Von herausragender Bedeutung ist der errechnete neue *Projektendetermin*, der vom geplanten Projektende um den *Leistungsverzug* abweicht.

2. Ermittlung („Hochrechnung”) der geplanten Gesamt-Fortschrittswerte (geplante Gesamtfertigstellungsgrade, Gesamtstunden, Gesamtkosten) für zu betrachtende Projektbereiche auf der Grundlage der in der Ist-Erfassung festgestellten Projektergebnisse (Sach- und Dienstleistungen) und Einzel-Fertigstellungsgrade (*Ist-Fertigstellungswertkurve*).

3. Die tatsächlichen Gesamtfinanzierungsgrade werden hochgerechnet (*Sollkostensummenkurve*) und den geplanten gegenübergestellt. Gleichzeitig wird für die bis zum Stichtag erbrachten Projektergebnisse tatsächlich angefallener Aufwand dem dafür geplanten Aufwand gegenübergestellt. Diese Aufwands-Gegenüberstellung kann jeweils für die

Arbeitsstunden und die Sachkosten getrennt oder in Summe für die Gesamtkosten erfolgen.

Der dem Aufwand entsprechende Geld- bzw. Kosten-Wert für die bis zum Stichtag erbrachten Leistungen oder, anders ausgedrückt, für die fertig gestellte bzw. geleistete Arbeit wird als Fertigstellungswert oder Arbeitswert oder im angelsächsischen Sprachraum als *Earned Value* („verdienter Wert") bezeichnet.

Die Verinnerlichung und Anwendung der vorgenannten Verfahren, sowohl bei weichen und harten Fakten, schaffen die Voraussetzung dafür, dass man Krisenzeichen rechzeitig erkennt und entsprechend gegensteuern kann.

3 Analyse der Krisensituationen

3.1 Einleitung

In der Praxis zeigt sich oft, dass negative Situationen im Projektumfeld nicht richtig oder nicht sorgfältig genug analysiert werden. Auch werden bestimmte Situationen falsch interpretiert und von jedem Projektmitglied anders gesehen. Deshalb ist es beim Erkennen einer negativen Situation äußerst wichtig, eine gründliche Situationsanalyse durchzuführen und bei allen Projektbeteiligten ein gemeinsames, ganzheitliches Situationsverständnis zu schaffen, denn nur dann kann auch eine akzeptable Lösung gefunden werden. Der entscheidende Schlüssel zur Beherrschung von Krisensituationen und zur Prävention von solchen Ereignissen ist der offene, vorurteilsfreie Umgang damit.

Um ein klares Situationsverständnis zu erreichen, wird die in Bild 3.1 gezeigte systematische Vorgehensweise empfohlen. Ziel dieser Situationsanalyse ist es, die zur Lösung geeigneten und zeitsparenden Vorgehensweisen und Methoden zu bestimmen: Problemanalyse, Entscheidungsana-

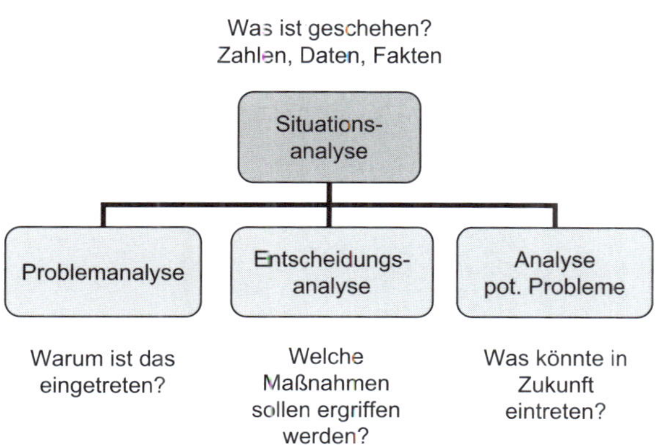

Bild 3.1
Vorgehensweise für die Analyse der Krisensituationen

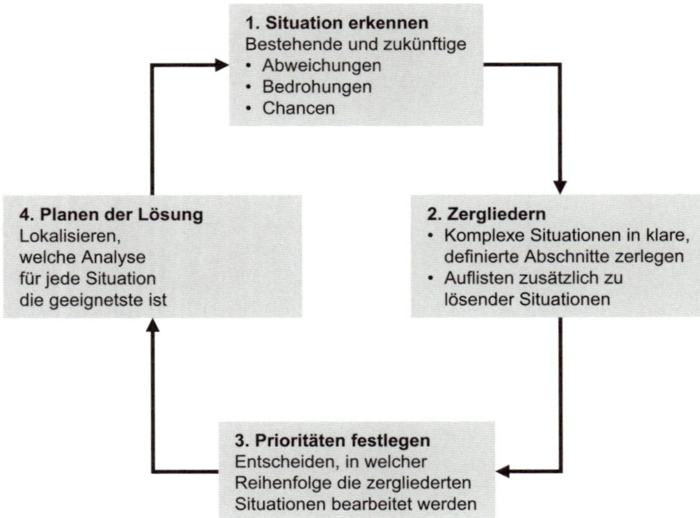

Bild 3.2
Ablauf der Situationsanalyse (nach Kepner/Tregoe)

lyse oder Analyse potenzieller Probleme. Eine pauschale Zuordnung zu einer der drei Methoden ist nicht zwingend vorgegeben. Wichtig ist, dass die zur Lösung der Situation erforderlichen Prozessabschnitte identifiziert und eingeleitet werden. In der Regel ist lediglich die Anwendung einzelner Bausteine aus allen drei Methoden erforderlich.

Eine Analyse der Krisensituation kann, wie in Bild 3.2 dargestellt, über vier Analyseschritte durchgeführt werden. Dabei ist es wird empfehlenswert, das Prinzip der W-Fragen-Technik zu verwenden, wie es im Folgenden dargestellt wird.

3.2 Situationsanalyse

1. Situation erkennen

Im ersten Schritt werden der Aufgabenbereich und das Arbeitsumfeld nach Situationen abgeklopft, die Maßnahmen erfordern. Folgende Vorgehensweise ist dafür zu empfehlen:

1. Auflisten bestehender Abweichungen, Bedrohungen und Chancen (Zahlen, Daten, Fakten)
2. Projekt-Fortschrittskontrolle (gemessen an den Zielsetzungen)
3. Ausschau halten nach Überraschungen (unternehmensinterne und externe Einflüsse)
4. Suche nach Verbesserungen (Syndrombehandlung)

Diese Vorgehensweise ermöglicht ein schnelles Überdenken von Situationen, auch im Team. Checkliste 3.1 hilft, alle relevanten Situationen zu erkennen. Zu beachten ist dabei, dass *eine Situation* nicht *zwei oder mehr Situationen* beinhalten kann. Daher folgt als nächster Schritt das Zergliedern.

Checkliste 3.1
Situation erkennen

Checkliste zur Situationsanalyse *1. Situation erkennen*
• Wo wird die Norm / das Ziel nicht erfüllt? • Welche Probleme des letzten Monats / letzten Meilensteines sind noch nicht gelöst? • An welchen Vorschlägen wird gearbeitet? • Welche Vorschläge kommen demnächst auf das Projektteam zu? • Welche Entscheidungen müssen sofort getroffen werden? • Welche Entscheidungen müssen sofort getroffen und sofort durchgesetzt werden? • Welche größeren Projekte, Aufgaben oder Pläne stehen kurz vor der Durchführung?

2. Zergliedern der Situation

Im zweiten Schritt der Situationsanalyse werden komplexe Situationen in überschaubare und exakt definierte Abschnitte unterteilt. Statt einer oberflächlichen Situationsbeschreibung werden handfeste Fakten erarbeitet und statt subjektiver Meinungen überprüfbare Daten erfasst. Im Team wird durch „Hinterfragen" der Situation aus allen Blickwinkeln ein überprüfbarer Gruppenkonsens hergestellt. Checkliste 3.2 hilft, eine Situation systematisch zu zergliedern.

Checkliste 3.2
Zergliedern der Situation

Checkliste zur Situationsanalyse *2. Zergliedern der Situation*
• Fachliche Fakten – Aufgabenstau (Beginn,Trends, Schwerpunkte) – Terminverschiebungen (Häufige Änderungsanträge, unklare Anforderungen) – Kostenüberschreitung (höherer Ressourcenverbrauch) • Persönliche Fakten – Abmeldungen (echte Kündigung, Krankheitsquote) – Innere Emigration (Desinteresse, nachlassendes Engagement) – Argumentation (Killerphrasen, unfaire Dialektik, Desinformation) • Informationelle Fakten – Aktennotizen (zunehmend, Absicherungstendenzen, Bürokratie) – Verteiler (wird immer breiter, wird hierarchisch immer höher) – Gerüchteküche • Projektsitzungen – Frequenz (immer mehr, viele außerplanmäßige) – Dauer (immer mehr Punkte, immer länger werdender Zeitraum) – Teilnehmer (Anzahl wird immer weniger/immer mehr, ohne Hierarchieinteresse, immer mehr Hierarchieinteresse) – Sitzungsprotokolle (Umfang immer stärker, Inhalt mit Schuldzuweisungen und Selbstdarstellungen)

3. Prioritäten festlegen

In Krisen scheint jede Situation und jedes Problem absolute Priorität zu haben; oder eine Aufgabe wird wichtig, „weil der Chef sagt", das sie das Wichtigste sei. Prioritäten sollten aber nicht nach subjektiven Präferenzen vergeben werden, sondern nach einem möglichst objektiven, systematischen Verfahren. Die relative Wichtigkeit und der Vorrang einer Situation lassen sich mithilfe der in Checkliste 3.3 aufgeführten Faktoren „Bedeutung, Dringlichkeit, Tendenz" relativ wertneutral festlegen.

Checkliste 3.3
Prioritäten festlegen

Checkliste zur Situationsanalyse *3. Prioritäten festlegen*
• *Bedeutung* Welche Bedeutung haben die gegenwärtigen Auswirkungen der Situation hinsichtlich Produktivität, Mitarbeiter und/oder Mittel?
• *Dringlichkeit* Welche Dringlichkeit hat die Situation?
• *Tendenz* Wie ist ihre Tendenz / ihr Verlauf abzuschätzen?

Situationen, die in allen drei Punkten eine niedrige Priorität aufweisen, sollten zur späteren Bearbeitung zurückgestellt werden. Bei einer großen Anzahl an Situationen kann die Anwendung der klassischen ABC-Analyse (Pareto-Analyse, Bild 3.3) eine Hilfe sein. Dabei wird die Streuung der zu untersuchenden Situationen visuell in einem Säulendiagramm verdeutlicht. Das häufigste Auftreten wird ganz links dargestellt, das zweithäufigste Auftreten rechts daneben usw. Mithilfe der Informationen aus diesem Diagramm wird festgelegt, auf welche Situationen man sich bei der weiteren Bearbeitung konzentrieren muss. A-Situationen sind die wichtigsten, die als erste im Team analysiert und gelöst werden sollten. Die Entscheidung über Maßnahmen ist hierbei in der Regel nicht an teaminterne Instanzen oder an Personen oder Instanzen außerhalb des Teams delegierbar. B-Situationen sind durchschnittlich wichtig. C-Situationen sind die weniger kritischen Situationen, die entsprechend ihrer Priorität später bearbeitet werden können. Durch die Prioritätensetzung mit der ABC-Analyse werden die Situationen und Maßnahmen in eine ausgewogene Relation, richtige Rangordnung und Reihenfolge gebracht.

Problemkategorie	Häufigkeit	Prozent (%)
Änderungsanträge	68	33
Sicherheit	24	12
Fehlerprobleme	20	10
Systemintegrität	19	9
Kommunikation	16	8
Druckprobleme	16	8
Abweichungen	15	7
Vernetzung	11	5
Wartezeitprobleme	8	4
Serverprobleme	6	3
Schlechte Konfiguration	3	1
	206	100

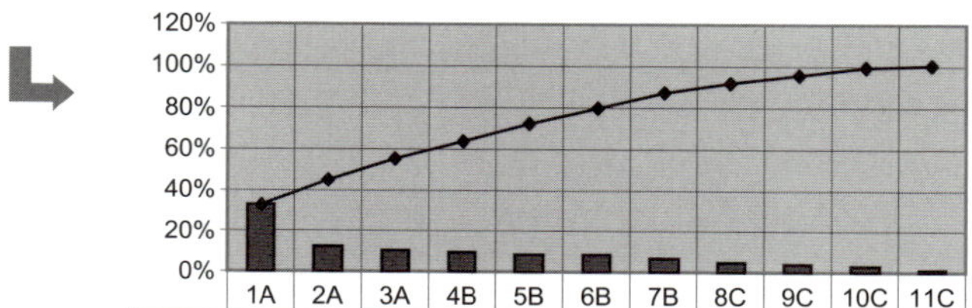

	1A	2A	3A	4B	5B	6B	7B	8C	9C	10C	11C
Häufigkeit	33%	12%	10%	9%	8%	8%	7%	5%	4%	3%	1%
Kumuliert	33%	45%	55%	64%	72%	80%	87%	92%	96%	99%	100%

Bild 3.3
Beispiel einer ABC-Analyse

4. Planen der Lösung

Der vierte Schritt der Situationsanalyse befasst sich mit der Auswahl des methodisch sinnvollsten Lösungsvorgehens für erfolgskritische Situationen. Zu entscheiden ist in dieser Phase, ob die vollständige oder teilweise Anwendung der Problem- oder Entscheidungsanalyse oder die Analyse potenzieller Probleme durchzuführen ist. Entscheidungskriterien dazu liefert Checkliste 3.4.

Wird die Situationsanalyse im Team durchgeführt, ist der nächste Schritt die Delegation vorrangig zu lösender Situationen. Verantwortlichkeiten werden klar definiert. Jeder im Team sollte wissen, welcher Methode er sich zu bedienen hat, welche Ausgangsfragen zu stellen sind und wie viel Zeit für die zugewiesenen Aufgaben angemessen ist. Ein Zeitplan für die Lösung sollte erstellt und periodische Projekt-Fortschrittskontrollen sollten vereinbart werden.

Checkliste 3.4
Planung der Lösung

Checkliste zur Situationsanalyse *4. Planen der Lösung*
• Handelt es sich um eine Abweichung, deren Ursache gefunden werden muss? • Kann eine bessere Entscheidung getroffen werden, wenn die Ursache bekannt ist? Wenn „ja" und Ursache unbekannt, dann ➡ Problemanalyse
• Ist eine Wahl zwischen mehreren Alternativen zu treffen? • Müssen Ziele festgelegt werden, bevor etwas unternommen wird (kurzfristig, mittelfristig, langfristig)? Wenn „Ja", dann ➡ Entscheidungsanalyse
• Handelt es sich um eine Situation, in der eine Entscheidung für eine Alternative bereits getroffen ist oder noch nicht ausgeführt wurde? („Noch nicht ausgeführt" kann bedeuten, dass man erst noch die „Analyse potenzieller Probleme" durchführen will). • Muss ein Plan (Projektplan, Vorgehensplan, Aufgabenplan) ausgeführt werden? • Könnte bei der Ausführung des Plans etwas schief gehen? Wenn „Ja", dann ➡ Analyse potenzieller Probleme

Die Situationsanalyse hilft einem Team, sich auf ein gemeinsames Ziel auszurichten sowie das Denken und Handeln mit maximaler Leistungsfähigkeit auf die Bewältigung vorrangiger Aufgaben zu konzentrieren.

3.3 Problemanalyse

Bei der Problemanalyse geht es auch darum, die optimale Nutzung des natürlichen Ursache-Wirkungs-Denkens von Führungskräften zu sichern. Im Team fördert die Problemanalyse darüber hinaus die Kommunikation. Mit ihrer Hilfe werden Informationen von allen Seiten optimal zusammengetragen und ein einheitliches Verständnis von Begriffsinhalten erarbeitet. Verwirrungen und endlose Diskussionen im Team lassen sich so auf ein Minimum reduzieren.

3.3.1 Vorgehensweise der Problemanalyse

Die Problemanalyse (Bild 3.4) befasst sich mit einer identifizierbaren Abweichung von einem festgelegten Soll, einem Standard oder einer Norm. Die Ursache dieser Abweichung ist in der Regel unbekannt, die Ursache-Wirkungs-Zusammenhänge müssen erst analysiert werden. Die Abweichung lässt sich beschreiben, da sie konkret, begrenzt und spezifisch ist. Sie tritt zu einer bestimmten Zeit an einer bestimmten Stelle auf (IST-Bereich), während sie gleichzeitig zu einer bestimmten Zeit an bestimmter Stelle *nicht* auftritt (IST-NICHT-Bereich). Die Dimensionen der Abweichung lassen sich genau quantifizieren.

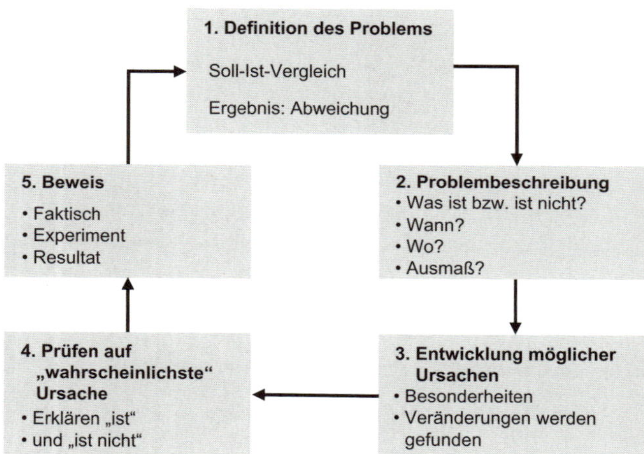

Bild 3.4
Ablauf der Problemanalyse (nach Kepner/Tregoe)

Grundsätzlich lassen sich mit der Methode der Problemanalyse zwei verschiedene Problemtypen lösen:

1. Die gegenwärtige Abweichung einer vorher zufriedenstellenden Leistung und
2. eine Leistung, die nie die Erwartungen erfüllt hat.

1. Definition des Problems

Als Ausgangsbasis zur Durchführung der weiteren Analyseschritte erfolgt eine präzise Formulierung des Problems bzw. die exakte Definition der Abweichung.

2. Problembeschreibung

Nächster Schritt ist eine detaillierte Problembeschreibung entsprechend Checkliste 3.5 anhand der vier Faktoren:

- Bezeichnung: Was soll geklärt werden?
- Ort: Wo wird es beobachtet?
- Zeit: Wann tritt es auf?
- Ausmaß: Wie ernst und wie umfassend ist es?

Ist ein Problem in seinen vier Dimensionen beschrieben, kann es durch die Bildung einer Vergleichsbasis noch exakter umrissen werden. Lässt sich ein Problem durch eine genaue Beschreibung des IST-Bereichs und des IST-NICHT-Bereichs einengen, dann müssen sich diese beiden Bereiche durch mindestens eine Besonderheit unterscheiden. Diese Besonderheit bringt das Lösungsteam näher an die Ursachen des Problems. Deshalb wird die Problembeschreibung um die Vergleichsbasis IST/IST-NICHT ergänzt.

Checkliste 3.5
Problembeschreibung

Checkliste *Problembeschreibung*		
Bezeichnung	WAS?	• Was funktioniert nicht? • Was ist die Fehlfunktion?
Ort	WO?	• Wo wurde die Fehlfunktion beobachtet? • Wo in der Einheit tritt sie in Erscheinung?
Zeit	WANN?	• Wann wurde die Fehlfunktion zum ersten Mal beobachte? • Wann wurde sie seitdem beobachtet? • Wann im Arbeitszyklus wird sie zuerst beobachtet?
Ausmaß	WIEVIEL?	• Welches Ausmaß hat das Problem? • Wie viele Einheiten sind betroffen? • Wie viel ist in jeder Einheit betroffen?

3. Entwicklung möglicher Ursachen

Durch den Vergleich der genauen Beschreibung des IST-Bereichs mit dem IST-NICHT-Bereich werden die Besonderheiten herausgearbeitet, hinsichtlich Bezeichnung, Ort, Zeit und Ausmaß. Gesucht werden dabei feste Anhaltspunkte oder herausragende Merkmale der IST-Angaben, aus denen sich qualitativ und/oder quantitativ unterschiedliche Besonderheiten ergeben, gelegentlich ergeben sich auch keine Besonderheiten.

Häufig deutet zum Beispiel das Absinken einer ehemals zufriedenstellenden Leistung auf eine oder mehrere Veränderungen hin. Diese auslösenden Veränderungen müssen gefunden werden. Veränderungen, die sich speziell auf die Besonderheiten eines Problems beziehen, deuten am sichersten auf dessen Ursache hin.

Bei jeder Besonderheit wird gefragt: „Deutet diese Besonderheit auf eine Veränderung hin?" Veränderungen, die zwar eingetreten sind, aber keinen Bezug zu den Schlüsselfaktoren des Problems haben, bleiben unberücksichtigt. Wenn alle Informationen eingeholt und berücksichtigt wurden, liegt an einem bestimmten Punkt der aufgeführten Besonderheiten und Veränderungen die Erklärung der Ursache.

Methoden zur Ursachenanalyse finden Sie im Abschnitt 3.3.2.

4. Prüfen auf „wahrscheinlichste Ursache"

Die „wahre Ursache" muss alle Aspekte der Abweichung erklären, denn sie hat genau die beschriebene Wirkung ausgelöst. Doch die wahre Ursache kann nur selten schlüssig bewiesen werden.

Die „angenommene Ursache" muss in allen Einzelheiten mit der beobachteten Wirkung übereinstimmen.

Logisches Vorgehen ist notwendig, wenn eine mögliche Ursache durchgehend an deren Ursachenbeschreibung getestet wird. Die Ursache, welche die Abweichung besser als jede andere mögliche Ursache erklärt, ist dann die „wahrscheinlichste Ursache".

Eine Fehlerursache ist endgültig festgestellt, wenn zweifelsfrei feststeht, dass es sich dabei um den Störfaktor handelt, der die Abweichungen ursächlich hervorruft. Es empfiehlt sich, die Fehlerursache möglichst sorgfältig zu erhärten, um sicherzugehen, dass das Problem durch Beseitigung der Ursache tatsächlich korrigiert werden kann. Ansonsten kann sehr viel Zeit und Geld auf die Korrektur der falschen Ursache verwendet werden.

5. Beweis

Eine mögliche Ursache zu beweisen, heißt zu beweisen, dass sie tatsächlich die beobachtete Wirkung verursacht hat. Dieser Beweis sollte möglichst nicht theoretisch, sondern in der Praxis durchgeführt werden. Auswirkungen können anhand der Diskussion von Fakten oder durch Experiment simuliert werden oder die Veränderung, die vermutlich das Problem verursacht hat, kann rückgängig gemacht werden.

Natürlich kann der Beweis auch fehlschlagen, das Resultat ist negativ. Häufige Gründe für einen Fehlschlag sind

- fehlende Informationen oder unvollständige Nutzung der Informationen, zum Beispiel, wenn Daten zur Ursachenbeschreibung fehlen,
- ungenügende Identifizierung der Besonderheiten und Veränderungen und
- Beeinträchtigung des Urteilsvermögens beim Testen durch Vermutungen.

3.3.2 Methoden zur Ursachenanalyse

Ziel der Feststellung von Fehlerursachen ist die Ermittlung aller Störfaktoren, die möglicherweise für das Problem verantwortlich sind. Als Problem- oder Fehlerursache wird derjenige Störfaktor bezeichnet, der eine Abweichung ursächlich hervorruft. Ein Problem kann selbstverständlich mehrere Ursachen haben und durch mehrere Störfaktoren hervorgerufen worden sein. Es gibt verschiedene Methoden, den Ursachen eines Problems auf den Grund zu gehen:

- Überprüfen der Anforderungen
- Unterschiedsanalyse
- Prozessanalyse
- Ursache-Wirkungs-Diagramm

Überprüfen der Anforderungen

Obwohl es einer der wichtigsten Aufgaben des Projektmanagers und seiner Fachleute ist, die fachlichen und technischen Anforderungen des Kunden an eine Lösung, ein Produkt, ein System usw. zu analysieren, zu verstehen und in entsprechende Projektziele umzusetzen, kommt es während des Projektverlaufs immer wieder zu den in Bild 3.5 aufgeführten Problemen:

Bild 3.5
Typische Einwirkungen auf die Anforderungen im Projektprozess

- Änderungen der Anforderungen stellen zwangsläufig bereits erarbeitete Zwischenergebnisse in Frage. Da Zwischenergebnisse aufeinander aufbauen, ist mit deren Änderung die Konsistenz der gesamten Ergebnisfolge gefährdet und zwar um so mehr, je grundlegender die Änderung ist.
- Auch die Veränderungen der Rahmenbedingungen während des Projekts, zum Beispiel Technologiewandel, Gesetz- oder Normenänderung, Veränderung der Arbeitsbedingungen, aber auch Kosteneinsparungen, Terminvorziehung usw. haben einen starken Einfluss auf die Projektabwicklung.
- Hat man bei der Analyse die Anforderungen, „die Sprache des Kunden", nicht richtig verstanden und hat man anschließend auch die technischen Konzepte nicht mit dem Kunden abgestimmt, so sind Missverständnisse (Interpretationsprobleme) vorprogrammiert. Diese treten leider immer erst dann auf, wenn man dem Nutzer bzw. Anwender schon Teile des Systems vorführt, die dann aber von den fachlichen Anforderungen abweichen und dementsprechend keine Benutzerakzeptanz finden.
- Unvollständige, ungenaue Zieldefinitionen bieten immer wieder Konfliktstoff und können dann zu gewaltigen Krisen, im Extremfall zu Projektstopp oder -abbruch führen. Deshalb muss der Projektmanager besonders auf quantitative und qualitative Anforderungen seitens des Kunden großen Wert legen. Aussagen wie „das neue System sollte schneller oder sicherer sein als das alte System" müssen abgelehnt werden. Stattdessen müssen Kennzahlen genannt und dementsprechend

die Anforderungen definiert werden, zum Beispiel „das Antwortzeitverhalten muss kleiner 5 Sekunden sein“, „die Datensicherung muss automatisch alle 30 Minuten erfolgen“, usw.

Die Überprüfung der Anforderungen kann Hinweise auf mögliche Fehlerursachen geben.

Unterschiedsanalyse

Arbeitsprozesse erfüllen in der Regel zumindest in einem Teil der Fälle die Anforderungen. In einem solchen Fall können die Prozessbedingungen analysiert und Unterschiede zwischen Prozessbedingungen ermittelt werden, die abweichende bzw. übereinstimmende Outputs hervorbringen. Bei der Unterschiedsanalyse geht es zunächst darum, wann und wo die Abweichung aufgetreten ist und wann und wo nicht (Checkliste 3.6).

Checkliste 3.6
Unterschiedsanalyse

Checkliste *Unterschiedsanalyse*		
	Abweichung	**Übereinstimmung**
Wo?		
Wann?		
Welche Geräte/Einrichtungen wurden benutzt?		
Welche Personen mit welcher Ausbildung waren beteiligt?		
Welche Verfahren lagen zugrunde?		
Welche Leistungsstandards lagen zugrunde?		
Welche Inputs an Materialien/Informationen wurden verwendet?		

Prozessanalyse

Den Arbeitsprozess auf mögliche Fehlerquellen zu untersuchen, ist eine weitere Möglichkeit zum Ermitteln von Fehlerursachen. Bei dieser Methode untersucht ein Team, das den Arbeitsprozess genauestens kennt, alle Vorgänge im Prozessablauf, um „störungsanfällige" Bereiche zu ermitteln, in denen Abweichungen auftreten können (Bild 3.6). Der Prozess wird zum Beispiel untersucht bezüglich

- Prozeduren, Materialien, Produkte usw., die außerhalb des üblichen und der Gewohnheiten liegen,
- Verfahren, für die keine einheitlichen Richtlinien festgelegt sind,
- „Fallen", in denen Irrtümer und Versehen vorprogrammiert sind, oder
- Vorgänge, für die keine klaren Anforderungen bestehen.

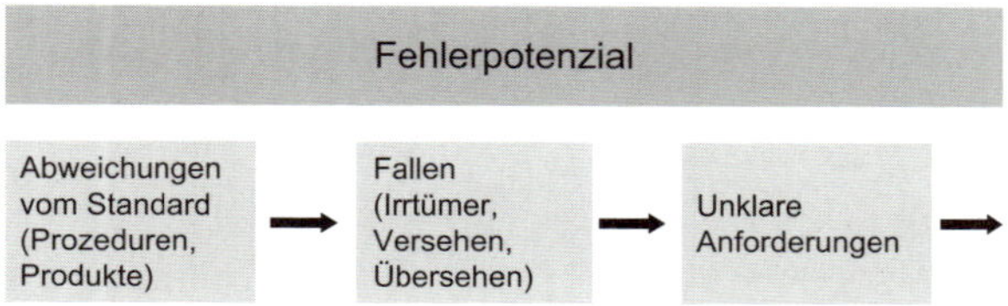

Bild 3.6
Prozessanalyse

Ursache-Wirkungs-Diagramm

Um mit dieser Methode Fehlerursachen festzustellen, wendet ein Team die Methode des Brainstormings an. Die Beschreibung des Problems erfolgt auf der rechten Seite des Diagramms als „Wirkung" (Bild 3.7). Auf sie führt eine vielfach verzeigte Linie zu, an deren Enden mögliche Ursachen eingetragen werden. In dem Diagramm werden alle dem Team einfallenden Ursachen notiert. Es empfiehlt sich, die einzelnen Zweige des Diagramms mit bestimmten Kategorien zu überschreiben, unter denen die jeweils zugehörige Ursache eingetragen werden kann. Ist eine Situation sehr komplex, müssen unter Umständen mehrere Diagramme ausgefüllt werden.

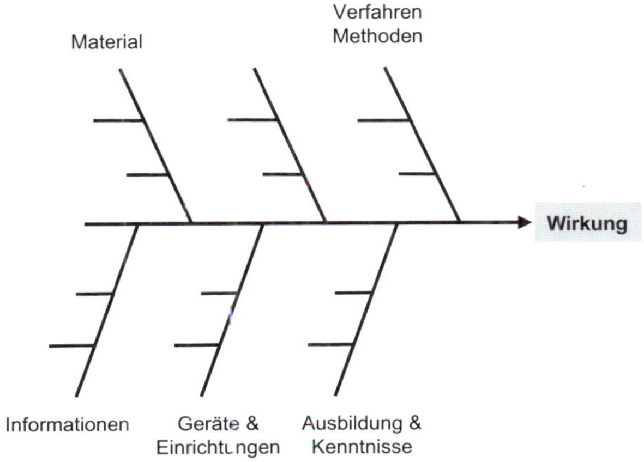

Bild 3.7 Ursache-Wirkungs-Diagramm

3.4 Entscheidungsanalyse

Die Entscheidungsanalyse befasst sich mit der systematischen Vorgehensweise bei der Wahl zwischen Alternativen. Bei jeder Entscheidung, die getroffen wird, ist das Resultat ungewiss. Ob sie richtig war, zeigt sich erst in der Zukunft. Entscheidungen sind abhängig von Informationen. Diese sind jedoch oft nur qualitativ unzureichend, lückenhaft oder ihre überwältigende Menge wirkt sich eher entscheidungshemmend aus.

Die Entscheidungsanalyse geht vom Zweck der Entscheidung aus, entwickelt dafür einen Zielkatalog als Basis zur Bewertung der in Frage kommenden Alternativen und identifiziert schließlich die den Alternativen innewohnenden Risiken.

Grundsätzlich sind fünf Arten von Entscheidungssituationen zu unterscheiden:

- komplexe Entscheidungen, welche die Überprüfung einer Fülle von Informationen und die Beurteilung vieler Fakten erfordern,
- Ja/Nein-Entscheidungen, die nur zwei Alternativen umfassen,
- die Entscheidung, ob eine einzige vorgeschlagene Maßnahme gut genug ist,
- die Entscheidung, ob eine neue Alternative entwickelt werden muss, und
- Routineentscheidungen.

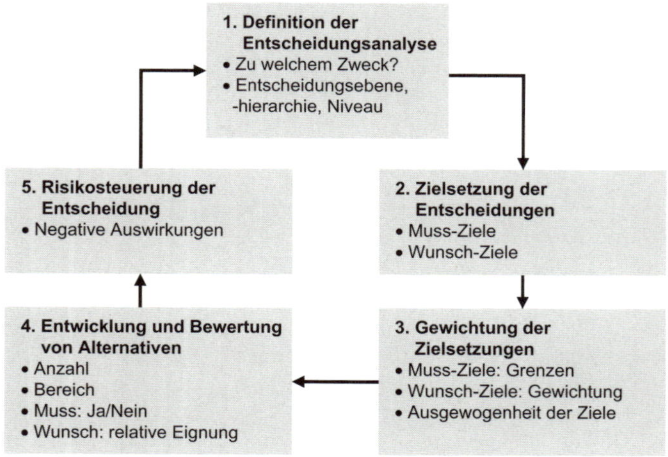

Bild 3.8
Ablauf der Entscheidungsanalyse (Kepner/Tregoe)

Der Ablauf der Entscheidungsanalyse ist in Bild 3.8 dargestellt.

1. Definition der Entscheidungsanalyse

Die Definition der Entscheidungsanalyse legt den eigentlichen Entscheidungszweck, also die Entscheidungssache, fest. Sie dient als Bezugsgrundlage für die Entwicklung der Zielsetzungen. Des Weiteren sollte schon in diesem Schritt festgelegt werden, wer für eine Entscheidung zuständig ist. Im Projekt gibt es Entscheidungsebenen bzw. Hierarchiestufen, beginnend bei den einzelnen Teams (Teamleiter) über Teilprojektleiter und Projektleiter bis hin zum Lenkungsausschuss.

Die gewählte Entscheidungsebene oder Hierarchiestufe verengt bzw. erweitert das Spektrum der möglichen Alternativen. Je niedriger die Ebene, desto stärker werden die Alternativen eingeschränkt. Je höher die Hierarchiestufe, desto mehr Alternativen können erwogen werden.

2. Zielsetzungen der Entscheidungen

Aus der Definition der Entscheidungsanalyse werden sowohl die einzelnen Zielsetzungen als auch die Entscheidungsebene als Maßstab für noch zu entwickelnde Alternativen oder Maßnahmen abgeleitet. Der aufzustellende Zielkatalog enthält die genaue Spezifizierung aller Kriterien, die man mit der Entscheidung erreichen will oder bei einer Entscheidung zu berücksichtigen hat.

Das Team erarbeitet im Rahmen dieses Schritts eine Liste der Muss- und Wunsch-Ziele. Hilfreich kann hierbei die Beantwortung folgender Fragen sein:

- Was wird vom neuen Produkt (System, Anwendung, Verfahren, Organisation usw.) verlangt?
- Welche Zusatzleistungen sind erwünscht?
- Welche Einschränkungen beeinträchtigen die Wahl eines neuen Produkts?

Muss-Ziele müssen unbedingt erfüllt werden, damit der Erfolg der Entscheidung gewährleistet ist. Sie stellen Mindestanforderungen dar und müssen messbar sein, damit sie als Kriterien für die Selektion dienen können.

Wunsch-Ziele sind alle anderen Ziele. Sie bestimmen die Rangfolge der Alternativen untereinander. Sie entscheiden, welche Alternative das Ziel am besten erfüllt.

3. Gewichtung der Zielsetzungen

In diesem Schritt werden die Wunsch-Ziele nach einer Skala von 1 bis 10 gewichtet. Das wichtigste Ziel erhält die Gewichtung 10. Alle anderen Ziele werden in Relation zu 10 gewichtet und in eine Rangfolge gebracht. Auf diese Weise wird die Wichtigkeit der Ziele untereinander sichtbar gemacht.

Die Ausgewogenheit der Wunsch-Ziele sollte im Hinblick auf Gefahrensignale überprüft werden. Zum Beispiel gilt:

- Zu viele hohe Gewichtungen deuten auf eine unrealistische Erwartung hin.
- Zu viele niedrige Gewichtungen weisen auf zu viele unwesentliche Details hin, die die Entscheidungsfindung erschweren.
- Zu viele Zielsetzungen aus einer Abteilung weisen auf Schwierigkeiten durch Abteilungsegoismus hin.
- Zielsetzungen, die bestimmte Alternativen bevorzugen, lassen die Entscheidungsfindung zur Farce werden.

4. Entwicklung und Bewertung von Alternativen

Jede vorhandene Alternative wird hinsichtlich ihres Erfüllungsgrads bezüglich jeder Zielsetzung bewertet. Bei mehreren Alternativen gewinnt diejenige, die mit dem geringsten Risiko alle Zielsetzungen am besten erfüllt. Das bedeutet, dass die beste Alternative mit hohen Risiken bei der Durchsetzung nicht die optimale Wahl ist und stattdessen eine Alternative bevorzugt werden sollte, die weniger attraktiv ist, aber sicher.

Bei der Bewertung der Alternativen hinsichtlich des Muss-Zieles genügt die Beantwortung der Frage:

„Erfüllt diese Alternative die aufgeführten Zielsetzungen?"

Bei Nein scheidet diese Alternative aus.

Die Bewertung der Alternativen hinsichtlich der Wunsch-Ziele erfolgt analog zur Bewertung der originären Wunsch-Ziele. Die Alternative, die der Zielsetzung am nächsten kommt, erhält die Gewichtung 10; die anderen Alternativen werden entsprechend dazu eingestuft.

Nach dieser Einstufung sind zwei Fragen zu stellen:

1. „Wie schneidet jede Alternative generell ab?"
2. „Wie gut erfüllt sie im Vergleich mit den anderen Alternativen die Wunsch-Ziele insgesamt?"

Die Antwort ergibt sich aus dem gewichteten Wert, der jeder Alternative gegeben wird:

Gewichteter Wert =
Wert einer Alternative x Gewichtung der jeweiligen Zielsetzung

Anschließend werden alle gewichteten Werte addiert, sodass sie die Summe der gewichteten Werte für eine Alternative ergeben. Dieser Schritt wird für alle Alternativen durchgeführt. Die ermittelten Summen führen zu einer Rangfolge der Alternativen hinsichtlich ihrer Wahrscheinlichkeit, die gestellte Aufgabe am besten zu erfüllen. Die höchste Summe der gewichteten Werte bildet die vorläufige Wahl der besten Alternative.

5. Risikobewertung der Entscheidung

Der letzte Schritt der Entscheidungsanalyse beinhaltet die Suche nach möglichen negativen Auswirkungen aller in die engere Wahl gezogenen Alternativen. Welche negativen Auswirkungen möglich sind, ermittelt man am besten durch ein Brainstorming. Werden sie rechtzeitig erkannt, dann lassen sie sich durch gezielte Maßnahmen umgehen oder ihr Störpotenzial kann entschärft werden. Rechtzeitig erkannte Risiken stellen noch keinen Grund dar, eine interessante Alternative zu verwerfen.

Das Team sollte bei der Risikobewertung auch dem Urteilsvermögen jedes Einzelnen, persönlichen Erfahrungen sowie Gefühlen und Intuitionen Beachtung schenken. Erst die Bewertung aller Informationen ist Voraussetzung für eine gute Entscheidung.

Bei der Suche nach negativen Auswirkungen der Alternativen sollte das Team sich von folgenden Fragen leiten lassen – und zwar für jede einzelne Alternative:

- Welche Voraussetzungen für den Erfolg wurden bisher in der Analyse übersehen?
- Welche unternehmensinternen Faktoren können erfahrungsgemäß ihre Annahme oder Durchsetzung beeinträchtigen?
- Welche Veränderungen im Unternehmen können ihren langfristigen Erfolg beeinträchtigen?
- Welche externen Veränderungen (zum Beispiel Maßnahmen der Konkurrenz) können ihren langfristigen Erfolg beeinträchtigen?
- Was verursacht bei der Durchsetzung dieser Art von Entscheidungen gewöhnlich Probleme?

Wenn diese Fragen beantwortet sind, werden die nachteiligen Auswirkungen einer Alternative nach Wahrscheinlichkeit und Tragweite bewertet:

- Mit welcher Wahrscheinlichkeit wird die nachteilige Auswirkung eintreten?
- Wenn sie eintritt, welche Tragweite wird sie haben?

Für die Bewertung empfiehlt sich der Maßstab „hoch, mittel oder niedrig".

Große Aufmerksamkeit ist insbesondere dann geboten, wenn eine Auswirkung mit hoher Wahrscheinlichkeit und Tragweite bewertet wird.

Die Entscheidungsanalyse garantiert nicht immer perfekte Entscheidungen, aber sie hilft, die Irrtümer auf ein Minimum zu beschränken.

3.5 Analyse potenzieller Probleme

Die Analyse potenzieller Probleme (Bild 3.9) basiert auf der Überzeugung, dass im Voraus erkannte künftige Störungen oder Fehlentwicklungen als Folge von Plänen oder Entscheidungen der Gegenwart durch rechzeitig eingeleitete Maßnahmen erst gar nicht auftreten müssen oder in ihrer ne-

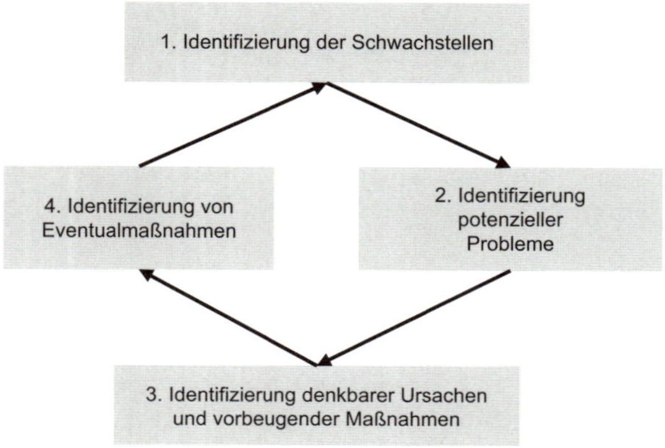

Bild 3.9
Vorgehensweise bei der Analyse potenzieller Probleme

gativen Auswirkung eingeschränkt werden können. Die Analyse potenzieller Probleme stellt zwei grundlegende Fragen:

1. Was könnte schief gehen?
2. Was können wir *jetzt* dagegen unternehmen?

Die Analyse potenzieller Probleme leistet einen großen Beitrag zur Planungssicherheit, indem sie die Ungewissheit über zukünftige Abläufe wirksam zu reduzieren hilft. Sie sollte immer dann angewendet werden, wenn Erfahrung und ein inneres Gefühl uns zu erkennen geben, dass bei einem größeren Projekt oder Ereignis etwas mit erheblicher Kostenkonsequenz schiefgehen könnte.

1. Identifizierung möglicher Schwachstellen

Der erste Schritt setzt sich mit der Zukunft eines Projektes, einer Situation oder eines Ereignisses auseinander. Das Nachdenken über mögliche Schwachstellen beginnt. Ausgegangen wird von Erfahrungen in ähnlichen Situationen oder von Mitteln, die sich schon einmal zur Vorbeugung und Problemeinschränkung bewährt haben.

Die Kernfrage lautet:

„Wo liegen die größten Schwachstellen, die den Erfolg des Projekts gefährden könnten?"

Schwachstellen lassen sich am ehesten durch chronologisches Abarbeiten eines Prozesses und seiner Einzelschritte in Gedanken aufdecken. Dazu empfiehlt es sich, diesen Prozess in Gedanken exakt durchzuspielen.

Hinweise auf kritische Bereiche sind

- Abläufe, über die keine ausreichende Erfahrung vorliegt,
- Überschneidungen von Verantwortung und Kompetenzen,
- knappe Termine und
- nicht gewährleistete direkte Kontrolle der Abläufe aus kurzer Entfernung.

2. Identifizierung potenzieller Probleme

Innerhalb der Schwachstellen werden potenzielle Probleme identifiziert, deren negative Auswirkungen auf den Ablauf schon jetzt Maßnahmen erforderlich machen. Jedes gefundene potenzielle Problem wird mit seinem

Was, Wo, Wann und Ausmaß

beschrieben.

Anschließend werden alle Probleme nach der Fragestellung beurteilt:

Wie ernsthaft können sie den Ablauf gefährden?

Ergebnis dieses Analyseschrittes ist eine Liste mit potenziellen Problemen, für die anschließend über Maßnahmen nachgedacht werden kann.

3. Identifizierung denkbarer Ursachen und vorbeugender Maßnahmen

In diesem Schritt geht es um die Identifizierung von Maßnahmen zur Verhütung potenzieller Probleme. Das sind Maßnahmen, die sich gegen die denkbare Ursache der bedrohlichen Veränderung richten.

Zu unterscheiden sind dabei vorbeugende Maßnahmen und Eventualmaßnahmen:

- Die Wirkung einer vorbeugenden Maßnahme besteht in der teilweisen oder vollständigen Verhütung eines potenziellen Problems.
- Eine Eventualmaßnahme schwächt hingegen nur die Folgen eines Problems ab, das nicht verhütet werden konnte.

Vorbeugende Maßnahmen sind somit wesentlich wirksamer als Eventualmaßnahmen.

4. Identifizierung von Eventualmaßnahmen

Für jedes geplante Ereignis (z. B. Folgen eines Problems) können Eventualmaßnahmen identifiziert und Eventuallösungen geplant werden. Dieses Vorgehen ist sehr arbeits- und in der Regel kostenintensiv, es beruhigt jedoch auch den größten Pessimisten. Aber natürlich sollte der Kostenaufwand dabei stets in einem angemessenen Verhältnis zum Nutzen stehen.

Die Analyse potenzieller Probleme hat ihre Grenzen dort, wo von Führungskräften die Verantwortung für Probleme auf andere beteiligte Personen oder Abteilungen abgeschoben wird. Dieses Verhalten ist äußerst gefährlich, denn im Anfangsstadium kann ein Problem fast immer bewältigt werden. Später ist es sehr viel schwieriger, teilweise unmöglich. Vorauszusehen, Schwierigkeiten zu erkennen und etwas dagegen zu unternehmen, bleibt oft dem Mut eines einzelnen Projektmanagers vorbehalten.

4 Krisenstrategien

Eine Projektkrise ist oft die Zuspitzung eines bestehenden Problems. Sie ist keine Situation, die plötzlich und isoliert auftritt, sondern das symptomatische Ergebnis eines schwelenden organisatorischen oder strukturellen Problems im Projekt, im Projektumfeld oder in der Projektkultur. Die fehlende Auseinandersetzung mit diesem Problem bereitet den Nährboden für den Ausbruch der Krise. Gefährlich wird eine Krise vor allem durch Abwehrmechanismen, Flucht oder Verdrängung. Problematische Reaktionsmuster wie Leugnung, Schuldzuweisung oder organisatorische Veränderungen sollen Krisen „ungeschehen machen" oder „herunterspielen". Mit solchen Reaktionen wurden jedoch noch nie Krisen bewältigt, höchstens verschoben, und irgendwann tauchen sie wieder auf.

Unter der Oberfläche der expliziten Krise geht es oft um ein weit reichendes und tieferes Problem, das nicht wirklich wahrgenommen oder offen ausgesprochen wird, aber das immer wieder Ursache für Eskalationen ist: Das der richtigen Strategiefindung im Krisenfall, konkrete Maßnahmen der Krisenbewältigung und die Krisenkommunikation.

4.1 Teamführung in Krisensituationen

Nicht nur an dieser Stelle soll deutlich herausgestellt werden, dass erfolgreiche Projektarbeit eine hohe soziale Kompetenz des Projektmanagers verlangt, neben allem natürlich ebenfalls notwendigen Fach- und Faktenwissen. Eine effektive Bewältigung der in jedem Projekt zwangsläufig auftretenden Konflikte und Krisen kann nur gelingen, wenn der Projektmanager zu wirklicher Menschenführung in der Lage ist.

„Führen heißt, jemanden eine Richtung auf ein Ziel geben und ihn in Bewegung auf dieses Ziel halten." (nach Zogg)

Die Projektdurchführung verlangt selbstständige und qualifizierte Mitarbeiter, die in der Lage sind, ihren Verantwortungsbereich auszufüllen. Hierauf hat der Projektmanager mit seinem Führungsstil Rücksicht zu nehmen. Auch in Krisensituationen dürfen Anweisungen nicht in Befehlsform gegeben werden, sondern sie müssen das Ergebnis einer fachbezogenen Diskussion der Beteiligten sein. Aus diesem Grund sollte der Führungsstil eines Projektmanagers im Wesentlichen durch folgende Prinzipien geprägt sein (nach H.-D. Litke):

- Der Mensch steht im Mittelpunkt
- Führung durch Überzeugung und Argumentation
- Prinzip der „offenen Tür"; ein Mitarbeiter muss jederzeit über jedes Thema ein Gespräch mit dem Projektmanager führen können
- Probleme der Mitarbeiter haben Priorität
- Informationen erfolgen direkt (keine „Dienstwege")
- Ergebniskontrolle statt Verfahrenskontrolle
- Förderung von Initiative und Eigenverantwortung
- Würdigung und Honorierung von außergewöhnlichen Leistungen
- klare Abgrenzung von Aufgaben, Befugnissen und Verantwortung im Projektteam
- keine Rückdelegation.

4.1.1 Führungsstile

Führungsstile und auch die Führungstechniken werden im Wesentlichen durch die Einstellung und Werte des Führenden bestimmt. Führungsstile sind charakterisiert durch den Gesamtzusammenhang der Führungssituation und die Beziehung von Führungskräften zu den Mitarbeitern.

Es gibt verschiedene Arten der Klassifizierung von Führungsstilen, in Bild 4.1 ist die Bandbreite der Führungsstile in ihren Abstufungen vom autoritären bis zum demokratischen Führungsstil dargestellt:

- Der *autoritäre Führungsstil* ist gekennzeichnet durch eine strikte Kontrolle. Der Führende erteilt Anordnungen, setzt Ziele und überwacht die Durchführung der Arbeit. Der autoritäre Führungsstil kann über einen kurzen Zeitraum (zum Beispiel in einer Krisensituation) ein günstiges Leistungsergebnis bringen. Ansonsten hat er große Nachteile: Motivation kann sich kaum bilden, es entsteht Unzufriedenheit, teilweise produziert er Aggressionen.
  Dieser Führungsstil wird auch autokratischer Führungsstil genannt.
- Beim *demokratischen Führungsstil* behält der Führende weitgehend die Führung, pflegt aber mit den Mitarbeitern einen regen Kommunikationsprozess über Ziele und Schritte zur Aufgabenlösung. Er versteht sich

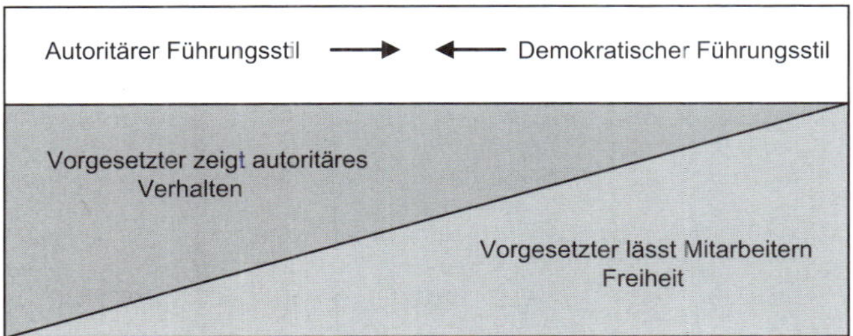

1) Vorgesetzter trifft Entscheidungen und kündigt sie an	2) Vorgesetzter „verkauft“ Entscheidungen	3) Vorgesetzter schlägt Ideen vor und erwartet Fragen	4) Vorgesetzter schlägt Versuchsentscheidungen vor, die geändert werden können	5) Vorgesetzter zeigt das Problem, erhält Lösungsvorschläge, entscheidet	6) Vorgesetzter gibt Grenzen an und fordert die Gruppe auf, die Entscheidung zu fällen	7) Vorgesetzter gestattet dem Untergebenen, in systembedingten Grenzen frei zu handeln

Bild 4.1
Führungsstile (verändertes Modell nach Tannbaum/Schmidt)

als Lenker der Diskussion mit dem Ziel, dem Mitarbeiter so viele Freiräume wie möglich zu lassen.
Dieser Führungsstil wird auch kollegialer, kooperativer bzw. partizipativer Führungsstil genannt.

In der Praxis zeigt sich, dass die Führungsstile nicht immer strikt in der dargestellten Form anwendbar sind. Keiner der Stile ist immer effektiv. Für den Einsatz des jeweils richtigen Führungsstils kommt es auf die Situation an, auf das Situationsgespür und die richtige Situationsanalyse und somit auf die Anpassung des Führungsstils an die jeweilige Gegebenheit durch eine Stilflexibilität.

Projektleiter in Krisensituationen vertreten häufig die These,

„...dass eine der ersten Maßnahmen zur Bewältigung der Krise
die Aufhebung jeglicher kooperativer Führung
und die Rückkehr zur autoritären Führung sein müsse.“

Fakt in vielen Projekten ist, dass, je länger oder je stärker Stress- und Krisensituationen vorherrschen, desto bereitwilliger und intensiver eine autoritäre Führung vom Team akzeptiert und oder sogar gewünscht wird.

Ein autoritärer Führungsstil kann in Krisen eine Vielzahl von Vorteilen haben, die jedoch nur wirksam werden, wenn

- das Team den „Führer" akzeptiert,
- das Team sich auf dessen Führungsstil einstellen kann und
- Anweisungen widerspruchslos befolgt werden.

Werden Vor- und Nachteile der autoritären Führung gegenübergestellt wie in Tabelle 4.1, dann zeigt sich, dass in einer Krisensituation ein autoritärer Führungsstil nie grundsätzlich verworfen werden sollte.

Wird allerdings der Versuch unternommen, Krisen durch besonders hartes und autoritäres Führungsverhalten zu bezwingen, sind bestenfalls kurzfristige Erfolge zu erwarten. Kreativität und Leistungsfähigkeit des Projektteams werden auf diese Weise nämlich vollständig blockiert; richtig wäre stattdessen, sie sinnvoll zu reaktivieren.

Genauso birgt aber auch der kooperative Führungsstil sowohl Vorteile wie auch Nachteile, wie sie in Tabelle 4.2 aufgeführt sind.

Für den Einsatz des kooperativen Führungsverhaltens in Krisensituationen gelten folgende Grundsätze:

- Der Projektmitarbeiter soll mitdenken und mitentscheiden. Er ist vollwertiger Partner des Projektmanagers; Entscheidungen werden nach Möglichkeit nach ausreichender Argumentation und Überzeugung gemeinsam gefällt.
- Der Projektmanager sieht sich seinen Projektmitarbeitern gegenüber hauptsächlich als Koordinator und Moderator.

Tabelle 4.1
Autoritärer Führungsstil in Krisen

Vorteile	Nachteile
• Kurze Entscheidungswege • Zentrale Informationsauswertung • Alle Entscheidungen liegen in einer Hand • Der Verantwortliche ist eindeutig definiert und klar erkennbar • Der Führungsstil gibt dem Team Sicherheit • Entlastet das Team von Verantwortung	• Mitarbeiter handeln nicht mehr eigenverantwortlich • Mitarbeiter warten auf konkrete Handlungsanweisungen • Mitarbeiter verlieren ihre Selbstständigkeit • Das Team identifiziert sich mit der Krise • Verstärkte Widerstände • Eventuell Abwanderung von Mitarbeitern

Tabelle 4.2
Kooperativer Führungsstil in Krisen

Vorteile	Nachteile/Gefahren
• Kreativität des Teams wird genutzt • Hohe Identifikation des Teams mit der Aufgabe • Fachliches Know-how wird selbstständig und eigenverantwortlich eingebracht • Eigenverantwortung und Selbstständigkeit motivieren • Entscheidungen werden vom Team aktiv unterstützt	• Zu viele Diskussionen • Meinungsverschiedenheiten können schnelles Handeln verhindern • Angst vor Verantwortung bei einzelnen Teammitgliedern • Überforderung einzelner in der Krise

- Bei Meinungsverschiedenheiten entscheidet der Projektmanager erst nach ausreichender Diskussion und dem Austausch aller wesentlichen Argumente mit seinen Projektmitarbeitern. Er hat eine von der Mitarbeiterauffassung abweichende Entscheidung sachlich zu begründen
- An die Stelle persönlicher Anweisungen treten sachliche Informationen.
- Motivation ist ein wesentliches Hilfsmittel des kooperativ eingestellten Projektmanagers: Die Projektmitarbeiter sollten in ihrer Arbeit auch gleichzeitig ihre persönlichen Ziele realisieren.

Wenn jeder einzelne der genannten Führungsstile in verschiedenen Situationen zur Effektivität führt, ist Stilflexibilität sicherlich eine Fähigkeit, die sich ein Projektmanager unbedingt aneignen sollte. Es handelt sich dabei nicht nur um die Fähigkeit, verschiedene Stile in verschiedenen Situationen einzusetzen, sondern sie passend auf die jeweilige Situation anzuwenden.

Dieser *situative Führungsstil* wird beeinflusst durch die vom Projektmanager selbst festgelegten Elemente der Projektstruktur und -organisation sowie durch das gesamte Projektumfeld: interne/externe Auftraggeber, Vorgesetzte, Kollegen, Mitarbeiter, Zulieferer, externe Partner, evtl. Wirtschaftsorganisationen, Finanzwelt, Behörden usw. Je nach Reifegrad der Mitarbeiter in der jeweiligen Situation ist dann ein mehr oder weniger autoritärer bzw. kooperativer Führungsstil gefragt.

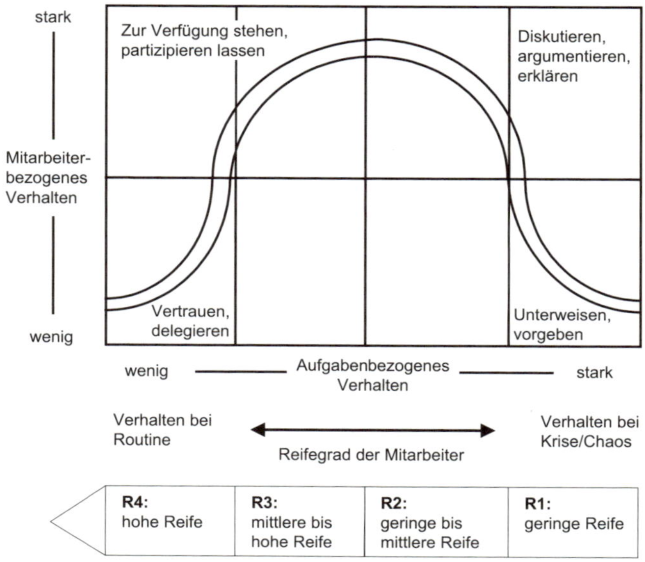

Bild 4.2
Situativer Führungsstil (nach Hersey/Blanchard)

4.1.2 Aufgaben eines Projektmanagers im Crash

Solange sich ein Projekt in ruhigen Gewässern befindet, sind Managementfehler infolge mangelnder sozialer Kompetenz zwar ebenfalls schädlich für den Projektfortschritt, sie können aber in der Regel durch Sachkompetenz ausgeglichen werden. Das darf jedoch nicht dazu verleiten, die Ausbildung von sozialer Kompetenz und Autorität zu vernachlässigen, wie es leider allzu oft der Fall ist. Bei Sturm und rauer See gibt es nämlich kein Pardon mehr; hier sind alle verfügbaren Führungsqualitäten gleichzeitig und im höchsten Maße erforderlich. Insofern ist „Krisenmanagement" auch kein neuartiges Management-Verfahren zur Krisenbewältigung, sondern ist nur eine besonders auf die Menschen und ihre Ziele konzentrierte Form des „normalen" Projektmanagements.

Die Erfahrung zeigt, dass in der Regel soziale und psychologische Faktoren bei ernsthaften Projektkrisen von ausschlaggebender Bedeutung sind. Krisen lassen sich erfolgreich bewältigen, wenn der entscheidende psychologische Aspekt – also die persönliche Stabilität und psychologische Kompetenz des Projektmanagers – stark ausgeprägt ist. Daher muss im Rahmen einer Betrachtung zum Crash-Management, wie in diesem Buch, besonderer Wert auf diese Kompetenz gelegt werden, während sachlich begründete Aspekte nur am Rande betrachtet werden. Gerade in dieser

Konzentration auf die beteiligten Menschen und im Vertrauen auf ihre Kreativität liegt der Erfolg des „Krisen-Managements".

Tabelle 4.3 gibt eine Übersicht über die Aufgaben eines Projektmanagers in Krisensituationen. Nur wenige dieser Aufgaben liegen „im Routinebereich" des normalen Projektmanagements. Dies macht deutlich, wie wichtig die persönliche Stabilität und die psychologische Kompetenz eines Projektmanagers in solchen Situationen sind.

Tabelle 4.3
Aufgaben eines Projektmanagers in der Krise

Kommunikation sichern	• Mit Beteiligten • Mit Verantwortlichen • Mit der Öffentlichkeit
Überblick verschaffen, Fakten sammeln	• Situationsanalyse
Organisatorische Aufgaben	• Krisen-Meeting einberufen, durchführen • Krisendokumentation zusammenstellen • Krisendokumentation sichern • Berichterstattung an die Verantwortlichen
Information	• Sammeln, koordinieren • Auswerten, dokumentieren • Weiterleiten, verteilen
Problemanalyse	• Ursache schnell finden
Entscheidungen treffen	• Entscheidungsanalyse • Kurzfristige Notmaßnahmen einleiten • Mittelfristig Gesamtlösung finden
Entscheidungen sofort realisieren	• Maßnahmen durchführen
Permanente Erfolgskontrolle	• Organisieren • Durchführen
Krisenteam führen	• Stärke geben • Motivieren • Ruhe und überlegtes Handeln vermitteln
Zeit kontrollieren	• Durch Feedbackkontrolle • Durch Abfrage oder Berichtswesen
Crash-Nachsorgeprogramm einleiten	• Mittel- und langfristige, dauerhafte Lösungen • Präventivmaßnahmen

4.1.3 Persönlichkeitsmerkmale eines Projektmanagers für die Krisensituation

Tabelle 4.4 gibt einen Überblick über wesentliche Persönlichkeitsmerkmale eines guten Krisenmanagers. Ein Projektmanager in einer Krisensituation sollte gelernt haben, mit schwierigen Situationen umzugehen und Risikobewusstsein zu entwickeln. Die allgemeine Krisenresistenz, das heißt seine persönliche Einstellung zur Krise, ist von zentraler Bedeutung. Wahrnehmungen, Gefühle und Verhaltensweisen wirken sich unmittelbar auf die Konfliktbewältigung aus. Wie sie gelingt oder misslingt, beeinflusst wiederum die persönliche Einstellung. Sie beeinflusst

- *die Wahrnehmung*: „Erkenne ich rechtzeitig, wo sich ein Konflikt abzeichnet, oder verleugne oder verdränge ich die Signale?"

  Zu den Fähigkeiten des Situationsgespürs des Projektmanagers gehört es, auch „schwache Signale" auszumachen, die als Indikatoren für potenzielle Krisen erkennbar sind. Aufgrund seines Übersichtsvermögens und konzeptionellen Denken ist er in der Lage, diese zu analysieren und die richtige Entscheidung zu treffen. Gesunde Skepsis und Sinn für Verantwortung lassen dann eine für die Situation richtige Entscheidung zu.

Tabelle 4.4
Persönlichkeitsmerkmale eines risikobewussten, krisenresistenten Projektmanagers

Risikobewusstsein	• Gesunde Skepsis • Situationsgespür • Übersichtsvermögen • Konzeptionelles Denken • Sinn für Verantwortung
Persönlichkeit	• Selbstsicherheit • Kontrollierte Emotionalität • Persönliche Ausstrahlung • Diplomatisches Geschick • Durchsetzungsvermögen • Teamfähigkeit
Allgemeine Krisenresistenz	• Frustationstoleranz • Allgemeine Belastbarkeit • Ausgeglichenheit • Vitalität • Gesteuerte Triebhaftigkeit • Gesunde Dynamik

- *die Gefühlslage:* „Reagiere ich auf Konflikte ängstlich und hilflos oder stelle ich mich ihnen mutig und entschlossen?"

  Eine wichtige Voraussetzung für erfolgreiche Konfliktbewältigung ist ganz allgemein die Fähigkeit, Belastungen standzuhalten. Eine höhere Belastbarkeit erweitert den Handlungsspielraum und ermöglicht es, kleinere Konflikte ohne allzu großen Aufwand zu absorbieren, größere aber konzentriert und energisch anzugehen. Hinzu kommt, dass Probleme nicht als Belastung empfunden werden. Sie stellen eine Herausforderung und Chance dar und werden mit starkem Willen und Mut angegangen.

  Die erforderliche Ausgeglichenheit, Vitalität, gesteuerte Triebhaftigkeit und gesunde Dynamik bringen nur persönlichkeitsstarke Projektmanager mit, die ihr Handeln für sinnvoll und stimmig halten.

- *das Verhalten:* „Gehe ich einen Konflikt aktiv, offen und kooperativ an oder weiche ich ihm aus, wehre ihn ab, reagiere aggressiv?"

  Ein entscheidender Faktor für die erfolgreiche Krisenbewältigung im Projekt sind die persönlichen Eigenschaften des Projektmanagers. Die Krisensituation bedeutet für den Projektmanager, dass er besonders stark durch seine persönliche Autorität wirken muss, wenn er eine Projektkrise erfolgreich zu Ende führen will. Er muss bei den diversen Eigenschaften wie Selbstsicherheit, kontrollierte Emotionalität und Teamfähigkeit Vorbild sein. Er selber muss weiterhin motiviert sein, dies kann er durch seine persönliche Ausstrahlung, seine Zuversicht und Durchsetzungsvermögen dokumentieren. Er sollte diplomatisches Geschick zeigen, wenn es darum geht, Aufgaben zu delegieren, diese dann auch zu kontrollieren, um danach Leistungen anzuerkennen oder auch bei unzureichender Leistung zu kritisieren (konstruktive Kritik!).

In Ergänzung zu den in Tabelle 4.4 aufgeführten Persönlichkeitsmerkmalen gibt es noch eine Reihe weiterer Persönlichkeitsmerkmale, die eine gute Bewältigung von Konflikten und Krisen deutlich begünstigen. Sie sind in Tabelle 4.5 aufgeführt.

Tabelle 4.5
Merkmale konfliktfähiger Persönlichkeiten (nach Berkel)

Merkmal	Zeigt sich als Fähigkeit und Bereitschaft,
Flexibilität und Identität	• sich auf unterschiedliche Menschen und Situationen einzustellen und anzupassen • die eigenen Ziele auch in wechselnden Situationen nicht aus den Augen zu verlieren
Selbstwert und Dienst	• um die eigenen Stärken zu wissen und sich auf sie zu besinnen • einer Idee zu dienen und anderen von Nutzen zu sein
Belastbarkeit und Zielgerichtetheit	• momentan unklare oder widersprüchliche Situationen auszuhalten • Entscheidungen zu treffen und sie konsequent umzusetzen
Selbstbestimmung und Einsicht	• sich eine unabhängige Meinung zu bilden, sie im Team oder gegen Autoritäten zu vertreten • zu lernen, das heißt eigene Annahmen in Frage zu stellen und kompromissbereit zu sein
Zuversicht und Realitätssinn	• Vertrauen in sich, andere und die Zukunft zu entwickeln • mit Enttäuschungen und Misserfolgen zu rechnen und zu leben
Wertorientierung und Toleranz	• sich auf objektive Werte zu verpflichten • unterschiedliche Werte zu vertreten und mehrere Lebensziele zu verfolgen

4.2 Sicherung des effizienten Arbeitens im Team

Das erforderliche zielgerichtete Miteinander im Team wird häufig von kontraproduktivem Verhalten der Beteiligten überlagert und manchmal sogar zerstört, wobei die jeweiligen Ursachen oft schwer durchschaubar sind. Daher ist es wichtig, die menschlichen Verhaltensweisen und Beweggründe zumindest im Ansatz zu verstehen, wenn man ein Projekt trotz aller Schwierigkeiten zum Erfolg führen will.

Manche Menschen geraten leichter in einen Konflikt als andere. Die Merkmale einer konfliktträchtigen Persönlichkeit sind in Tabelle 4.6 dargestellt. Weist jemand eines oder mehrere dieser Merkmale in ausgeprägter Weise auf, kann man von einer konfliktträchtigen Persönlichkeit sprechen.

Tabelle 4.6
Merkmale konfliktträchtiger Persönlichkeiten (nach Berkel)

Merkmal	Form der Äußerung
Mangelnde Kontaktfähigkeit Geringe Flexibilität	• Kann sich nicht auf verschiedene Menschen einstellen
Überzogener Ranganspruch Geltungsanspruch	• Strebt übermäßig stark nach Anerkennung und Bestätigung • Sucht unablässig, die eigene Unentbehrlichkeit zu dokumentieren • Mischt sich überall ein • Übergeht bzw. behindert andere
Fehlende Frustationstoleranz Geringe Belastbarkeit	• Kann mehrdeutige und unbestimmte Situationen kaum ertragen • Neigt zu vorschnellen und extremen Reaktionen (Urteile und Wertungen) • Fühlt sich nur in vertrauter Umgebung wohl • Bevorzugt klare Regeln und eindeutig definierte Situationen • Lässt sich von Enttäuschungen und Misserfolgen leicht entmutigen
Überzogenes Konformitätsstreben Jasagertum	• Richtet sein Verhalten ganz nach der Meinung anderer oder dem Urteil von Autoritätspersonen • Neigt zum Ja-Sagen • Macht sich in Gruppen und Besprechungen kaum bemerkbar • Äußert selten Kritik • Ist bereit, je nach Situation rasch Prinzipien und Grundsätze über Bord zu werfen
Pessimismus Defätismus	• Ist häufig missmutig, schlecht gelaunt, pessimistisch • Resigniert leicht • Hat an vielem etwas auszusetzen • Äußert sich häufig jammernd, nörgelnd und ablehnend • Ergreift kaum Initiative • Wertet Vorschläge und Ideen anderer ab

4.2.1 Angst als Triebfeder für emotionsgeladenes, aktives Verhalten

Die Angst vor einer realen Bedrohung in einem Konflikt oder einer Krise gehört zu den Urinstinkten des Menschen und kann als zentrales Regulativ in Krisensituationen angesehen werden. Angst führt zu zahlreichen emotionalen, rationalen, neurotischen und psychotischen Reaktionen, die das aktive oder passive Verhalten in Konflikt- oder Krisensituationen steuern. Wenn Angst das Verhalten und Handeln zu stark beeinflusst, dann werden Lösungsmuster wie Flucht, Angriff, Passivität, bis hin zur Lethargie entwickelt.

Ängste steuern das Verhalten des Menschen in Krisen. Sie können zu einem verstärkten Informationsbedürfnis führen, genauso aber auch zur Lethargie oder zur bedingungslosen Abwehr.

Grundsätzlich gibt es zwei Reaktionsweisen:

- Passivität und
- Aktivität.

Gesteuert werden die Verhaltensweisen durch körperliche, gefühlsmäßige oder verstandesmäßige Empfindungen. Passivität dokumentiert, dass die Betroffenen der Krise nichts Entscheidendes entgegenzusetzen haben oder nicht entgegensetzen wollen. Eintretende Veränderungen werden als notwendiges Regulativ respektiert oder akzeptiert.

Als aktive Krisenreaktionen gibt es nur die Formen Flucht oder Angriff. Bild 4.3 gibt einen Überblick über typische Ängste, die das *aktive* Verhalten treiben.

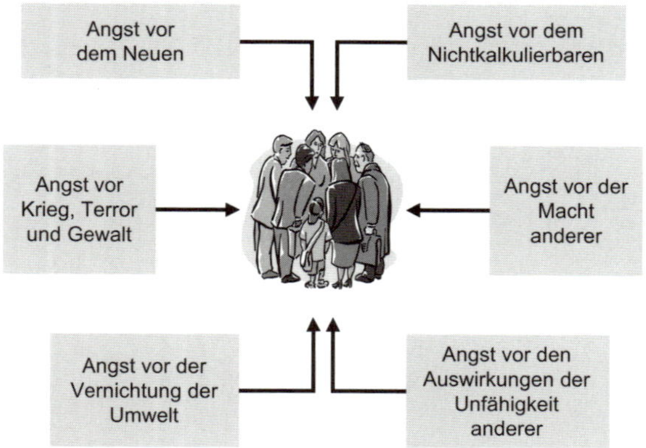

Bild 4.3
Angst als Triebfeder für emotionsgeladenes, aktives Verhalten (nach Apitz)

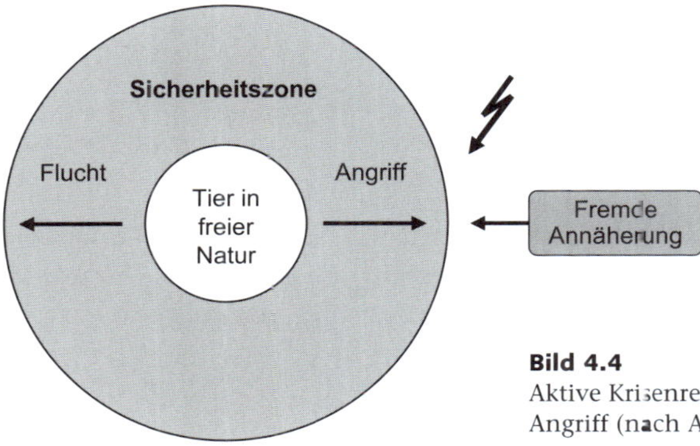

Bild 4.4
Aktive Krisenreaktion: Flucht oder Angriff (nach Apitz)

Die Betroffenen sehen immer „schwarz“, gleich wie die Situation aussieht. Aufgrund verschiedener, schlecht verarbeiteter Erfahrungen empfinden sie alles als bedrohlich. Eine zusätzliche Veränderung, vielleicht durch eine neue Aufgabe, führt zu einer Angst vor dem eigenen Versagen.

Jeder Mensch, jedes Projekt und jedes Team hat eine individuelle Sicherheitszone (Bild 4.4). Im Fall einer von außen einwirkenden Krise ist zu analysieren, ob diese Sicherheitszone durch die Krise durchbrochen wird. Falls ja, kann das „Projekt“ bzw. der Einzelne instinktiv nur mit Flucht oder Angriff reagieren.

Tabelle 4.7
Verhaltensweisen in Krisen (nach Apitz)

Verhaltenweisen in Krisen			
Empfindungsbereich	**Passivität**	**Aktivität**	
		Angriff	**Flucht**
Somatisch (körperlich)	• Interesse verlieren • Ängstliches Abwarten	• Konfrontation – konstruktiv – destruktiv • Kampf	• Abwendung – sofort – langsam
Emotional (gefühlsmäßig)	• Resignation • Ohnmacht • Wut (Zorn, Hass)	• Aggressivität – konstruktiv – destruktiv	• Verdrängen • Angst • Schuld
Rational (verstandesgemäß)	• Vorurteile	• Auseinandersetzung – konstruktiv – destruktiv	• Flucht in eine Scheinwelt

Mögliche Verhaltensweisen in Folge dieser Einwirkung lassen sich nach den drei Empfindungsbereichen in somatisch, emotional und rational unterteilen. Sie sind in Tabelle 4.7 zusammengestellt.

4.2.2 Ängste und Verhalten einzelner Teammitglieder

Krisen, insbesondere Überraschungskrisen, sind extreme Situationen, die bei betroffenen Personen oftmals extreme, unangemessene Verhaltensweisen hervorrufen. Solche Verhaltensweisen sind zum Beispiel

- Ungläubigkeit,
- defensives Ausweichen,
- Schreckstarre,
- Panik,
- Abwälzen von Verantwortung oder
- verletzte Gefühle.

Ungläubigkeit des Projektmanagers

Der Stress, einer Krise ausgesetzt zu sein, kann sich verheerend auf den verantwortlichen Projektmanager auswirken, der nicht darauf vorbereitet ist, mit einem Strudel von Ereignissen adäquat umzugehen.

Zu beobachten ist, dass der Entscheidungsträger erstarrt und sich weigert, zu sehen, wie sich die Situation permanent verändert bzw. die Lage sich zuspitzt. Er leidet unter dem Syndrom „Das kann nicht sein! Mir kann das nicht passieren!“ und einer fatalen Gelähmtheit, die Situation zu analysieren.

Wird die Analyse endlich verspätet angefertigt, ist das Projekt oftmals bereits Risiken ausgesetzt, die eine schnelle Problemlösung erschweren oder unmöglich werden lassen.

Defensives Ausweichen

Die Krise kann zu einem panikähnlichen Zustand führen, der den Projektmanager veranlasst, die erstbeste Lösungsmöglichkeit zu ergreifen, die eine sofortige Abschwächung der Krise verspricht. Häufig wird auf diese Weise eine Behebung der eigentlichen Fehlerursache verhindert, ebenso wie die Schaffung langfristiger, dauerhafter Lösungen.

Schreckstarre

Teammitglieder geben klein bei, tun nichts, sagen nichts, werden fast völlig inaktiv. Mangelhaftes Urteilsvermögen gewinnt die Oberhand. Projektmanager unterschätzen die Bedeutung der projektinternen „Zeichen" und schätzen das Interesse der Öffentlichkeit, besonders der Medien, falsch ein.

Panik

Nachdem Fehler oder ein Versagen offenkundig werden, setzt innerhalb des Unternehmens oder in der Öffentlichkeit oftmals Panik ein. Die Teammitglieder, inklusive Projektmanager, stehen unter Adrenalineinwirkung und verspüren das überwältigende Bedürfnis zu handeln – irrational, ohne nachzudenken, nicht wissend, welches Ziel sie erreichen wollen. Werte geraten in Widerspruch, das eigene Überleben steht an erster Stelle, jegliche Information ist in dieser Paniksituation von Emotionen gefärbt.

Abwälzung von Verantwortung

Projekt- oder Krisenmanager, die der Versuchung erliegen, einen „echten" oder „ausgeguckten" Sündenbock zu präsentieren, lösen damit keinesfalls eine Krise im akuten Stadium. Angriffe und Rechtfertigungen von Mitarbeitern, die sich gegenseitig beschuldigen, erzeugen dann neue Gerüchte über das Missmanagement in einem Unternehmen. Neue Konflikte entstehen, die Krise entwickelt sich kontinuierlich.

Verletzte Gefühle

Verbitterung gegenüber feindseligen Kritikern gehört zu den üblichen Reaktionen von Verantwortlichen. Unternehmensinterne Kritik, berechtigt oder unberechtigt, wird ebenso persönlich genommen wie Kritik von außen. Als Teammitglied oder Projektmanager eine persönliche Krise zu durchleben, unterscheidet sich emotional sehr von dem, was irgendein anderer (z. B. in der Linienorganisation) empfindet.

4.3 Krise als Stressfaktor

Projektmanager und Projektteams brauchen Herausforderungen als Anreiz. Erfolgreich bewältigte Herausforderungen schaffen Zufriedenheit und motivieren. Stress ergibt sich nur, wenn der Druck zu groß wird, zum Beispiel beim Crash. Stress heißt, dass bestimmte Situationen, beispielsweise Krisen, nicht zufriedenstellend bewältigt werden.

Stressreaktionen zeigen sich in Stimmungen und Verhalten, aber auch als körperliche Symptome, zum Beispiel in Form von Hautausschlag, Magen- oder Kopfschmerzen, Rückenbeschwerden oder Schlaflosigkeit. Da es sich um unbewusste Reaktionen handelt, werden die Symptome selten in Zusammenhang mit der Ursache gesehen. Stress ist ein „Unwohlsein", das die ganze Persönlichkeit erfasst. Die persönliche Stress-Schwelle wird durch die Grundpersönlichkeit, erworbene Fähigkeiten und Erfahrungen festgelegt. Ängstliche, introvertierte Menschen sind in der Regel stressanfälliger als extrovertierte Typen.

Der Schlüssel zur Stressminimierung in Krisensituationen liegt in der Bereitschaft zum gegenseitigen Verständnis und der Interaktion mit anderen. Ferner sollten Aufgaben so strukturiert sein, dass definierte und erreichbare Ziele gesetzt werden. Alle Teammitglieder müssen bereit sein, Schwierigkeiten zu erörtern, ehe sie zu Problemen werden. Ein ausgeglichenes Team hat mehr Erfolg!

4.4 Umgang mit Widerständen

Wer verändern will, wird auf Widerstände stoßen. Das ist ein ganz normaler Vorgang. Jede Veränderung eines bestehenden Systems, einer Organisationsform oder auch die Lösung einer Projektkrise wird von Menschen unterstützt und getragen und von anderen Menschen mit Misstrauen betrachtet und abgelehnt. Der Umgang mit Widerständen ist daher eine der wichtigsten Führungsqualitäten. Tabelle 4.8 gibt einen Überblick über die Arten von Widerständen.

Da Veränderungen Stabilität in Frage stellen und die Ungewissheit über einen Zustand oder einen Prozess erhöhen, ist es nur natürlich, dass sie Widerstände hervorrufen. Solche Widerstände sind häufig ein Zeichen dafür, dass die angestrebte Veränderung die Erfahrung und Bedürfnisse der Betroffenen nicht oder nur unzureichend berücksichtigt.

Tabelle 4.8
Arten des Widerstandes

Art des Widerstandes	Umgangsbeispiele
Antipathiewiderstand „Man mag sich nicht" „Man kann sich nicht riechen"	Wenn man dieses Thema sofort anspricht, ist dieser Widerstand zwar nicht leicht, aber doch zu überwinden. Toleranz und Anpassung sind positive Mittel.
Rationaler Widerstand Der Widerstand beruht auf unterschiedlichen logischen Einschätzungen der Partner	Ein solcher Widerstand ist am leichtesten zu überwinden, wenn man „in der Logik des Anderen" zu denken versucht.
Interessenswiderstände Diese Widerstände sind wichtig, da sie auch eine kreative Funktion haben, aber auch schwierig zu überwinden.	Man muss diese Widerstände ansprechen und versuchen, sich zum Beispiel durch Konsolidierung und Kompromisse zu einigen.

Die Ankündigung einer Veränderung führt zur Störung des psychischen Gleichgewichtes, zum Beispiel durch Unsicherheit gegenüber dem Neuen, durch Angst und Sorge, dieses mit den eigenen Fähigkeiten und bisherigen Erfahrungen nicht bewältigen zu können. Es entstehen Begleitsymptome, die sich durch Misstrauenskundgebungen, Cliquenbildung und Abschottung gegen die „Andersdenkenden" äußern.

Die Reaktionen sind oft Leistungszurückhaltung, Zunahme von Fehlzeiten und eine Fluktuation. Derartige Symptome sind Warnsignale und haben zum Ergebnis, dass Barrieren aufgebaut werden, die negativen Einstellungen zunehmen und dass man letztendlich das „sinkende Schiff verlässt".

Alle diese Symptome sind ein Ausdruck dessen, dass Konflikte nicht oder unzureichend gelöst wurden.

Widerstände haben eine Funktion. Sie zeigen an, in welchem Zustand sich das System (die Projektorganisation, das Projektteam, die Arbeitsgruppe) befindet.

In dieser Indikatorfunktion liegt gleichzeitig der Schlüssel zum Umgang mit Widerständen. Es ist wichtig, mit dem Widerstand zu gehen, nicht gegen ihn. Widerstand zeigt an, dass die Voraussetzungen für ein reibungsloses Vorgehen im geplanten Sinne nicht bzw. noch nicht gegeben sind. Verstärkter Druck führt lediglich zu verstärktem Gegendruck. Denkpausen sind einzuschalten und das gemeine Tun ist immer wieder zu reflektieren. Die unterschwellig vorhandene emotionale Energie muss angenommen, d. h., zunächst einmal ernst genommen und sinnvoll bearbeitet werden. Das funktioniert auf folgende Weise:

- Druck wegnehmen, dem Widerstand Raum geben,
- in Dialog treten,
- die tieferen Ursachen und Anliegen erkunden,
- gemeinsame Absprachen treffen und
- Vorgehen neu festlegen.

Gesprächsführung

In jedem Gespräch geht es für jeden Gesprächsteilnehmer darum, irgendwelche Informationen zu erhalten, Kontakte herzustellen und sich selbst darzustellen. Auf dieses Selbstdarstellungsbedürfnis sollte man eingehen, indem man sich zum Beispiel Zeit nimmt, über andere Dinge zu reden, um eine persönliche Atmosphäre herzustellen. Geben Sie also ihrem Gesprächspartner Gelegenheit zur Selbstdarstellung. Die Kommunikation sollte angstfrei gestaltet werden. Appelle, die als Drohung interpretiert werden können, sind zu vermeiden.

In einem ruhigen und ohne Zeitdruck geführten Gespräch gilt es in erster Linie, zuzuhören und Antworten auf die folgenden Fragen zu finden:

- Was ist für die Betroffenen besonders wichtig?
- Was sind ihre eigentlichen Interessen, Bedürfnisse und Anliegen?
- Welche – auch unausgesprochenen – Befürchtungen und Ängste haben die Betroffenen?
- Was sollte aus der Sicht der Betroffenen verhindert werden?
- Wie könnte das Problem zur Zufriedenheit aller gelöst werden?

Damit gelten zwei wichtige Regeln für die Gesprächsführung:

1. „Stelle Dich auf das Ziel und auf Deinen Gesprächspartner ein. Sieh ab von Deinen eigenen Interessen, Bedürfnissen und Erwartungen und versuche, Dich in die Situation des Anderen hineinzuversetzen. Erst wenn Du seine Motive und Interessen kennst und verstehst, kannst Du versuchen, Dein Ziel mit seinen Bedürfnissen in Übereinstimmung zu bringen".
2. „Sprich die Emotionen an. Versuche herauszufinden, welche Art von emotionalem Widerstand besteht – Antipathie, rationaler Widerstand oder Interessenswiderstand. Denke daran, dass diese Widerstände nicht nur einzeln, sondern auch zusammen auftreten können."

Der Interessenswiderstand

Der Interessenswiderstand taucht immer dann auf, wenn Personen von einem Vorhaben betroffen sind oder meinen, dass sie davon betroffen sind. Das gilt in erster Linie für Veränderungsprojekte, zum Beispiel für Reorganisation, Restrukturierung, Rationalisierung oder auch Prozessverbesserung (BPR).

Durch bestimmte Indizien (Kundenzufriedenheitsanalyse, Benchmarking, Umsatzrückgang, Qualitätsmängel usw.) wird festgestellt, dass ein bestimmter Bereich oder ein bestimmter Prozess verbesserungswürdig erscheint. Schon diese Feststellung kann bei den Betroffenen Unruhen und Ängste („Wegrationalisierung, Einschränkung der Kompetenzen, Machtverlust usw.") hervorrufen. Die verantwortlichen Manager (Bereichs-/Abteilungsleiter) sind ungehalten, weil sie glauben, dass sie ihren Bereich im Griff haben, teilweise rechtfertigen sie auch noch ihre Vorgehensweise („haben wir schon immer so gemacht", „damit haben wir immer Erfolg gehabt" usw.) und mauern erst einmal gegen das Projekt.

Jetzt ist das ganze psychologische Geschick des Projektmanagers gefragt. Er sollte eine Strategie wählen, die ihm die Gelegenheit gibt, den Bereichs-/Abteilungsleiter an einen Tisch zu bringen, ihm Fragen stellen zu können und zu erreichen, dass dieser ihm auch offen und ehrlich antwortet. Letztendlich muss der Projektmanager ihn zu einem kooperativen Verhalten bewegen.

Das Gespräch sollte wie oben beschrieben durchgeführt werden. Der Projektmanager sollte dabei deutlich machen, dass der Bereichs-/Abteilungsleiter der Fachexperte ist, der gebraucht wird und er selber „nur" der Projektmanager, mit Erfahrungen im Management von Projekten und Prozessen.

Der Bereichs-/Abteilungsleiter sollte animiert werden, etwas aus seinem Bereich und seinen Aufgaben zu erzählen, häufig kommen hier nämlich schon Probleme zutage. Diese sollten auf keinen Fall aufgeschrieben, sondern nur „im Gedächtnis" behalten werden. Ein cleverer Projektmanager kommt erst zu einem späteren Zeitpunkt wieder darauf zurück.

Irgendwann ist dann der Zeitpunkt gekommen, zu dem man den Bereichs-/Abteilungsleiter zu weiteren Problemen befragen kann und dazu, wo er schon heute Verbesserungspotenzial sieht. In der Regel ist der Bereichs-/Abteilungsleiter innerlich dankbar, dass es endlich mal einen interessierten Menschen gibt, der

- ihn nach seiner Arbeit fragt und sogar
- nach seinen Problemen.

Mit dieser Vorgehensweise wird in den meisten Fällen eine Vertrauensbasis aufgebaut, die der Analyse, der Erarbeitung einer Lösung und deren Umsetzung hilfreich sein wird.

4.5 Organisatorische Maßnahmen

4.5.1 Krisenzentrum bilden

Zur Bündelung von Informationen ist es in Krisensituationen zu empfehlen, ein „Krisenzentrum" zu bilden, das heißt, das Team arbeitet für die Dauer der Ausnahmesituation je nach Größe in einem oder mehreren Räumen.

Das Krisenzentrum übernimmt insbesondere folgende Funktionen:

- Sammeln von Fakten (zentrale Anlaufstelle)
- Einschätzung der Situation (vollständige Informationsauswertung)
- Beurteilung der Alternativen (zentrale Entscheidungsvorbereitung)
- Festlegung der Maßnahmen (Entscheidungszentrum)
- Ausgabe von Anweisungen
- Überwachung des Ablaufs
- Berichterstattung.

Ein räumlich begrenztes Krisenzentrum kann relativ einfach, jedoch effizient vor Störungen geschützt werden, z. B. indem dort kein Telefonanruf eingeht außer über die Krisen-Hotline. Es sollte keine Konfrontation mit anderen Aufgaben geben (Tagesgeschäft) und der Zutritt kann für Unbefugte gesperrt werden.

Außerdem kann die technische Ausstattung der Räumlichkeiten auf die speziellen Anforderungen in Krisensituationen zugeschnitten werden. Von besonderer Bedeutung sind im Crash das Vorhandensein und die Sicherung von Kommunikationswegen. Deshalb sollte folgende Kommunikationstechnik zur Verfügung stehen:

- Ausreichende Anzahl von Telefonen bzw. Amtsleitungen
- Telefax
- Anbindung an die Inhouse-Netze
- PCs und Drucker

- Zugriffsmöglichkeiten auf Internet/E-Mail
- Kopiergerät
- Informationstafeln, Pinboards usw.
- bei Bedarf persönliche Kuriere.

4.5.2 Dokumentation sichern

Ein wesentlicher Aspekt bei der Projektdurchführung, speziell in schwierigen Situationen, ist die erforderliche Dokumentation. Dabei geht es sowohl um die Projektergebnisse, Besprechungsprotokolle und Qualitätsmanagementberichte, als auch um die Dokumentation der gewählten Vorgehensweisen (Projektprozess).

Der aktuelle Projektordner bzw. das Projektmanagement-Dateiverzeichnis mit Zeitplänen, Projektstatusberichten, Adressenlisten der Ansprechpartner, Kompetenzmatrix, Kostenplanung usw. wird in Krisen zur wichtigsten Arbeitsunterlage.

Deshalb ist die permanente Zugriffsmöglichkeit auf die aktuellen Projektdaten sicherzustellen, ebenso wie die fortlaufende Dokumentation unter Zeitdruck auch in der Krise.

4.6 Informations-/Kommunikationsmanagement in der Krise

Unzureichende Information und Kommunikation in Projekten sind die häufigste Konfliktursache. Information und Kommunikation sind das entscheidende Mittel, nicht nur um Konflikten vorzubeugen, sondern auch um bestehende Konflikte und Krisen abzubauen. Ziel einer jeden Krisenkommunikation muss es sein, eine Krise zu entdramatisieren, die akute Lähmung zu überwinden und die eigene Handlungsfähigkeit wieder herzustellen.

Information und Kommunikation dienen der Reduktion von Unsicherheiten und der Vermeidung von Missverständnissen und unterschiedlichen Wissensständen, die zu Konflikten führen können. Sehr häufig gilt, dass Personen völlig anders gehandelt hätten, wenn sie mehr Informationen besessen hätten.

Während einer Krisensituation ist eine ausgeprägte Sozialkompetenz des Projektmanagers der entscheidende „Schlüssel zur Bewältigung von Krisen". Der Begriff Sozialkompetenz umfasst ein breites Eigenschafts- und Fähigkeitsspektrum; ein Schlüssel des sozialkompetenten Verhaltens ist die Kommunikationsfähigkeit.

Die Basis für erfolgversprechende Kommunikation ist *das Wort.* Wer sich der Wirkung des Wortes bewusst ist und entsprechend mit Worten umzugehen vermag, kann in einem Projekt und somit auch in einer Krisensituation

- beziehungsprägend,
- beziehungsstabilisierend und
- beziehungsnutzend

umgehen.

Nur wer die Fallstricke der Kommunikation kennt und die Gesetze der Kommunikation beherrscht, ist in der Lage, das Geschehen zu beherrschen, d. h., dessen Eigendynamik zu überwinden, dem Geschehen die gewünschte Richtung zu geben und das in Aussicht gestellte Ziel zu erreichen. Geglückte Kommunikation hängt nicht nur vom „guten Willen" ab, sondern von der Fähigkeit zu durchschauen, welche seelischen Vorgänge und zwischenmenschliche Verwicklungen ins Spiel kommen, wenn Personen aneinandergeraten.

4.6.1 Das Kommunikationsmodell

Kommunikation ist der Austausch von Informationen zwischen Personen. Zwischen den Gesprächspartnern verläuft sie immer gleichzeitig auf zwei Ebenen – der Ebene der sachlichen Information und der Ebene der emotionalen Beziehung (Beziehungsebene). Beide Ebenen beeinflussen sich gegenseitig: Die Sachinformation löst die emotionale Reaktion aus, die emotionale Beziehung hat Auswirkung auf die Verstehens- und Verständigungsbereitschaft. Bild 4.5 zeigt schematisch, wie derartige Kommunikation funktioniert.

Die Kernaussage der Kommunikationspsychologie betrifft die Vielschichtigkeit der zwischenmenschlichen Kommunikation. Wenn jemand etwas von sich gibt, dann enthält diese Mitteilung („Nachricht") stets vier Botschaften gleichzeitig: Neben dem eigentlichen Sachinhalt sind auch der Beziehungsaspekt, die Selbstoffenbarung und der Appell von wesentlicher Bedeutung. Durch den Filter

- wahrnehmen,
- vermuten,
- bewerten

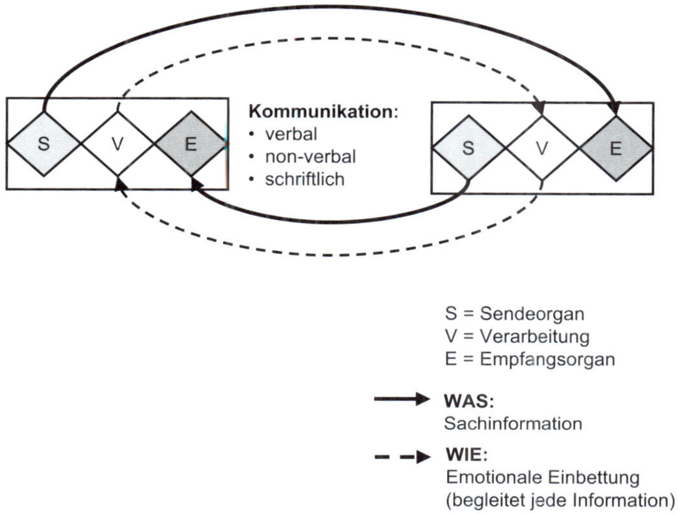

Bild 4.5
Das Kommunikationsmodell

gehen auch die individuellen Glaubens- und Überzeugungssysteme der Kommunikationspartner in die Kommunikation ein. Sie sind die direkten und indirekten Feedback-Schleifen für eine gelungene Kommunikation, d. h., sie sind von entscheidender Bedeutung dafür, dass bzw. ob die Kommunikationspartner das gleiche Verständnis über den Inhalt der Nachricht haben. Dies ist eine Grundlage des Lebens, um die der Sender und der Empfänger einer Nachricht nicht herumkommen. Da jede Nachricht ein ganzes Paket mit vielen Botschaften darstellt, macht sie den Vorgang der zwischenmenschlichen Kommunikation so kompliziert und störanfällig.

Eine positive Entwicklung auf der emotionalen Ebene (Beziehungsebene) stärkt das Gefühl der *Zusammengehörigkeit*, eine positive Entwicklung auf der Sachebene bringt dem *Aufgabenziel* näher.

Es ist nun die Kunst des Gesprächsführenden, in der Regel ist dies der Projektmanager, diese beiden Dinge miteinander zu verbinden. Ziel muss es sein, eine Atmosphäre des Vertrauens und der Sicherheit zu erreichen. Wie er dies umsetzen kann, beschreiben die folgenden Absätze.

Sachinhalt (oder: „Worüber ich informiere")

Zunächst enthält die Nachricht eine Sachinformation. Immer wenn es „um die Sache" geht, steht diese Seite der Nachricht im Vordergrund – oder sollte es zumindest.

Diese Art der Botschaft nennt man den verbalen Teil der Nachricht, also wörtlich, mit Worten gesprochen.

Selbstoffenbarung (oder: „Was ich von mir selbst kundgebe").

In jeder Nachricht stecken nicht nur Informationen über die mitgeteilten Sachinhalte, sondern auch Informationen über die Person des Senders.

Checkliste 4.1
Beispiele für die Selbstoffenbarung von Gefühlen

	Positiv	Negativ
Ich bin	...erleichtert	...ärgerlich
	...befriedigt	...gelangweilt
	...zufrieden	...besorgt
	...froh	...unzufrieden
	...glücklich	...wütend
	...angenehm überrascht	...unangenehm überrascht
	...erfreut	...schockiert
	...zuversichtlich	...sauer
	...dankbar	...betroffen
	...fasziniert	...verunsichert
	...stolz	...enttäuscht
	...fröhlich	...bedrückt
	...beeindruckt	...verwirrt
	...beruhigt	...bestürzt
Ich fühle mich	...unterstützt	...ausgenutzt
	...herausgefordert	...belastet
	...befreit	...eingeengt
	...hoffnungsvoll	...mutlos
	...verstanden	...verschaukelt
	...motiviert	...allein gelassen
	...frei	...niedergeschlagen

Selbstoffenbarung ist sowohl die gewollte Selbstdarstellung als auch die unfreiwillige Selbstenthüllung. Diese Seite der Nachricht ist psychologisch hochbrisant. Checkliste 4.1 bietet Beispiele von Gefühlsarten, die man in positiver oder negativer Form von sich geben kann. Sie können diese Checkliste nutzen, um Ihre eigenen Gefühle zu überprüfen und gegebenenfalls zu ändern.

Beziehungshinweis (oder: „Was ich von Dir halte und wie wir zueinander stehen")

Aus der Nachricht geht ferner hervor, wie der Sender zum Empfänger steht, was er von ihm hält. Oft zeigt sich dies in der gewählten Formulierung, im Tonfall und anderen nicht sprachlichen Begleitsignalen. Diese Begleitsignale bezeichnet man als nonverbal. Nonverbale Verständigung erfolgt unter anderem durch Gestik, Mimik oder andere optische Zeichen.

Für diese Seite der Nachricht hat der Empfänger ein besonders „empfindliches Ohr", denn hier fühlt er sich als Person in bestimmter Weise behandelt oder misshandelt.

Appell (oder: „Wozu ich Dich veranlassen möchte")

Kaum etwas wird nur zweckfrei gesagt, fast alle Nachrichten haben die Funktion, auf den Empfänger Einfluss zu nehmen. Die Nachricht dient also auch dazu, den Empfänger zu veranlassen, bestimmte Dinge zu tun oder zu unterlassen, zu denken oder zu fühlen. Dieser Versuch, Einfluss zu nehmen, kann mehr oder minder offen oder versteckt sein, im letzteren Falle spricht man von Manipulation.

Beziehungsebene (oder: „Wie sage ich es, als Ich- oder Du-Botschaft")

Zwischen Ich- und Du-Botschaften zu unterscheiden, bedeutet deutlicher abzugrenzen, was von der eigenen Reaktion ganz persönliche, von meinem Gegenüber unabhängige Gründe hat. Die Ich-Botschaft ist eine kurze Beschreibung der Gefühle, des nicht akzeptierten Verhaltens und der eigenen Bedürfnisse. Sie besteht aus drei Elementen, wobei die Reihenfolge nicht entscheidend ist:

- Verhalten: Genaue, wertfreie Schilderung des unannehmbaren Verhaltens
- Gefühle: Mitteilung der echten Empfindungen
- Bedürfnisse: Schilderung der konkreten, greifbaren und unannehmbaren Folgen sowie der eigenen Bedürfnisse und Wünsche.

Ein Beispiel für eine Ich-Botschaft:

„Ich gerate leicht unter Stress, wenn nicht alles nach meinem Plan läuft, und werde dann ungeduldig."

Ich-Botschaften klären. Sie führen beispielsweise in einem Gespräch nach Ausbruch eines Konflikts zu einer Entkrampfung, da der Fokus nicht auf den (bösen, schlechten, schuldigen) Anderen gerichtet ist, sondern auf das eigene innere Erleben. Die Ich-Botschaft sagt etwas über einen selbst aus, was zunächst nichts mit dem Anderen zu tun hat, von ihm vielleicht nur ausgelöst wurde: „Da bin ich besonders empfindlich, da ich etwas Ähnliches schon mal erlebt habe..."

Ich-Botschaften laden zu kooperativen Auseinandersetzungen ein. Ich Botschaften wirken auf die angesprochene Person unmittelbar und meist positiv. Sie fördern offene und ehrliche Gespräche, weil

- sie die Position der sprechenden Person direkt deutlich machen,
- sie weniger verletzen, da sie nicht vorgeben, „absolut gültig" zu sein,
- weil sie weniger Widerspruch, Widerstand und Rechtfertigung provozieren,
- weil die Verantwortung für die Veränderung des Verhaltens bei der angesprochenen Person bleibt.

Eine Du-Botschaft hingegen kann genau das Gegenteil bewirken.

Ein Beispiel für eine Du-Botschaft:

„Du bist einfach viel zu langsam."

Hier wird der Gesprächspartner direkt angesprochen, er sieht diese Aussage als Vorwurf, er fühlt sich angegriffen. Es kommt entweder zu einer inneren Blockade („Du kannst mich mal...") oder zu einem Rededuell („Wie kommst Du darauf...?") mit Verteidigung, Rechtfertigungen oder Schuldzuweisungen. Das Gespräch ist in seinem Verlauf kontraproduktiv und nicht konstruktiv. Ganz selten kann es wieder eingefangen und auf einer normalen Beziehungsebene (Ich-Botschaft) fortgeführt werden.

4.6.2 Die Kommunikationspyramide

Die Kommunikationspyramide (Bild 4.6) stellt den idealtypischen Verlauf einer Kommunikation dar. Die oberste Stufe der Übereinstimmung kann nicht immer erreicht werden, je höher jedoch die Stufe ist, die durch eine Kommunikation erreicht wird, desto wahrscheinlicher wird ein Konflikt vermieden. Ist es bereits zu einem Konflikt gekommen, helfen die einzelnen Stufen der Kommunikationspyramide bei dessen Bewältigung.

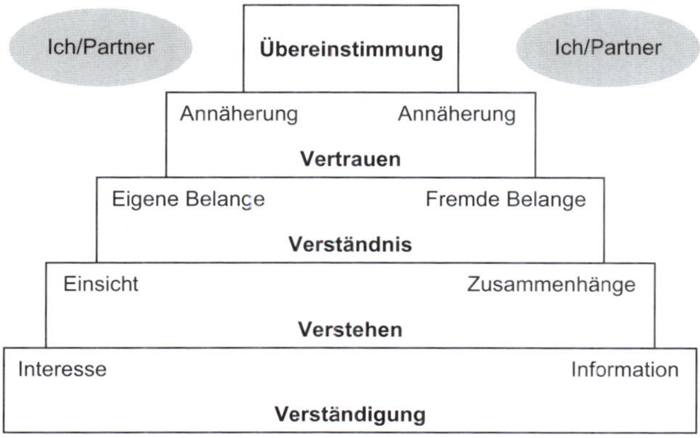

Bild 4.6
Die Kommunikationspyramide

Die unterste Stufe der Kommunikation ist die Verständigung, das heißt das Aussenden von Signalen. Wird mit diesen Signalen Information übermittelt (in einer Sprache, die dem Empfänger bekannt ist) und besteht beim Kommunikationspartner Interesse, diese Information aufzunehmen, können beide auf die zweite Stufe der Pyramide, das heißt zum gegenseitigen Verstehen gelangen. Ist die Information geeignet, das Gemeinte klar zu machen und besteht beim Anderen Einsicht, das heißt, er kann begreifen, was die Information für den Gesprächspartner bedeutet, und er erkennt diese Bedeutung an, kann die Stufe Verständnis erreicht werden. Werden von beiden sowohl die eigenen als auch die fremden Belange anerkannt und ist beiden diese Akzeptanz klar, können sie auf die Stufe des Vertrauens kommen. Durch gegenseitige Annäherung schließlich kann die höchste Stufe der Übereinstimmung erreicht werden.

4.6.3 Einzelgespräche

Wie bereits erwähnt, gehören zu einer erfolgreichen Krisenbewältigung die ganzheitlich-situative Projektbetrachtung und somit auch die psychosozialen Interaktionen. Ziel muss es sein, die Kreativität, die Identität und die Leistungsbereitschaft aller Projektbeteiligten zu reaktivieren. Voraussetzung dafür ist, dass jeder einzelne Projektmitarbeiter nochmals auf das gemeinsame Projektziel und den gemeinsamen Erfolg eingestimmt wird. Dies ist wiederum nur möglich, wenn der Einzelne als freie und verantwortliche Persönlichkeit angesehen wird und sich auch selbst so begreift.

In Einzelgesprächen kann die Individualität besser berücksichtigt werden als in Gruppengesprächen.

Im vertraulichen Zwiegespräch kann die erforderliche Offenheit in Bezug auf persönliche Einstellungen und Ängste erwartet werden. Im Einzelgespräch fällt es leichter, einmal den Blickwinkel zu ändern und die Dinge aus einer anderen Position zu betrachten. Persönliche Ziele lassen sich hier mit Projektzielen in Übereinstimmung bringen. Natürlich gehört dazu auch die Zuordnung sinnvoller Aufgaben, die der Projektmitarbeiter mit Freude durchführt und für die er auch entsprechende Anerkennung findet.

Projekt- oder Krisenmanager müssen im Einzelgespräch herausfinden, wo und wie der Projektmitarbeiter im Rahmen der gültigen Projektorganisation optimal eingesetzt werden kann, und auch darüber sprechen, ob die Intention des Projektmitarbeiters möglicherweise auf anderen Gebieten liegt und ob er auch dementsprechend eingesetzt werden könnte. Je nach Verlauf des Gesprächs ist auch die schwierige Entscheidung zu treffen, ob es nicht besser wäre, den Projektmitarbeiter aus dem Projekt zu entfernen, das heißt, ihn zurück in die Linienorganisation oder in ein anderes Projekt zu schicken.

Die Einzelgespräche sollen in einer informellen, vertrauensvollen Atmosphäre stattfinden und dürfen keinesfalls den Charakter einer Vernehmung erhalten. Dabei hilft es, wenn man sensibilisiert für den Umgang mit den eigenen Antrieben und seiner Wirkung ist.

Beispiele:

Sensibilisierung für die Selbstwahrnehmung:

- Wie verhalte ich mich in Wortwahl, Lautstärke, Tonfall, Gestik und Mimik?
- Wie wirke ich dadurch auf andere?
- Was bewirke ich mit dieser Wirkung?

Sensibilisierung für die Wahrnehmung des Anderen:

- Was sagt mir der Andere in der Gesamtheit seines Kommunikationsverhaltens, also verbal und nonverbal?
- Was löse ich mit meinem gesamten Kommunikationsverhalten bei und in dem Anderen aus?

Beginnen kann man ein Gespräch mit freundlichen Gesten, wie Getränke anbieten oder auch Fragen, wie die Fahrt war oder auch wie es der Familie geht (so genannte Smalltalks). Bevor man dann zum eigentlichen Thema kommt, sollte unbedingt die Vertraulichkeit des Gespräches zugesichert werden.

Schwierige Gespräche, in denen Konflikte oder Probleme gelöst werden sollen, haben nur dann eine Erfolgschance, wenn es den Gesprächspartnern gelingt, zunächst eine gleiche Konflikt-/Problemsicht herzustellen. Man muss den Projektmitarbeitern Gelegenheit gegen, sich zu erklären. Der Projekt- oder Krisenmanager muss rüberbringen, dass er sich ehrlich und offen für die Meinung und die Vorstellungen des Gesprächspartners interessiert, um so zu neuen Erkenntnissen und Lösungen zu gelangen.

Gesprächspunkte für ein Einzelgespräch

- „Welche Probleme halten Sie für besonders wichtig?"
- „Welche Probleme halten Ihrer Meinung nach andere für besonders wichtig?"
- „Gibt es Differenzen und woher kommen sie?"
- „Was haben Sie getan bzw. wie haben Sie sich verhalten, so dass die Krise entstehen konnte?"
- „Was können Sie zur Krisenbewältigung beitragen?"
- „Sind Sie bereit, dies ohne Vorbedingungen zu tun?"
- „Sind Sie bereit, auch Vorleistungen bedingungslos zu erbringen?"

Wichtig ist bei einem Einzelgespräch die persönliche Ansprache, dabei darf nicht nach der Meinung anderer gefragt werden.

Bedingungslose Vorleistungen

Die Zusage einer bedingungslosen Vorleistung durch den bzw. die Projektmitarbeiter bedeutet einen großen Erfolg für das Einzelgespräch und die erfolgreiche Krisenbewältigung; denn in den meisten Fällen ist zuerst eine menschliche Eigenschaft zu fordern und erst dann können eigene Leistungen zugesagt werden. Denn ganz oft weiß jeder, was getan werden müsste, ist aber nur dann bereit, wirklich zu handeln, wenn vorher die anderen gehandelt haben. Im Prinzip handelt es sich dann um eine spezielle Art von „Deadlock-Situation".

Wichtiges Ziel der Einzelgespräche ist es daher, Vorleistungen ohne Vorbedingungen zu erreichen. Dabei kann in der Regel nur damit argumentiert werden, dass dieser persönliche Einsatz sinnvoll für das Projekt ist. Es sollten keine Zusatzwünsche formuliert werden, um den Vorleistenden nicht zu überfordern.

Sobald die ersten Vorleistungen erbracht werden, steigt die Wahrscheinlichkeit, dass auch andere Projektmitarbeiter mitziehen.

4.6.4 Krisen-Meetings

Wenn die aktuelle Projektsituation durch „Deadlocks" gekennzeichnet ist, bietet sich in Ergänzung zum Einzelgespräch die Durchführung eines Krisen-Meetings an. Aber auch in vielen anderen Fällen kann ein ins Stocken geratenes Projekt mit einem derartigen Meeting wieder in Schwung gebracht werden.

Die Lösung von Problemen oder die Verabschiedung entsprechender Vorgehensweisen sind beim Krisen-Meeting nur von sekundärer Bedeutung. Das eigentliche Ziel eines Krisen-Meetings ist es, bei den Teilnehmern bestimmte Einsichten zu verankern. Deshalb ist der Themenkatalog eines Krisen-Meetings eine Mischung aus Definitionen, Situationsdarstellung, Maßnahmendiskussion, gegenseitiger Motivation und Appellen. Der erste Teil dieses Katalogs könnte zum Beispiel so aussehen:

1. Es gibt ein *gemeinsames Projektziel* (Definition).
2. Statusbericht des Projektmanagers.
3. *Alle* Projektbeteiligten wollen das Ziel auch erreichen.
4. Dieses Ziel ist aktuell stark gefährdet (Probleme, Konflikte).
5. Nur durch *gemeinsame* Arbeit ist es noch erreichbar.
6. Unterschiedliche Interessen sind nachvollziehbar.
7. Vorleistungen können Deadlocks auflösen.
8. Es ist gemeinsames Interesse, miteinander zu reden.

Die ersten Punkte werden in der Regel kontrovers diskutiert, eine gemeinsame einvernehmliche Lösung scheint in immer weitere Ferne zu rücken. Seitens des Moderators ist es wichtig, trotz eventuell chaotischer Diskussion wesentliche Probleme und Lösungswege zu erkennen und für alle sichtbar zu visualisieren. Dabei geht es jedoch keinesfalls darum, bereits Entscheidungen zu treffen. Jeder Teilnehmer soll mit seiner Meinung zu Wort kommen und unterschiedliche Interessen sollen deutlich werden.

Ein Grundelement der Moderation, nämlich die Kartenabfrage, dient dazu, alle Projektmitglieder bei einer auftretenden Fragestellung durch das Schreiben von Kärtchen und damit das Sammeln von Ideen oder Stichworten zu beteiligen. Die Kärtchen werden dann mit Hilfe von Teamentscheidungen so angeordnet, dass thematisch zusammengehörige Kärtchen zusammengefasst werden. Zu diesen Zusammenfassungen wird dann jeweils ein übergeordneter Begriff gesucht.

Dieses Verfahren hat den Vorteil, dass alle Anregungen aus dem Team gleichwertig aufgegriffen werden, alle Projektmitglieder beteiligt sind und der Arbeitsfortschritt ständig für alle sichtbar visualisiert wird. Damit hat jeder Teilnehmer zu jeder Zeit den gleichen Informationsstand. Bei der Erarbeitung von Lösungen und Ergebnissen ist so für alle Projektmitglieder ein Höchstmaß an Identifikation gewährleistet, so dass bereits bei der Erarbeitung die prozessorientierte Umsetzung der Lösung beginnen kann.

Erfahrungsgemäß ist die Lösung oder das zu erzielende Ergebnis immer in den Köpfen der Teammitglieder enthalten, wenn nur die Zusammensetzung der Teammitglieder die unterschiedlichen heterogenen Aspekte des Problemzusammenhangs genügend berücksichtigt und vor allen Dingen die Betroffenen beteiligt. Es liegt dann an der Qualität des Moderators, das Team zu aktivieren und die Problemlösung auch wirklich zu erarbeiten. Durch das Erleben des Prozesses selbst sind dann auch bereits die Weichen für die Umsetzung durch die Betroffenen gestellt.

Es ist nicht ausgeschlossen, dass der Projektmanager die Moderatorfunktion übernimmt. Er hat dabei jedoch eine Reihe von Verhaltensgrundsätzen zu beachten. Für ihn gilt während der Moderation der Grundsatz: Erlaubt ist, was das Team akzeptiert. Ein gute Moderation ist immer durch partnerschaftlichen Umgang, durch gegenseitige Akzeptanz und Achtung gekennzeichnet. Will der Projektmanager selber zur Problemlösung beitragen, so ist es ratsam, einen neutralen Moderator zu engagieren.

Bei gemeinsamen Essen oder Thekenbesuchen kommt es zu informellen Zweiergesprächen oder Diskussionen in „Grüppchen“. Bereits hier können Interessenkonflikte erkannt werden, die durch einzelne Vor- oder Verzichtleistungen entstehen. Der Moderator sollte bei diesen Gelegenheiten ein „Ohr auf der Schiene“ haben und die Aussagen für den zweiten Teil des Meetings nutzen.

Die nächsten Punkte des Themenkatalogs sind in der Regel von Anfang an von Konsensbereitschaft geprägt. Der Moderator kann dies noch unterstützen, indem er an den informellen Ergebnissen anknüpft:

9. Verzicht auf Maximalforderungen
10. Konzentration auf das Wesentliche
11. Projekterfolg ist möglich
12. Planung der nächsten Schritte zum Projekterfolg

Entscheidendes Ergebnis dieser Schritte ist die verbesserte Einstellung der Projektmitarbeiter zum zielgerichteten Zusammenwirken im Sinne des gewünschten Projekterfolgs.

4.7 Grundstrategien der Konfliktbewältigung

Die – logische – Ausweglosigkeit in einem Konflikt ist durch folgende Eigenschaften gekennzeichnet:

- Es gibt zwei einander widersprechende Behauptungen oder Interessen.
- Beide sind wahr oder berechtigt.
- Beide sind voneinander abhängig.

Die Lösung eines solchen Konflikts muss beiden Gegensätzen Rechnung tragen, ohne einen der beiden zu vernichten oder einen dem anderen unterzuordnen.

Es gibt kein Patentrezept für die besten Strategien der Konfliktbewältigung, es wird sehr oft emotional entschieden, wie man auf eine Konfliktsituation reagiert. Diese Reaktionen lassen sich in zwei konträre Grundstrategien der Konfliktbewältigung unterscheiden, *destruktive* und *konstruktive Konfliktbewältigung*.

Destruktive Konfliktbewältigung

Das Negative an einem Konflikt ist nicht der Konflikt an sich, sondern die Unfähigkeit, ihn konstruktiv zu lösen. Im Folgenden sind einige Beispiele dieser Unfähigkeit als destruktive Konfliktbewältigung beschrieben.

Nichtbeachtung

Man unternimmt gar nichts, um sich mit einem Konflikt zu beschäftigen, und wartet ab, ob sich der Konflikt von selber löst. Wer so vorgeht, irrt gewaltig und wird in den meisten Fällen eines Besseren belehrt. Diese Verhaltensweise ist dadurch gekennzeichnet, dass einerseits eine latente Konfliktsituation vorhanden ist, sich aber andererseits die Beteiligten scheuen, eine Konfliktbewältigung einzuleiten. Nichts tun kann nur dann von Vorteil sein, wenn das Ziel besteht, erst einmal wieder Ruhe einkehren zu lassen, die Wogen zu glätten und wichtigere Themen zu bearbeiten. Ein aufs Eis gelegter Konflikt taucht irgendwann einmal wieder auf, in den seltensten Fällen erledigt er sich von alleine.

Flucht

Das ursprünglich instinktive Verhaltensmuster im Konflikt ist die Flucht. Fluchtverhalten und Aggressionsverhalten treten fast immer parallel auf und ergänzen einander. Der Vorteil des Fluchtverhaltens liegt darin, dass man einer Konfliktsituation sehr schnell entkommt, dass es keinen Verlierer gibt, dass es oft einfach und schmerzlos ist, zu flüchten. Der Konflikt ist für eine gewisse Zeit sogar gelöst, durch Herausschieben bzw. Vertagen. Vorteilhaft ist ferner die Distanz, die man gegenüber dem Gegner bzw. dem Konfliktpartner bekommt.

Flucht als kurzfristiges Problemlösungsverhalten beinhaltet nur wenige Risiken für die beteiligten Personen, als langfristige, dauerhafte Lösung werden die Nachteile deutlicher. Die durch Flucht gelöste Konfliktsituation hinterlässt oftmals Depressionen. Ständiges „Flüchten" ist auf Dauer unbefriedigend und lässt keinerlei Weiterentwicklung zu. Der scheinbar gelöste Konflikt tritt nach einiger Zeit in verschärfter Form wieder auf und trifft dann nicht nur die beteiligten Personen in unverminderter Härte, sondern auch andere Personen und das Projekt selber.

Kampf

Bezeichnend für diese Verhaltensweise ist beispielsweise der Versuch, den Kontrahenten im persönlichen Konkurrenzkampf zu besiegen, evtl. sogar zu vernichten, um die eigenen Interessen durchzusetzen. Personen, die diese Art der Konfliktbewältigung bevorzugen, sehen Konflikte meistens nur unter dem Aspekt: „Ich muss gewinnen, und wenn ich nicht gewinne, gehöre ich zu den Verlierern." Dabei sehen sie den „Sieg" in einem Konflikt hauptsächlich als Demonstration ihres Machtdenkens, ihres Status, ihrer Kompetenz und ihres sozialen Ansehens. Sie glauben, dass der Verlierer an Ansehen verliert oder nicht mehr für voll genommen wird, ein Zeichen für Inkompetenz und Schwäche. Der Kampf ist Ausdruck von Ich-bezogenen Werten, die ausschließlich zur Durchsetzung der eigenen Ziele begründet sind und konträr zu den Bemühungen stehen, die Beziehung zur anderen Konfliktpartei aufrecht zu erhalten und zu verbessern.

Zu dieser Kategorie der Konfliktbewältigung zählen der „offene" und der „verdeckte" Kampf. Zum „offenen Kampf" gehören die klare Benennung der eigenen Interessen und das „Herunterspielen" bis hin zum „Niedermachen" des Kontrahenten, angefangen von der Sachebene bis hin zur Beziehungsebene. Diese Kämpfe werden nicht mit Fäusten ausgetragen, sondern bewegen sich fast überwiegend auf rhetorischer Ebene. Schlagfertige Wortgefechte, klare Formulierung des eigenen Standpunktes sowie das „Auseinandernehmen" der Gegenargumente kennzeichnen diese Verhaltensweise. Helfen diese Dispute nicht, so eskaliert das ganze weiter und es werden Drohungen ausgesprochen. Daraus ergibt sich zwangsläufig ein aggressiver, dogmatischer, wenig flexibler und unvernünftiger Ansatz zur Konfliktbewältigung, der zahlreiche Wunden zurücklässt.

Der „versteckte Kampf", vielfach auch als „Mobbing" bezeichnet, läuft hinter dem Rücken eines der Betroffenen ab. Im engeren Sinne steht das Wort Mobbing für Schikanen und Intrigen gegen Personen am Arbeitsplatz, die systematisch, regelmäßig und über einen längeren Zeitraum vorkommen.

Die dabei vorgenommenen Handlungen können von einer Einzelperson oder einer Gruppe von Personen durchgeführt werden. Ziel ist auch hier die systematische Isolierung oder Ausschaltung einer Person und seiner Interessen. Die Handlungsmöglichkeiten der „Mobber" reichen von der Einschränkung der Kommunikationsmöglichkeiten und Handlungsmöglichkeiten der gemobbten Person bis hin zu Angriffen auf die sozialen Beziehungen und das Ansehen.

Beispiele dafür sind u.a.

- Hinter dem Rücken des Betroffenen wird schlecht über ihn gesprochen.
- Man verbreitet Gerüchte.
- Man macht jemanden lächerlich.
- Kontaktverweigerung durch abwertende Blicke oder Gesten.
- Kontaktverweigerung durch Andeutungen, ohne dass man etwas direkt ausspricht („man behandelt jemanden wie Luft").
- Man beurteilt den Arbeitseinsatz in falscher und kränkender Weise.
- Man stellt die Entscheidungen der/des Betroffenen in Frage.
- Man spricht nicht mehr mit dem/der Betroffenen.
- Man reagiert nicht auf Ansprache durch den/die Betroffene.
- Versetzung in einen Raum weitab von Kollegen.
- Den Arbeitskollegen/-innen wird verboten, die betroffene Person anzusprechen.

Wenn oft oder immer bis zur Vernichtung gekämpft wird, kann die Überzeugung entstehen, dass die Konfliktvermeidung in jedem Fall besser ist als das Austragen von Konflikten.

Unterwerfung/Unterordnung

Diese Art, Konflikte zu lösen, endet nicht mit dem Tod des Besiegten, sondern stattdessen wird die Entscheidungs- und Handlungsfreiheit des Unterworfenen eingeschränkt. Das Verhaltensmuster „Unterwerfung" ist dann möglich, wenn sich von entgegengesetzten Positionen nur eine als brauchbar erweist und dies von der anderen Partei, wenn auch gezwungenermaßen, anerkannt wird.

Zur Unterwerfung gehören Methoden der Konfliktlösung wie Überzeugen, Überreden, Nachgehen, Bestechen, Manipulieren, Drohen und Intrigieren, aber auch die demokratische Methode der Abstimmung.

Abstimmungen in Konfliktsituationen führen dazu, dass sich die Minderheit der Mehrheit unterwirft. Es ist eine universell einsetzbare Konfliktlösungsmethode, die auch Elemente der Delegation und des Konsens enthält. Ein Vorteil dieses Konfliktlösungsverfahrens ist die mögliche horizontale und vertikale Arbeitsteilung. Durch Unterordnung verliert der Besiegte zwar das Selbstbestimmungsrecht, gewinnt jedoch Sicherheit für sein zukünftiges Handeln durch seinen Vorgesetzten (zum Beispiel den Projektmanager).

Die relativ starre Rollenverteilung ist das Grundprinzip fast jeder Unternehmenshierarchie. Einer ihrer Nachteile ist beispielsweise, dass der Stärkere bzw. Mächtigere siegt und nicht unbedingt der, der Recht hat. Somit wird siegen gleichgesetzt mit Recht haben.

Konstruktive Konfliktbewältigung

Delegation

Konflikte können an dritte Personen delegiert werden, die dadurch einen Machtzuwachs erhalten. Dafür benötigt man eine Instanz, die zwischen (mindestens) zwei Alternativen zu entscheiden hat. Diese Instanz können auch Gesetze oder Prinzipien sein.

Vorteilhaft ist, dass Kontrahenten, die in direkter Kommunikation zu keiner Kooperation fähig sind, über das Prinzip der Delegation an Dritte zu kooperativem Handeln fähig werden. Eine (sowohl positive als auch negative) Folge kann sein, dass die durch die Koordinationsleistung gewonnene Autorität zur permanenten Delegation der Konflikte an diese Person führt.

Der Schiedsspruch des Dritten sollte akzeptiert werden, sonst geht der Konflikt von vorne los.

Koexistenz

Koexistenz beschreibt das gleichzeitige Vorhandensein von sich widersprechenden Behauptungen oder Interessen, zu denen aber keine gemeinsame Lösung gefunden werden kann. Man versteht darunter oft das berechtigte, aber unabhängige Nebeneinander zweier (oder mehrerer) Dinge. In vielen Bereichen unseres Lebens, so auch in Projekten, kann man sich aber mit den Gegensätzen nicht abfinden. Das Ziel, die Vorgehensweise und das Ergebnis in einem Projekt müssen eindeutig sein.

Eine derartige Konfliktsituation muss gelöst werden. In Forschungs- und Entwicklungsprojekten kann über einen bestimmten Zeitraum und wenn der Etat es zulässt eine Parallelentwicklung durchgeführt werden. Bestimmte Anforderungen und Kriterien bestimmen dann die Konfliktlösung. Die betroffenen Parteien haben sich an diese festgelegten Kriterien und die getroffene Auswahl zu halten.

Kompromiss

Kernpunkt des Kompromisses ist der Versuch, sich in der Mitte der widersprechenden Behauptungen und Interessen zu treffen. Jeder soll ein bisschen gewinnen und ein bisschen verlieren. Wer diese Strategie anwendet, geht oft von der Strategie Kampf („Du oder ich") aus und versucht, deren negative Effekte dadurch zu vermindern, dass er seine eigenen Zielsetzungen „weise" beschränkt bzw. „großzügig" verzichtet. Einen Kompromiss finden bedeutet, dass in einem bestimmten Bereich eine Teileinigung erzielt werden kann. Eine Teileinigung heißt, gleichzeitig einen Teilverlust zu verkraften. Die Anwender der Kompromiss-Strategie gehen davon aus, dass man es dem Verlierer nicht unnötig schwer machen sollte, irgendwann könnte auch er auf der stärkeren Seite sein.

Projektmanager bzw. Krisenmanager verwenden gerne diese Art der Konfliktbewältigung, indem man verhandelt und durch Überredung oder Manipulation versucht, jedem der Verhandlungspartner einzelne Positionen „abzuringen" und gegen andere, auch die eigenen, „einzutauschen". Das „gemeinsame Wohl" wird dabei oft zitiert.

Ergebnis dieser Strategie sind oft ein Wertkonflikt und ein Klima gegenseitiger Verdächtigungen zwischen den Parteien, die einen Konflikt austragen. Zurück bleibt meist ein fader Beigeschmack, weshalb der Kompromiss auch dem Gewinner-Verlierer-Modell zugeordnet wird.

Ohne Kompromiss entstehen auf jeden Fall größere Nachteile. Aber Achtung, es gibt zwei Ausprägungen des Kompromisses:

- Der gute, vernünftige Kompromiss: Hierbei ist die sachgemäße Strukturierung und gemeinsame Bearbeitung des Problems weitgehend gelungen, aber nicht so perfekt, dass alle Beteiligten zu einer optimalen Entscheidung kommen können. Es bleiben Spuren von Dissens (dem Gegenteil von Konsens) erhalten. Die Teilnehmer können, da sie die

Lösung gemeinsam erarbeitet haben und akzeptieren, diese Lösung aber sachlich begründen und verteidigen.

- Der faule Kompromiss: Aus Gründen der Machtbalance wird unter gleichwertigen Gegenspielern ein Ausgleich herbeigeführt. Das passiert häufig nach heftigen und langen Konflikten. Die eine Seite gibt nach, damit man endlich zu einer Entscheidung gelangt. Bei nächstbester Gelegenheit wird von dieser Seite dann oft ein Vorrecht zu entscheiden eingeklagt.

Das eigentliche Ziel des Kompromisses ist daher der Konsens, er stellt die beste Lösung dar.

Konsens

Der Konsens ist die beste Strategie der Konfliktbewältigung. Dabei orientiert sich diese Strategie sowohl an dem Wunsch nach Durchsetzung eigener Interessen, als auch an der Notwendigkeit, gute menschliche Beziehungen mit anderen aufrechtzuerhalten. Darin wird kein Widerspruch gesehen, die Anwender dieser Strategie glauben nicht, dass diese beiden Gedanken sich ausschließen. Die Differenzen werden als ein Problem angesehen, das gelöst werden muss und oft als Symptome unvollständigen Verstehens der Beweggründe des Anderen erkannt – oder zu geringen Engagements auf der Beziehungsebene.

Hier steht nicht die sachliche Einigung, sondern die konstruktive Konfliktbewältigung im Vordergrund. Sich widersprechende Meinungen werden diskutiert und zu einem besseren Ganzen zusammengeführt.

Kern dieser Strategie ist, dass der Konflikt produktiv gelöst werden kann und man darauf vertraut, dass ein Durcharbeiten von Differenzen kreative Lösungen persönlicher und zwischenmenschlicher Probleme erbringt, die vom Einzelnen alleine nicht erreicht werden können. Dazu gehört selbstverständlich viel Toleranz gegenüber den Andersdenken und Abbau von Misstrauen. So entsteht ein Klima gegenseitigen Vertrauens zwischen den Konfliktparteien, das als Grundlage einer objektiveren und offeneren Betrachtung des Konfliktes dienen kann. Jeder der Kontrahenten hört sich die Interessen der anderen an und versucht, sich in deren Lage zu versetzen und ihre Absichten und Bedenken zu verstehen.

Durch offene Aussprache dessen, was die Einzelnen betrifft und beschäftigt und wo die Interessenskonflikte sind, gelingt es dem Projekt- bzw. Krisenmanager oft, tatsächlich akzeptable Lösungen zu finden. Hier geht es nicht darum, wer gewinnt und wer verliert, sondern darum, wie man erreichen kann, dass alle gewinnen.

Nach diesem Prinzip entsteht eine Gewinner-Gewinner-Situation. Bei der Gewinner-Gewinner-Strategie geht es nicht darum, die eigene Position durchzusetzen oder gezwungenermaßen Abstriche zu machen, sondern eine dauerhafte Lösung zu finden, die von allen Beteiligten getragen und akzeptiert wird. Hier wird eine Situation geschaffen, in der jeder die Wahrnehmung und auch das Gefühl hat, durch diese Lösung etwas zu gewinnen und nicht zu verlieren.

In einem Projekt, mindestens jedoch in dem betroffenen Team, müssen alle zustimmen, um einen Konsens zu erreichen oder zumindest nicht widersprechen, obwohl sie Gelegenheit dazu haben.

Das bedeutet noch nicht gleichzeitig eine erkennbar hohe Zufriedenheit der Beteiligten mit der Entscheidung. Ausschlaggebend für die Gültigkeit des Konsenses ist die grundsätzliche Zustimmung, denn der Grund der Zustimmung kann von außen nur unzureichend beurteilt werden. Wenn jemand ggf. auch „belogen" werden möchte – aus welchen Gründen auch immer – dann ist dies mit den Prämissen eines rudimentären Konsensbegriffes durchaus vereinbar.

Allerdings können an die Art der Entscheidungsfindung unausgesprochen unterschiedlich hohe Ansprüche gestellt werden. Das macht die tatsächliche Entscheidungsfindung schwieriger, ist aber kein Grund, den Konsensbegriff zu verwässern. Soll zum Beispiel die Aufrichtigkeit bei der Entscheidungsfindung vorausgesetzt werden, dann ist dies eine Übereinstimmung, die ebenfalls zuvor im Konsens gefunden werden kann. Die Ansprüche

- Wahrheit (die Aussagen sind wahr),
- Richtigkeit (die Entscheidung ist richtig) und
- Wahrhaftigkeit (die Beteiligten sind authentisch)

müssen dann erfüllt sein. Weil das nur selten und/oder nur für einen kurzen Zeitraum geschieht, ist Konsens ein Idealtypus, ein Anspruch.

Wer als Gewinner eines Konflikts einen Verlierer zurücklässt, ist früher oder später selbst der Verlierer. Nur Gewinner sind produktive Leistungsträger.

4.8 Verhandlungen in einer Krisensituation

Befindet sich ein Projekt in einer Krise, werden der Projektmanager sowie verantwortliche Projektmitarbeiter (zum Beispiel Fachspezialisten) zwangsläufig in Verhandlungen treten, zum Beispiel mit verärgerten Kunden, beunruhigten Kapitalgebern, unzuverlässigen Lieferanten und anderen Personen, Unternehmen oder Organisationen.

Es ist egal, ob die Krise viele verschiedene Probleme betrifft oder nur ein unbedeutender Zwischenfall ist. Denn unabhängig von der Art des Problems muss immer irgendwann verhandelt werden, um die Krise zu bewältigen. In einer Crash-Situation werden die Betroffenen als verwundbar eingeschätzt und müssen sich innerlich darauf einstellen, unter Stress zu verhandeln.

Voraussetzung für eine erfolgreiche Verhandlung ist die Konzentration auf das Problem und nicht auf den „Feind". Auch wenn unvorhergesehene Probleme zu Verhandlungen zwingen, sollten Krisenverhandlungen wie nachstehend beschrieben vorausschauend vorbereitet und gewünschte Elemente aus dem Katalog möglicher Verhandlungstaktiken ausgewählt werden:

- Verhandlungsvorbereitung
  - Feststellen, wer der Verhandlungspartner ist
  - die eigentlichen Motive des Gegners erkennen
  - den Verhandlungsspielraum festlegen
  - Alternativen definieren
  - eine Strategie entwickeln
- Verhandlungstaktik
  - Drohungen
  - Anbieten von Verhandlungspaketen
  - Vermeiden von Polemik
  - Zeichen des guten Willens
  - Zugeständnisse erzielen
  - die „höhere Autorität" im Hintergrund
  - Vorteile eines Mandats nutzen
  - Fragen stellen
  - Zeitdruck nutzen
  - Wege aus Sackgassen planen
  - einen erfolgreichen Abschluss betreiben.

4.8.1 Verhandlungsvorbereitung

Zur Vorbereitung der Verhandlung gehören die folgenden fünf Punkte. Die ersten beiden und die letzten drei Punkte greifen jeweils inhaltlich ineinander und sind deswegen nicht unbedingt in der beschriebenen Reihenfolge abzuarbeiten.

Feststellen, wer der Verhandlungspartner ist

Über den Verhandlungspartner sollten möglichst vollständige Informationen beschafft werden. Von Interesse sind das gesamte Unternehmen, Aufbauorganisation, Geschäftsabläufe, Werteinstellungen, Gerüchte, Verhalten, usw.

Die eigentlichen Motive des Gegners erkennen

Es kann äußerst nützlich sein, nicht nur die schriftlich fixierten, offiziellen Verhandlungspunkte zu kennen, sondern herauszufinden, was der Verhandlungspartner „wirklich will". Die versteckten Motive sind oftmals der Schlüssel zur Lösung bzw. zum Verhandlungsdurchbruch. Bei der Einschätzung der gegnerischen Motive sollte die Wahrnehmungsfähigkeit jedoch nicht von Emotionen oder verletzten Gefühlen getrübt sein. Sind die offenen und versteckten Motive aufgedeckt, sollten sie nach ihrer Bedeutung geordnet und Prioritäten festgelegt werden:

- Welche Verhandlungsziele sind vorrangig?
- Welche sind wünschenswert?
- Sind diese Ziele mit der eigenen Position vereinbar?

Den Verhandlungsspielraum festlegen

Das eigene Verhandlungsziel, die beste Lösung, sollte im Voraus ebenso definiert werden wie das Minimum, mit dem man gerade noch zufrieden ist.

Der Verhandlungsspielraum sollte Punkt für Punkt vor den Verhandlungen abgesteckt werden. In den Verhandlungen wird ein und dasselbe Problem von den Parteien oftmals von unterschiedlichen Standpunkten aus betrachtet. Dies zu erkennen und den Handlungsspielraum zu nutzen, führt schrittweise zur Lösung des Problems.

Definition von Alternativen

Nachdem die Motive und Ziele der eigenen und der anderen Seite herausgefunden und der Verhandlungsspielraum definiert ist, liegt es auf der Hand, eine Anzahl von Alternativen zu entwickeln. Zu jeder gefundenen Alternative sollten die Auswirkungen und Folgen abgeschätzt werden.

Eine Strategie entwickeln

Eine Strategie entwickeln, heißt zu überlegen, welche Schritte eingeleitet werden müssen, um eine Einigung zu erzielen. Zur Vorbereitung sollten Antworten auf eine Vielzahl von Fragen bezüglich Positionen und Verfahrensweisen gefunden werden, zum Beispiel:

- Gibt es in den Verhandlungen Druckmittel?
- Wer kann diese Druckmittel wie einsetzen?
- Was muss getan werden, um den Gegner umzustimmen?
- Wann wird mit wem verhandelt?

Die gewählte Strategie muss sich am gesetzten Verhandlungsziel orientieren. Der Zeitpunkt der Zielerreichung sollte festgelegt sein.

4.8.2 Verhandlungstaktik

Erfahrene Verhandlungspartner setzen auf mehrere Taktiken, um ihr Ziel zu erreichen. Taktische Manöver funktionieren nur, wenn sie sparsam eingesetzt werden und wenn sie der Gegner nicht durchschaut.

Drohungen

In zahlreichen Verhandlungssituationen werden Drohungen und Sanktionen ausgesprochen. Sie können integraler Bestandteil der Verhandlungen sein oder sie werden geäußert, um aus einer Sackgasse herauszukommen. Klingen Drohungen ernsthaft genug, können sie Verhandlungen vorantreiben. Die Gefahr dieser Taktik liegt darin, dass sich niemand gern drohen lässt und daher mit einer noch größeren Drohung kontert. Statt einer raschen Lösung gilt es dann, ein noch größeres Problem zu lösen. Schließt sich der Kreis aus Drohung und Gegendrohung, ist nur schwer ein Durchbruch zu erzielen und der produktivere Prozess von Belohnung und Gegenleistung rückt in weite Ferne.

Drohungen sollten nur eingesetzt werden, wenn der Verhandlungspartner sie erzwingt. Zu bedenken ist, dass Drohungen auch in die Tat umgesetzt werden müssen und dann der eigenen Position nicht mehr schaden sollten als der Gegenseite.

Anbieten von Verhandlungspaketen

Ein erfahrener Verhandlungspartner vermeidet es, die Verhandlung auf ein Problem einzuengen. Konzentriert sich die Verhandlung auf ein einziges Problem, kann es am Ende nur einen Gewinner und einen Verlierer geben. Bei einer Ausweitung der Verhandlungsperspektive auf weitere untergeordnete Streitfragen, mit dem „Schnüren von Paketen", können aber beide Seiten gewinnen. Alle Streitfragen sollten bis zu einer endgültigen Einigung, dem Kompromiss, verhandelbar bleiben.

Vermeiden von Polemik

Während der Verhandlungen sollten die Verhandlungspartner sich niemals auf einer polemischen oder streitlustigen Ebene bewegen. Die Verhandlungen wachsen sonst schnell zu einem unkontrollierbaren Streitgespräch aus, in dem beide Parteien zu beweisen versuchen, dass sie Recht haben, statt sich auf eine Lösung zu konzentrieren, die für beide Seiten annehmbar ist.

Zeichen des guten Willens

Zum richtigen Zeitpunkt als Zeichen des guten Willens ein Zugeständnis zu machen, gehört zu den kompliziertesten Taktiken während des Verhandlungsprozesses. Ein frühzeitig angebotenes Zugeständnis an die Gegenpartei wird häufig als leichter Weg betrachtet, ein Erfolg versprechendes Verhandlungsklima zu schaffen. Das Problem dabei ist, dass ein gesetztes Zeichen des guten Willens kein entsprechendes Zugeständnis der gegnerischen Partei garantiert. Warum sollte der Verhandlungspartner großzügig sein, wenn einer bereits Zugeständnisse anbietet?

Die Gegenpartei könnte ermutigt werden, etwas mehr herauszuholen. Haben die Kontrahenten bereits in der Vergangenheit vertrauensvoll zusammengearbeitet, können Zugeständnisse sicherlich helfen, eine aufgeschlossene Atmosphäre zu schaffen. Zu bedenken ist, dass in einer Krise ein solcher Prozess des Gebens und Nehmens durch neue kritische Ereignisse sehr schnell gestört werden kann. Aus der Sicht des Gegners können voreilige Zugeständnisse als Zeichen der Schwäche gedeutet werden. Die Versuchung, noch etwas mehr herauszuholen, kann über den Wunsch siegen, sich als Gegenleistung ebenfalls großzügig zu zeigen.

Zugeständnisse erzielen

Die Strategie, Zugeständnisse auszuhandeln, wird von erfahrenen Unterhändlern häufig angewendet. Wenn von der anderen Partei etwas gefordert wird, man für das Erfüllen dieser Forderung aber eine Gegenleistung verlangt, erhält die Sache, um die es geht, seinen Preis und wird für die Gegenseite wertvoller. Des Weiteren kann ein ausgehandeltes Zugeständnis die unablässigen Forderungen der gegnerischen Seite nach weiteren großzügigen Zugeständnissen reduzieren.

Die „höhere Autorität" im Hintergrund

Ein Unterhändler, der mit der Vollmacht ausgestattet ist, endgültige Entscheidungen zu treffen, kann sich dadurch in einer schlechteren Verhandlungsposition befinden. Gibt es eine „höhere Autorität" im Hintergrund, dann besteht die Möglichkeit, die Verhandlungen vorübergehend zu unterbrechen, falls man in Bedrängnis geraten ist. Der Schein kann gewahrt werden, wenn die Zustimmung von den Personen eingeholt werden muss, die wirklich die Macht haben. Falls es keine „höhere Autorität" gibt, kann durchaus eine erfunden werden. Das Verhandlungsklima wird nicht beeinträchtigt, falls ein Angebot tatsächlich abgelehnt wird, denn die Verhandlungspartner sind offensichtlich nicht persönlich dafür verantwortlich.

Vorteile eines Mandats nutzen

Der Bevollmächtigte eines Unternehmens handelt im Auftrag anderer. Das versetzt ihn in die Lage, bestimmte Anliegen oder Forderungen als Teil des Mandats, das weisungsgemäß zu wahren ist, in die Diskussion einzubringen. Das Mandat schützt davor, die Verantwortung für gestellte Forderungen zu übernehmen und verdeutlicht dem Verhandlungspartner, dass die Durchsetzung seiner Forderungen schwierig werden könnte.

Fragen stellen

Fragen stellen bedeutet, Informationen zu bekommen. Es ist die Chance sich einen klaren Einblick in die Position des Gegners zu verschaffen „Wer fragt, der führt!"

Die Art und Weise, wie Fragen gestellt werden, ist von nicht zu unterschätzender Wichtigkeit. Der Zeitpunkt, der Tenor und die Ausdrucksweise sind von entscheidender Bedeutung:

- Ton und Wortwahl können Anlass für weitere Diskussionen sein; sie können beleidigen oder feindlich sein.

- Offene Fragen (Was? Wann? Wie? Wo?) fördern die Kommunikation; Fragen, die mit Ja oder Nein beantwortet werden können, würgen jede Diskussion ab.
- Steuernde Fragen („Sind wir über das Verfahren einig? Dann können wir zum nächsten Punkt übergehen.“) dienen dazu, die Verhandlung in die nächste Phase zu lenken.
- Direkte Fragen können handfeste Antworten zu spezifischen Punkten verschaffen, jedoch keine weiteren Informationen.
- Indirekte Fragen („Können Sie erklären, weshalb ...“) geben der Gegenseite die Möglichkeit, zu entscheiden, wie viele Informationen sie freiwillig geben möchten.
- Stimmungsmesser-Fragen („Können Sie mit diesem Vorschlag leben?“) können Hinweise darüber geben, wie der Verhandlungspartner ein bestimmtes Problem oder eine Lösung empfindet.

Zeitdruck nutzen

Untersuchungen von Verhandlungsabläufen zeigen, dass 80 % der Zugeständnisse in den letzten 20 % der zur Verfügung stehenden Verhandlungszeit gemacht werden. Forderungen, die im ersten Verhandlungsstadium aufgestellt werden, stoßen auf weit mehr Widerstand als Forderungen, die gegen Ende erhoben werden. Haben beide Seiten viel Zeit, eine Einigung zu erzielen, dauern die Verhandlungen entsprechend lange, da keiner einmal gewonnenen Boden verlieren möchte. Wird ein gewisser Zeitdruck auf die Gegenseite ausgeübt, kann dies einen Vorteil verschaffen. Sich gedanklich rechtzeitig auf die Schlussphase vorzubereiten, kann eine Kontrolle über das Timing geben, bestimmte Zugeständnisse doch noch kurz vor Ende zu erhalten.

Wege aus Sackgassen planen

Wenn jede Option geprüft wurde und es einfach keine Möglichkeit zu geben scheint, eine für beide Seiten annehmbare Entscheidung herbeizuführen, bedeutet dies noch nicht das Scheitern der Verhandlungen. In solch einer Situation kann es vorteilhaft sein, vorübergehend andere Punkte zu erörtern, die weniger strittig sind. Hiermit kann die Verhandlung „am Laufen“ gehalten werden. Ebenso kann eine bewusst eingelegte Verhandlungspause über diesen Tiefpunkt hinweghelfen.

Verharren beide Seiten auf ihrem Standpunkt, kann durch das Aufstellen eines Ultimatums Entschlossenheit demonstriert werden. Eine solche Aussage kann der anderen Seite deutlich machen, welche Nachteile sie zu erwarten hat. Führt all das nicht zum Ziel, kann ein letzter Ausweg die Ernennung eines Schlichters oder Mediators sein. Es muss ein neutraler Dritter gefunden werden, der von allen Beteiligten respektiert und geachtet wird, jemand, der die Kluft überbrückt und die Situation retten kann.

Ein Verfahren zur Konfliktlösung ist hier Mediation. Wörtlich übersetzt bedeutet „Mediation" Vermittlung. Konkret gemeint ist die Vermittlung durch einen unparteiischen Dritten, den so genannten Mediator. Ziel ist die Konfliktregelung durch Konsens und nicht durch Recht oder Macht. Auch wird kein Schiedsspruch oder Urteil gefällt, sondern der Mediator ermöglicht den Konfliktbeteiligten, verlorengegangene Kommunikationsstrukturen wiederherzustellen bzw. neue Kommunikationsstrukturen zu schaffen, die sie wieder miteinander ins Gespräch bringen. Als Ergebnis wird ein konstruktive, individuelle, zukunftsorientierte, kooperative, tragfähige, das heißt dauerhafte Konfliktregelung – mit Gewinn für alle Beteiligten – angestrebt.

Ein Mediationsverfahren gliedert sich in folgende Phasen:

1. Einleitung

   Das Mediationsverfahren wird erläutert, offene Fragen sowie organisatorische Rahmenbedingungen werden gemeinsam geklärt.

2. Sichtweise der einzelnen Konfliktparteien

   Die Konfliktbeteiligten stellen den aktuellen Konflikt aus ihrer jeweiligen Sicht dar.

3. Erörterung der Konfliktlage

   Bisher nicht genannte Interessen, Hintergründe und Gefühle, die mit dem aktuellen Konflikt verbunden sind, werden erarbeitet.

4. Suche nach möglichen Konfliktregelungen

   Die Konfliktparteien sammeln unterschiedliche Lösungsmöglichkeiten und prüfen, welche ihrer jeweiligen Situation am ehesten gerecht werden.

5. Einigung auf ein Ergebnis

   Die Konfliktbeteiligten einigen sich auf die für sie beste Lösung, treffen eine verbindliche Vereinbarung und legen eine vorläufige Dauer (Umsetzungsphase) für die getroffene Vereinbarung fest.

Später, nach der Umsetzungsphase, findet ein Bilanzgespräch mit dem Mediator statt. Im Rahmen dieses Gesprächs wird reflektiert, ob die getroffene Vereinbarung eingehalten werden konnte und eine für die Beteiligten befriedigende Lösung darstellt oder ob sie modifiziert werden muss.

Einen erfolgreichen Abschluss betreiben

Verhandlungen haben einen erfolgreichen Abschluss gefunden, wenn beide Parteien den Verhandlungstisch mit dem Gefühl verlassen, etwas Wichtiges vollbracht zu haben, und sich verpflichtet fühlen, das Verhandlungsergebnis in die Tat umzusetzen. War der Verhandlungsverlauf fair, hat er den Beteiligten vielleicht sogar Spaß gemacht, dann war es für beide Seiten eine positive Herausforderung. Jeder der Beteiligten wird das Gefühl haben, mit dem Anderen auch in Zukunft gerne zusammenzuarbeiten.

5 Vorbeugen und Verhinderung von Crashs

Bei den in den vorherigen Kapiteln des Buches vorgenommenen Beschreibungen ging es in erster Linie um den Umgang mit Crashs, Krisen und Konflikten. Es wurde deutlich, welche sozialen Fähigkeiten eine Führungskraft und hier im Besonderen der Projektmanager haben müssen, um mit solchen Situationen umzugehen und sie zu bewältigen. Es wurde aber auch klar, welche Energie- bzw. Reibungsverluste entstehen, wenn es zu solchen Situationen kommt. Diese Verluste stellen einen erheblichen Kosten- und Zeitfaktor dar und können zu einer Terminverschiebung oder sogar bis zu einem Projektabbruch führen.

Deshalb stellt sich die Frage, ob es nicht sinnvoller ist – trotz des auch beschriebenen Lerneffekts – solchen zum Teil existenziellen Situationen vorzubeugen. Leider sind halbherzige Auseinandersetzungen mit den Präventionsmöglichkeiten und den Folgeerscheinungen von Projektkrisen in der Regel immer noch üblich.

Krisenvorbeugung und damit Verhinderung brenzliger Situationen ist eine Führungsaufgabe. Von der obersten Führungskraft über das mittlere Management bis zum Projektmanagement werden Erfolgsparameter wie

- kulturprägende Fähigkeiten,
- kommunikative Fähigkeiten und
- Überzeugungs- und Umsetzungskraft

verlangt.

Kulturprägende Fähigkeiten sind diejenigen Fähigkeiten, die eine Führungskraft auszeichnen, um in einer Organisation Wegweiser für eine Unternehmenskultur zu sein und gemeinsame Wertvorstellungen zu prägen, um damit alle Mitarbeiter auf gemeinsame Ziele zu verpflichten. Sie sind naturgemäß keine isolierten Fähigkeiten, sondern stehen in dem komplexen System „Organisation“ und seinem Umfeld in Wechselwirkung mit sich ständig verändernden Situationen, hervorgerufen durch Mitarbeiter, Kunden, Lieferanten, Kapitalgeber, Wettbewerber, Gesellschaft und Kultur.

Die *kommunikativen Fähigkeiten* wurden in den vorherigen Kapiteln eingehend beschrieben. Es wurde deutlich, dass es in der Kommunikation entscheidend darum geht, was gesagt wird. Darüber hinaus ist es aber auch wichtig, wie etwas gesagt wird. Noch wichtiger aber ist, wie eine Information (Botschaft) empfangen wird. Und noch viel wichtiger ist es, ob damit in der Umsetzung das angestrebte Ziel erreicht wird.

Dazu gehört eben die entsprechende *Überzeugungs- und Umsetzungskraft*. Bei den immer höher werden Ansprüchen im betrieblichen Alltag ist die Führungskraft, die langfristig erfolgreich sein will, noch stärker als in der Vergangenheit auf die persönliche Überzeugungs- und Umsetzungskraft angewiesen. Die aktive Umsetzung der Unternehmenskultur, der Werte und Ziele benötigt so viel Energie, dass eine Führungskraft dafür mit ihrer ganzen Persönlichkeit eintreten muss. Agieren statt reagieren heißt hier das Motto.

In diesem Kapitel werden Hinweise und Empfehlungen für das Unternehmensmanagement und die Geschäftsführung, für den Projekt- und Krisenmanager und für die betroffenen Mitarbeiter gegeben. In gewisser Weise können die nachfolgenden Ausführungen als eine Art „Verhaltenskodex in Krisensituationen" verstanden werden. Deshalb werden Sie als Leser und potenziell betroffene Person(en) auch an manchen Stellen direkt mit „Sie" angesprochen.

5.1 Motivierende Unternehmens- und Projektkultur

Die zunehmende Globalisierung und der immer härter werden Wettbewerb erfordern von allen Mitarbeitern Ihres Unternehmens täglich erneut Höchstleistungen. Höchstleistungen können von Mitarbeitern aber nur dann erbracht werden, wenn sie sich in vollem Umfang mit dem Unternehmen, dessen Zielen und den Aufgaben identifizieren. Wenn Mitarbeiter sich aber (mangels „Unternehmenskultur") nicht mehr mit dem Unternehmen identifizieren (können), also einen Identitätsverlust erleiden, droht wirtschaftlicher Misserfolg. Eine *Kulturänderung*, ein Culture Change, ist erforderlich. Eine positive Unternehmenskultur ist das, was einem (neuen) Mitarbeiter sofort auffällt, was ihn anzieht, was ihm gefällt, was er versteht. Was er nicht versteht, wird er nicht akzeptieren und nicht umsetzen.

5.1.1 Unternehmenskultur

Höchstleistungen sind dann möglich, wenn in dem Unternehmen eine moderne, zeitgemäße Unternehmenskultur etabliert ist und täglich gelebt wird. Die in der Unternehmenskultur verankerten Werte sind ein Orientierungsmaßstab, der die Denk- und Verhaltensweise der Führungskräfte und aller Mitarbeiter – und damit rückwirkend auch wieder die Unternehmenskultur – prägt.

Es sind die *Wertvorstellungen* und Normen, psychologische Einstellungen, Orientierungen, manchmal auch Empfindlichkeiten und Tabus, die im Unternehmen selbstverständlich geworden sind. Sie machen das Selbstverständnis und die typischen Verhaltensweisen aus. Hier zeigt sich der Unterschied zu anderen Unternehmen. Unternehmenskultur bewährt sich, wenn Wertvorstellungen, wie zum Beispiel Fairness, auch in Krisenzeiten gelten, und beweist sich, wenn Menschen auch in Misserfolgssituationen kooperativ einbezogen werden.

Unternehmenskultur ist ein hochkomplexes, zentrales Element eines Unternehmens. Unternehmenskultur hat wenig oder gar nichts damit zu tun, was in den Unternehmensbroschüren steht, sondern dokumentiert sich durch die Art und Weise, wie die Menschen in einem Unternehmen tatsächlich miteinander und mit Externen umgehen und welche Einstellung sie zu den zentralen erfolgsbestimmenden Faktoren ihres Unternehmens haben. Sie hängt in hohem Maße davon ab, wie sich Führungskräfte des Unternehmens verhalten. Führungskräfteinteraktionen und das Vorbildverhalten von Führungskräften sind entscheidend verantwortlich für die tatsächliche Ausprägung der Unternehmenskultur.

Damit muss eine Unternehmensführung, die tatsächlich Einfluss auf die Unternehmenskultur nehmen will oder die Veränderungen herbeiführen muss, zuallererst den Führungsprozess selbst mit seinen zentralen Komponenten des Kommunikationsverhaltens der Führungskräfte und das Vorbildverhalten der Führungskräfte definieren und prägen. Das beginnt beim eigenen Führungsprozess, beim eigenen Kommunikationsverhalten und beim eigenen Vorbildverhalten.

Die Unternehmenskultur wird also in starkem Maße von der Unternehmensführung beeinflusst. Wer auf die Unternehmenskultur prägenden Einfluss nehmen will, muss sich bewusst sein, dass seine persönliche Integrität und sein persönliches Vorleben in besonderem Maße unter Beobachtung aller Beteiligten stehen. Wer Werte postuliert, muss sich bewusst sein, dass er persönlich und kritisch nicht nur mit seinen Worten, sondern vor allen Dingen mit seinen Handlungen an diesen Werten gemessen wird. Nur Glaubwürdigkeit und persönliche Integrität ermöglichen es, Einfluss auf die Werte anderer Personen und Gruppen zu nehmen.

Da Kultur und Werthaltung nicht durch Anordnung erreichbar sind, ist der Einfluss auf die Werthaltung von anderen Menschen immer ein indirekter Überzeugungsprozess, der bei den wichtigsten Multiplikatoren im Unternehmen beginnen muss. Diese müssen von einer neuen oder veränderten Werthaltung überzeugt werden. Ihnen müssen zunächst der Sinn und ihr persönlicher Vorteil bei der gewollten Werthaltung vermittelt werden.

5.1.2 Vision

Der Begriff „Vision" wird in den letzten Jahren immer häufiger benutzt und leider auch oft missbraucht. Eine Idee oder auch eine strategische Einzelmaßnahme sind keine Visionen. Eine Vision ist ein klares und plastisches Bild von der Zukunft, die man erschaffen möchte. Sie ist ein Ziel, dass man sich mit seinem Vorstellungsvermögen so anschaulich ausgemalt hat, dass es einem deutlich vor Augen steht. Es ist kein Nahziel, sondern das Fernziel einer veränderten Unternehmensrealität. Eine Vision ist die Basis einer unternehmerischen (Neu-)Orientierung, die den Mitarbeitern des Unternehmens ermöglichen soll, ihre individuellen Tätigkeiten und Aufgaben nach dieser Vision auszurichten.

Das Wesentliche an einer starken unternehmerischen Vision ist nicht die Originalität. Entscheidend ist, dass sie den Interessen aller Beteiligten dient – Kunden, Mitarbeitern, Partnern, Lieferanten – und dem Unternehmen selber. Die Vision muss der Wertekategorie entsprechen, die das Unternehmen zum Ziel hat (enge Kundenbeziehung, Produktführerschaft oder herausragende betriebliche Leistungsfähigkeit).

Wenn ein Mensch eine plastische und inhaltsvolle Vorstellung von seinem Ziel hat, ergeben sich daraus wichtige Folgewirkungen:

- Er ist in seinem Handeln besser motiviert, denn seine Vorstellungen ziehen ihn förmlich mit.
- Seine Eigeninitiative und Mitverantwortung werden angespornt.
- Seine Wahrnehmungsfähigkeiten verändern sich. Er wird sensibler für Informationen, die er für die Verwirklichung seiner Vision braucht.
- Sein Verständnis von machbar und nichtmachbar wandelt sich. Hindernisse, die er früher für unüberwindbar hielt, beurteilt er realistischer.
- Er setzt seine Prioritäten besser. Er konzentriert sich auf das Wesentliche, Nebensächlichkeiten halten ihn nicht auf.
- Er wird kreativer und hat mehr Ideen, die ihn zu Realisierung seines Ziels führen.

- Sein Enthusiasmus für die Erfüllung der Vision kann andere leicht mitreißen (Teamgefühl).

Visionsplanung

Visionen sind grundsätzlich auf jeder organisatorischen Ebene möglich und sinnvoll. Erforderlich zu ihrer Planung ist ein gemeinsam in dem Unternehmen, der Abteilung, Gruppe usw. zu führendes Gespräch über die Fragen „Was wollen wir eigentlich?“ und „Wo stehen wir heute?“.

Die Beteiligten erforschen und artikulieren ihre Neigungen, Wünsche, Hoffnungen und Wertvorstellungen. Sie erkunden die Möglichkeiten, die sich der Abteilung aufgrund ihrer Stärken und aufgrund von Marktentwicklungen bieten. Sie tasten danach, wo ihr ureigenster Auftrag liegt. Im Gespräch lernen sie sich selbst und ihre Kollegen besser kennen. Das gegenseitige Kennenlernen führt zu Vertrauen. Vertrauen führt zu größerer Offenheit, so dass die genannten Hoffnungen, Wünsche und Werte und die sich bietenden Chancen offenbar werden können.

Visionsfindung bedeutet, eine Zukunftsvorstellung zu entwickeln, für die der Weg der Realisierung (noch) weitgehend unbekannt sein kann. Etwaige Hindernisse und Hürden müssen zunächst einmal vergessen werden.

Visionen muss man in sich „wachsen lassen“, indem man die Umwelt und sich selbst überaus geistesgegenwärtig beobachtet (Präsenz). Dabei handelt es sich um einen Prozess, der nie enden darf. Denn jede Vorstellung von einer zu erschaffenen Zukunft kann immer noch prägnanter und noch facettenreicher werden. Und jedes Gefühl für den eigenen Auftrag kann sich weiter intensivieren.

Nur wenn man eine Vision plastisch vor Augen hat, wird sie emotional erlebt und mit Gefühlen aufgeladen. Nur dann entfaltet sie echte Anziehungskraft, bleibt im Gedächtnis haften und leitet tatsächlich das eigene Handeln.

Eine Zielvorstellung kann nur dann eine Vision sein, wenn man sich innerlich vollkommen mit ihr identifiziert („sie muss von Herzen kommen“).

Eine Vision muss realisierbar sein, damit sie eine Wirkung ausübt. Es hat keinen Sinn, sich etwas vorzustellen, das entweder grundsätzlich oder im gewünschten Zeitraum nicht machbar ist. Hier scheidet sich die Vision von der Utopie.

Eine Vision bleibt nur eine Vision, wenn an sie ein hoher Anspruch gestellt wird. Wenn eine Vision erfüllt wäre, wäre sie keine Vision mehr. Sie muss daher immer Ziel und Weg zugleich bleiben.

Die Vermittlung der Vision an alle Mitarbeiter durch geeignete Kommunikation ist ein wesentlicher Bestandteil ihrer Ausformung und Umsetzung. Eine Vision entfaltet nur dann ihre volle Wirkung, wenn man sie sich immer wieder ins Bewusstsein ruft. Sie muss präsent sein. Wirklich gelungen ist ihre Vermittlung dann, wenn sie zum geistigen Eigentum der Mitarbeiter geworden ist. Im Idealfall hält man eine Vision sogar permanent im Bewusstsein.

Inhaltlich lassen sich bei einer Unternehmensvision zwei Ebenen unterscheiden:

- Die strategische und
- die ideelle Vision.

Die strategische Vision

Die strategische Vision kann die folgenden strategischen Ziele des Unternehmens beinhalten:

- Sie beschreibt, mit welchen Produktkategorien man wann in welchen Märkten welche Marktstellung erreichen will.
- Sie beschreibt, wie man sich in diesen Märkten gegenüber den Wettbewerbern differenzieren will.
- Sie beschreibt, welchen Anspruch man hinsichtlich Innovation, Qualität, Service oder einer anderen Eigenschaft an die eigenen Leistungen stellt. Ob man hierin Branchenbester – „Best in Class“ – sein will oder ob man sich mit weniger zufrieden gibt.
- Sie beschreibt die Qualität der Unternehmenskultur (innovations-, dienstleistungsorientiert usw.), die man intern leben und erzeugen will.
- Sie beschreibt darüber hinaus noch weitere Ziele, etwa die angestrebte „Marktstellung“ (z.B. Marktanteile in Prozenten oder Weltmarktführerschaft) in Handel, Industrie oder Dienstleistung, eine technologische Kompetenz, die man aufbauen will, oder das Grobkonzept einer Organisationsstruktur, die man realisieren möchte.

Eine strategische Vision, wie sie hier aufgeführt ist, vermag durchaus schon emotionales Engagement und Identifikation bei Führungskräften und Mitarbeitern zu erzeugen. Beide sind erfahrungsgemäß stolz, wenn ihr Unternehmen einen überragenden Ruf wegen seiner Leistung genießt, und sind bereit, dazu beizutragen.

Die ideelle Vision

In der heute weit verbreiteten „inneren Emigration", in der neben vielen Mitarbeitern auch immer mehr Führungskräfte die Ziele des eigenen Arbeitgebers kritisch hinterfragen und in der es eine zunehmende Sehnsucht nach Sinn und sinnvollem Handeln gibt, ist der ideelle Teil einer Unternehmensvision noch mehr in der Lage, Motivationsreserven freizusetzen. Darin geht es um Werte, die Führungskräfte und Mitarbeiter leiten sollen.

Diese können etwa Antworten auf die folgenden Fragen sein:

- Wie fair behandelt man Geschäftspartner und wie gut will man sie verdienen lassen?
- Wie aufrichtig will man die Öffentlichkeit über sich selbst informieren?
- Wie steht man zu gesellschaftlichen Anliegen (zum Beispiel Umweltschutz, Kulturförderung, Integration von Ausländern)?
- Welchen Stil und welche Atmosphäre der internen Zusammenarbeit setzt man sich zum Ziel?

Der eigentliche Kern der ideellen Vision ist der soziale Auftrag bzw. das Ziel, in welcher Hinsicht das Unternehmen etwas Nützliches und Sinnvolles für andere leisten will. Um keine Missverständnisse aufkommen zu lassen: Die Verpflichtung für einen sozialen Auftrag verlangt weder danach, dass etwas ohne ausreichende Gegenleistung, noch dass etwas für sozial Schwache geleistet werden soll. Es geht einfach nur darum, etwas Nützliches für andere zu leisten und dies so gut wie möglich zu tun. Der soziale Auftrag kann sich auf externe Gruppen (die Kunden, die Gesellschaft) genauso wie auf die eigenen Mitarbeiter beziehen.

Von zentraler Bedeutung ist der Auftrag gegenüber dem Kunden. Die Vision zeigt auf, welchen Nutzen man für sie erzeugen will. Das ist mehr als das in Unternehmensleitbildern übliche „Ziel unseres Unternehmens ist es, das Bedürfnis nach XYZ zu befriedigen". Es hat sich nämlich gezeigt, dass man zwar ohne weiteres ein Bedürfnis befriedigen, aber gleichzeitig entweder intolerante Nebenwirkungen erzeugen oder keinen echten Nutzen erbringen kann. Oder man versäumt es, den Kunden durch geeignete Informationen kenntnisreicher und mündiger zu machen. Ein Unternehmen, das sich einem sozialen Auftrag verpflichtet, will den Kunden aber auch dahin erziehen, dass er erkennt, was für ihn nützlich ist, und damit ganz neue Bedürfnisse hervorrufen.

Beispiele:

- Ein Bettenhersteller verspricht, mit seinen Produkten einen gesunden Schlaf zu fördern.
- Ein Kosmetikhersteller verspricht, möglichst naturnahe Kosmetik zu entwickeln und zu verkaufen, die sehr hautfreundlich ist.

5.1.3 Projektkultur

Es liegt auf der Hand, dass eine Projektkultur nur dann möglich ist, wenn eine Unternehmenskultur existiert und die Projektbeteiligten sie kennen und sie leben. Damit wird die Entwicklung der Projektkultur erleichtert und ihre Vermittlung zur wichtigsten Voraussetzung für die Ordnung in einem Projekt. Das Fehlen oder auch eine nicht ordnungsgemäße Umsetzung der Projektkultur deutet darauf hin, dass der Projektmanager ein Projekt nur verwaltet und nicht gestaltet. Damit geht er in gewisser Weise immer ein erhebliches Risiko für den Ablauf des Projekts ein.

Analog zur Unternehmenskultur und der Vision muss die Gesamtheit von Normen, Wertvorstellungen und Denkhaltungen auch auf die Projektkultur übertragen werden, denn ein Projekt kann als „verkleinertes Unternehmen im Unternehmen" angesehen werden, das seine – mehr oder weniger stark ausgeprägte – eigene Kultur hat und vielfach auch braucht, um seinen Eigenheiten entsprechend möglichst gut zu gelingen.

Zur Projektkultur zählt man üblicherweise

- die Wertschätzung der Projektarbeit innerhalb eines Unternehmens,
- die Kooperationsbereitschaft zwischen Personen und Abteilungen,
- die Kommunikationsfähigkeit,
- die Konfliktfähigkeit der Projektbeteiligten und
- das Selbstverständnis des Unternehmens als Projektträger.

Etwas weiter gefasst gehören auch das Konfliktmanagement, Krisenmanagement, Kommunikationsverhalten, Motivation, soziale Wahrnehmung, Führung, Veränderungsmanagement und das Konzept der lernenden Organisation dazu. Nach DIN 69905 wird Projektkultur definiert als die

„Gesamtheit der von Wissen, Erfahrung und Tradition beeinflussten Verhaltensweisen der Projektbeteiligten und deren generelle Einschätzung durch das Projektumfeld".

Die Verhaltensweise wird in der Umgangssprache des Projektmanagements auch als Summe aller „weichen Faktoren“ definiert. Die Projektkultur wird vom gesamten Projektmanagement (Projektmanager, Qualitätsmanager, Teilprojektleiter, Teamleiter usw.) in starkem Maße beeinflusst. Das gesamte Projektmanagement muss sich bewusst sein, dass die persönliche Integrität und das persönliche Vorleben im besonderen Maße unter Beobachtung aller Projektbeteiligten stehen. Wer Werte postuliert, wird selbst persönlich und kritisch, vor allen Dingen mit seinen Handlungen an diesen Werten gemessen. Besondere Elemente der Glaubwürdigkeit und persönlicher Grundvoraussetzungen sind

- das eigene Vorleben,
- die persönliche Glaubwürdigkeit durch die eigene Beachtung der postulierten Werte,
- hohe Überzeugungskraft und
- sehr viel Geduld.

Prinzipiell setzt sich die Projektkultur aus drei Ebenen zusammen. Hierzu gehören unbewusste Handlungsanweisungen ebenso wie klar definierte Normen und Standards sowie so genannte Symbolsysteme:

- Die unterste Ebene bilden Basisannahmen, die grundlegende Denkstrukturen sowie Orientierungs- und Vorstellungsmuster ermöglichen, die das organisatorische Handeln zwar nachhaltig beeinflussen und bestimmen, jedoch nur unbewusst und unsichtbar im Projekt vorhanden sind.
- Aus diesen Basisannahmen leiten sich bestimmte Normen und Standards ab, die teils sichtbar und teils unbewusst zu bestimmten Verhaltensrichtlinien und klaren Wertvorstellungen führen. Die Definition und Umsetzung dieser Normen und Standards sind eng mit der Unternehmenskultur und dem vorbildhaften Verhalten des Managements verbunden.
- Die dritte Ebene der Projektkultur bilden Symbolsysteme, derer sich die Projektmanager bedienen, um damit den Komplex der Basisannahmen sowie Normen und Standards zu pflegen, auszubauen und an neue Projektmitarbeiter weiterzugeben. Somit haben die Symbolsysteme letztlich eine vermittelnde und darstellende Funktion. Die Symbolsysteme als sichtbarer Teil der Projektkultur manifestieren sich in der Praxis unter anderem in der Gestaltung der Organisationsstruktur und der Umsetzung der gemeinsamen Werte.

Entscheidend für den Projekterfolg ist auch der Verbreitungsgrad aller drei Ebenen. Je mehr Projektmitarbeiter ihr Handeln daran ausrichten, desto stärker ist die Projektkultur. Je stärker eine Projektkultur ist, desto größer ist die Motivation der Projektmitarbeiter; denn die damit verknüpfte Orientierung an bestimmten Werten und Normen führt zu einem hohen Engagement. Gleichzeitig befriedigt sie das individuelle Bedürfnis der Projektmitarbeiter nach einer Sinnvermittlung. Eine starke Ausprägung der Projektkultur führt schließlich zu einem geringeren Regelungsbedarf, schnellerer Entscheidungsfindung, zu weniger Krisen bzw. Konflikten und einem geringeren Kontrollaufwand.

5.1.4 Teamkultur

Jeder Projektmanager verbringt einen großen Teil seiner Zeit damit, ein Team, das heißt, die ihm zur Projektdurchführung abgestellten Mitarbeiter, zu führen. Neben dieser internen Teamführung sind immer Kontakte zu anderen Projektbeteiligten im Projektumfeld notwendig. Ziel muss es sein, gute zwischenmenschliche Kontakte zu erreichen, da diese ein wesentlicher Erfolgsfaktor für das Projektmanagement und das Projekt sind.

Eine Teamkultur aufzubauen heißt, ein Klima gegenseitigen Vertrauens zwischen den Menschen zu schaffen, die gemeinsam an einer Aufgabe arbeiten. Um diese Teamkultur dann auch effektiv zu machen, muss vor allem das entsprechende Umfeld geschaffen werden. Den einzelnen Teammitgliedern muss es möglich sein, sich zu öffnen, Verantwortung zu übernehmen und Selbstvertrauen zu entwickeln. Sie sollen sich für den Projekt- und Teamerfolg verantwortlich fühlen und versuchen, die vorgegebenen Ziele zu erreichen.

Drei Komponenten machen die Funktionsfähigkeit eines Teams aus:

- Jedes Team setzt sich aus Individuen zusammen. Der Einzelne („Ich") steht in Beziehung zu den anderen Teammitgliedern („Du").
- Verbunden wird das Team durch gemeinsame Ziele und Aufgaben,
- deren Erfüllung durch organisatorische Regeln, durch so genannte „Spielregeln" für Zusammenarbeit und Kommunikation, gewährleistet wird.

Zwischen diesen drei Elementen besteht ständige Wechselwirkung, wobei sich natürlich auch Spannungen ergeben. Jedes Teammitglied hat eigene Wünsche und Bedürfnisse, die den Bedürfnissen der anderen widersprechen können. Das „Miteinander" in einem Team kann wiederum Kräfte erzeugen, die auf die Entwicklung des einzelnen Individuums positiv wirken. Die Logik schließlich führt zu Spielregeln, welche die Führung des

Teams und das Verhalten der Teammitglieder bestimmen. Eine Missachtung dieser Regeln durch ein Teammitglied führt immer zu Konflikten.

Diese möglichen Spannungen wird jeder, der Teil eines Teams ist, schon am eigenen Leib erfahren haben. Besitzt ein Team die Fähigkeit, mit den aufgetretenen Spannungen und Konflikten konstruktiv umzugehen, so kann es ein großes Innovationspotenzial und ein weites Lernfeld entwickeln.

Um eine derartige Teamkultur zu erreichen, ist es angebracht, ein paar wichtige Spielregeln mit den Projektmitarbeitern zu vereinbaren bzw. von diesen aufstellen zu lassen. Jedes Projektteam benötigt seine eigenen Regeln, denn kein Team gleicht dem anderen. Als Anhaltspunkt für die Erarbeitung von Spielregeln bietet sich die so genannte 3K-Teamkultur an:

1. „Wie gut ist die Kommunikation im Team?“
2. „Wie gut kooperieren die Teammitglieder?“
3. „Wie gut klärt das Team Konflikte?“

Der folgende Abschnitt enthält eine Grundsatzvereinbarung für Spielregeln im Team, die als Basis für die Zusammenarbeit in Projekten verwendet werden kann. Gibt es keine Regelung für die Zusammenarbeit, dann können die einzelnen Punkte auch als Checkliste für die Teamqualität genutzt werden.

Grundsatzvereinbarung für „Spielregeln“ im Team

Wir sind ein Team von aktiven Menschen, die sich auf ein gemeinsames Ziel verpflichtet haben,

- harmonisch zusammenzuarbeiten,
- Freude an der Arbeit zu haben und
- hervorragende Leistungen zu erbringen.

Jedes Teammitglied hält sich an die Vereinbarungen der Kommunikation, der Kooperation und der Konfliktbewältigung:

A. Kommunikation

1. *Wir pflegen offene Information und Kommunikation.*

   Es muss eine offene unkomplizierte Kommunikation gepflegt werden, damit alle möglichst einfach und direkt zusammenarbeiten können.

2. *Jeder hat das Recht, seine Meinung zu sagen.*

   Die Teammitglieder sollten versuchen, die Sicht eines jeden zu verstehen, Toleranz gegenüber der Meinung anderer zu zeigen und eine einvernehmliche Einigung im Sinne der Sache erreichen zu wollen.

3. *Wir geben und nehmen nur konstruktive Kritik (Feedback-Regel).*

   Das Feedback-Geben gehört zu den Grundelementen einer guten Kommunikation. Es ist gleichzeitig auch eine der schwierigsten Übungen. Jeder in einem Projekt bekommt ständig Feedback, bewertendes, positives, kritisches, offenes, spontanes oder formalisiertes Feedback. Für die Kommunikation im Team ist es äußerst wichtig, Feedback auf angemessene Weise zu geben und zu nehmen – letzteres ist das Schwierigere, vor allem bei Kritik. Kritik darf nicht zu Angriffen oder Rückzugsgefechten führen.

   Dem Einzelnen fällt es meist leichter, das Feedback zu akzeptieren, wenn es sich um eine sachliche und nicht persönliche Rückmeldung handelt. Der Umgang mit Feedback hängt eng mit dem Vertrauen im Team zusammen. Das Üben von Feedback wiederum ist ein gutes Mittel zur Entwicklung von Vertrauen im Team.

4. *Wir sind hart in der Sache, wertschätzend zur Person.*

   In der Kommunikation muss eine deutliche Trennung zwischen Person und Sache herrschen. Nur so ist es möglich, fachliche Schwierigkeiten gemeinsam mit dem nötigen Abstand zu beseitigen. Findet diese Trennung nicht statt, so führt jegliche Unstimmigkeit im Projektprozess zu persönlichen Konflikten. Es ist wohl eine der schwierigsten Aufgaben des Projektmanagers, diese Trennung im Team zu wahren.

5. *Wir sagen immer nur die eigene persönliche Meinung.*

   Teammitarbeiter sollten immer in der Ich-Form ihre Gefühle, Empfindungen ausdrücken. Es sollten in der sprachlichen Ausdrucksweise keine Verallgemeinerungen verwendet werden, wie zum Beispiel immer, dauernd, nie, alle, jeder, überhaupt, man, usw.

6. *Wir hören erst zu, dann reden wir.*

   Jeder verpflichtet sich, aktiv zuzuhören. Vielfach wird Kommunikation durch mangelhafte Zuhörbereitschaft zerstört. Zuhören ist mehr, als nur dazusitzen und einen Wortschwall über sich ergehen zu lassen. Aktives Zuhören erfordert weitaus mehr Energie als das Sprechen. Abgesehen davon, dass man sich auf die Gedankengänge des Anderen einstellen muss, erfordert das Zuhören auch das Senden bestimmter körpersprachlicher Signale. Nur durch sie wird der Andere animiert, weiterzureden. Hierzu gehören Blickkontakt, aufrechte Körperhaltung, kein Wippen mit den Füßen, Fragen stellen sowie Bestätigungslaute absenden.

B. Kooperation

1. *Jeder hat das Recht, Fehler zu machen.*

   Jedes Teammitglied soll angstfrei arbeiten können. Wenn Fehler passieren, gilt es, sie zuzugeben und daraus zu lernen. Als Prinzip gilt, dass ein gleicher Fehler zukünftig vermieden werden sollte.

2. *Ich bin ok – Du bist ok – Wir sind ok.*

   Einer der obersten Grundsätze der Teamarbeit lautet: „Im Team sind alle gleich", das heißt, jeder im Team ist ein vollwertiges Teammitglied und muss dementsprechend behandelt werden. Jeder hat jeden zu achten; „achten" bedeutet „partnerschaftliche Zusammenarbeit". Jeder im Team ist wichtig, sonst wäre die Rolle nicht besetzt worden. Das Team arbeitet auch harmonisch mit anderen Projektbeteiligten zusammen. Nach außen hin sollte sich das Team als eine geschlossene Einheit präsentieren und als Gesamtheit agieren. Es tritt weder elitär noch feindselig auf.

3. *Einer für alle – alle für einen.*

   Jeder verpflichtet sich, sein Wissen und seine Erfahrung einzubringen und das schwächere Teammitglied zu unterstützen. Erfolge werden gemeinsam gefeiert, Fehler werden von allen getragen. Lernen aus Erfolgen und Fehlern.

4. *Jeder erlegt sich eine angemessen Disziplin auf.*

   Damit sind zum Beispiel Pünktlichkeit gemeint, sachliches Diskutieren, Zuhören, Ausreden lassen, keine Bewertung von Personen und Leistung (wenn nicht explizit gefordert), Anwesenheit bei Team-Meetings usw.

5. *Im Team herrscht Vertrauen zwischen den Teammitgliedern.*

   Mitarbeiter können nur in einem Team arbeiten, wenn sie sich gegenseitig vertrauen. Aber Vertrauen kommt nicht von alleine, sondern muss erarbeitet werden und baut sich kontinuierlich auf. Ein Mitarbeiter vertraut dem anderen eine persönliche Sache an und hofft, dass dieser kein Kapital daraus schlägt. Diese Freigiebigkeit erlaubt bei den anderen eine Senkung ihrer Hemmschwelle, so dass auch sie das Risiko eines Vertrauensvorschusses eingehen. Sollte jemand das aufgebaute Vertrauensverhältnis brechen, so muss derjenige, der es bricht, sich darüber im Klaren sein, dass er sich letztlich auch selbst schadet.

6. *Jeder ist für sich selbst verantwortlich.*

   Diese Regel weist darauf hin, dass alle Mitarbeiter im Team selbst verantwortlich dafür sind, ihre Aufgaben gut zu erledigen. Jeder hat die Ziele inhaltlich verstanden und sie akzeptiert. Wenn Informationen fehlen, gilt das Prinzip der Holschuld. Auf keinen Fall einen anderen beschuldigen. Aktive Mitarbeiter beschaffen sich die Informationen und warten nicht tatenlos. Verantwortlichkeit heißt auch, eigene Vorstellungen von der Vorgehensweise zu haben und davon, wie die Arbeit zu erledigen ist.

C. Konflikte

1. *Störungen klären wir zeitnah.*

   Klimastörungen – offene und unterschwellige – werden sofort gelöst. Weglaufen, runterschlucken und nach ein paar Tagen wieder darauf hinweisen, sollte vermieden werden. Denn oft können sich die Betroffenen gar nicht mehr daran erinnern oder die Anhäufung der Störungen ist schon so groß, dass ein Weiterarbeiten nicht mehr möglich ist.

2. *Wir haben feste Modalitäten für Entscheidungen.*

   Es sollten Regeln festgelegt werden, wie das Team zu Entscheidungen kommt. Zum Beispiel: Braucht es bei einer Abstimmung die absolute Mehrheit oder reicht auch schon die einfache? Die Entscheidungen sollten lösungsorientiert sein und den Konflikt bewältigen können. Mindestens sollte ein Kompromiss erreicht werden, noch besser ist jedoch der Konsens.

5.1.5 Wertvorstellungen

Die Festlegung von Wertvorstellungen in Projekten ist geprägt durch die in der Unternehmens- bzw. Projektkultur genannten zentralen Begriffe. Das Projektmanagement und die Projektmitarbeiter sollten die Bedeutung der zentralen Begriffe kennen und mit Leben füllen. Ist dies aus irgendwelchen Gründen nicht der Fall, so liegen erhebliche Kommunikationsprobleme vor. Der Projektmanager hat hier die Aufgabe, die unterschiedliche Bedeutung der zentralen Begriffe zu klären, wie zum Beispiel

- Qualität,
- Kundenfreundlichkeit,

- partnerschaftliche Zusammenarbeit,
- Teamorientierung,
- Pünktlichkeit,
- offene Kommunikation,
- Selbstverantwortlichkeit und
- persönliches Commitment.

Unterschiedliche Meinungsmuster der einzelnen Projektmitarbeiter können zu unterschiedlichen Interpretationen, Vorurteilen und Meinungen führen. Der Projektmanager hat hier die Aufgabe, unbedingt einen einheitlichen Konsens zu erreichen. Auf der Basis eines Konsenses über die Bedeutung dieser zentralen Begriffe entstehen dann gemeinsame Werte. Gemeinsame Werte und Wertvorstellungen bilden zusammen mit der Projektkultur die Basis für die Verhinderung von Konflikten, Krisen und Crashs.

5.1.6 Die Integration von Menschen und Aufgaben

Die Integration von Menschen und Aufgaben in einem Projekt setzt neben der Sinnvermittlung auch eine gewisse „soziale Kompetenz" des Projektmanagers voraus. Die „soziale Kompetenz" zählt zu den so genannten „Soft Skills", den „weichen", weil nicht mit objektiven Kriterien nachprüfbaren Fähigkeiten. Sie gehören zu den wichtigsten Kriterien für die Übernahme einer Führungsposition, wie der des Projektmanagers – denn Führung bedeutet, andere Menschen mit den richtigen Worten und Mitteln anzuleiten.

Der Projektmanager muss die Fähigkeit haben, die Projektmitarbeiter auf die gemeinsame Erledigung der Projektaufgaben einzustimmen, so dass dadurch gemeinsame Ziele erreicht werden. Diese Integrationskraft des Projektmanagers setzt eine Ausgewogenheit sowohl in der Aufgabenorientierung wie auch in der Mitarbeiterorientierung voraus. Die Ausgewogenheit ist dadurch gekennzeichnet, dass man Vorgehensweisen und Lösungen sucht, die sowohl dem Projektmitarbeiter als auch dem Projekt Vorteile bringen. Dabei sind in hohem Maße Identifikation mit den Projektzielen und wirkliches Interesse an den Bedürfnissen der Projektmitarbeiter, Kreativität und Überzeugungskraft gefordert.

Genauso wird von jedem Teammitglied ein Mindestmaß an sozialer Kompetenz gefordert, denn ohne Teamwork wird das Projekt nicht erfolgreich sein. Da umfangreiche Projekte nur im Team bewältigt werden können, ist die Teamfähigkeit der Projektmitarbeiter ein wesentlicher Erfolgsfaktor für das Projekt. Nur wenn die Sozialkompetenz aller so groß ist, dass von ihnen die gemeinsame Leistung des Teams höher als der eigene Erfolg angesehen wird, kann das Projekt optimale Ergebnisse hervorbringen. Die Toleranz gegenüber anderen Projektmitarbeitern, das Interesse an deren Arbeit, Kritik- und Konfliktfähigkeiten verhindert schon im weitesten Sinne die Entstehung von Krisen.

5.1.7 Sinnvermittlung des Projekts und der Projektaufgabe

Sinnvermittlung in Projekten bedeutet zuerst, dass der Projektmanager dem einzelnen Projektmitarbeiter durch geeignete Kommunikation vermittelt, dass die Tätigkeit, die er ausfüllt, wichtig für das Projekt ist und einen nicht unerheblichen Beitrag zum Projekterfolg bringt. Die überzeugende Vermittlung setzt zwei Grundhaltungen des Projektmanagers voraus:

- Achtung und Respekt vor dem Mitarbeiter sowie
- Bewusstsein, dass jede Rolle wichtig für das Projekt ist und einen Beitrag für den Projekterfolg leistet. Wenn die Rolle nicht wichtig wäre, hätte er sie erst gar nicht eingerichtet.

Der sinnorientierte Motivationsansatz fordert vom Projektmanager, dass dieser die Schwerpunkte seiner Führungs- und Motivationsaufgabe bei der konstruktiven Interpretation der auszuführenden Arbeitsinhalte und dem Hinwirken auf eine positive Gestaltung der Arbeitssituation sieht. Im Mittelpunkt dieser Aufgabe stehen die Information und Kommunikation über die Auswirkung der Arbeit selbst und ihre Zusammenhänge innerhalb des Entwicklungsprozesses sowie alle Ansätze, die Aufgaben kreativer, perfekter oder interessanter zu bewältigen.

Sinnvermittlung in der hier vorgestellten Form setzt die Sensibilität des Projektmanagers voraus, sich in andere Menschen und deren Bedürfnisstruktur hineinzuversetzen. Dies ist die Voraussetzung, ihnen die Sinnhaftigkeit ihres Tuns vermitteln zu können. Ihre Freude an der Aufgabe und das Wollen entstehen dann automatisch.

Grundlage der Anerkennung und Würdigung der Anstrengungen und Erfolge der Mitarbeiter durch den Projektmanager sind das über ein reines Beurteilungsgespräch durch den Linienvorgesetzten hinausgehende Einsatzplanungsgespräch und die Teammeetings. Diese Führungsinstrumente sind die Basis für den Projekteinsatz und die Zukunftsplanung des Projektmitarbeiters, mit dem Ziel einer geklärten Arbeitsgrundlage (Rollen-/Aufgabendefinition im Projekt und Zielvereinbarung).

In seiner prozessorientierten Komponente bedeutet Sinnvermittlung im Projekt, dem Mitarbeiter durch die Herausforderung in dem jeweiligen Projekt die Chance der persönlichen Weiterentwicklung zu geben. Dabei sollte der Projektmanager folgendes berücksichtigen:

- Der Projektmitarbeiter muss die Arbeitsaufgabe und den Arbeitsprozess aktiv mitgestalten können.
- Für den Projektmitarbeiter sind Freiräume zur Selbstentfaltung zu schaffen.
- Der Projektmitarbeiter muss Verantwortung übernehmen können und sie auch übernehmen wollen.

Diese prozessorientierten Komponenten ermöglichen die Persönlichkeitsentwicklung und das persönliche Wachstum von Mitarbeitern im Projekt und durch das Projekt. Der Projektmanager kann diesen Prozess fördern, indem er

- den Mitarbeitern die notwendigen persönlichen Herausforderungen entsprechend den individuellen Entwicklungsständen bietet,
- die Hilfestellung des Coachings anbietet,
- offenes Feedback gibt,
- das Selbstbewusstsein der Projektmitarbeiter fördert und
- alle Möglichkeiten der Personalentwicklungen wahrnimmt, zum Beispiel Vertiefung im aktuellen Aufgabengebiet, Aus- und Weiterbildung, Job Enrichment, Job Enlargement, Job Rotation oder Teamwechsel.

Diese Art der Sinnvermittlung bleibt nicht auf der Stufe der verbalen Darstellung stehen, sondern vermittelt handlungsorientiert die Ernsthaftigkeit des persönlichen Einsatzes des Projektmanagers für das Projekt und für den Projektmitarbeiter. Damit verstärkt sich das Vertrauen zwischen Projektmanager und Projektmitarbeiter; die Glaubwürdigkeit des Projektmanagers wird untermauert, die Motivation des Projektmitarbeiters steigt.

5.1.8 Das „Wir-Gefühl"

Überall da, wo Menschen zusammenkommen, „menschelt" es. Nicht alle Menschen arbeiten gut zusammen. Immer wieder kann es zu persönlichen Auseinandersetzungen und Rivalitäten zwischen den Projektmitarbeitern untereinander oder mit dem Projektmanagement oder sogar mit den Kundenmitarbeitern kommen. Darauf sollte der Projektmanager unbedingt achten, denn an diesen menschlichen Konflikten können bestens geplante Projekte scheitern.

Welchen Beitrag kann der Projektmanager nun bei so vielen Individualisten im Projekt leisten, um ein Gemeinschaftsgefühl, das „Wir-Gefühl" zu entwickeln?

Er muss vor allen Dingen das entsprechende Umfeld schaffen. Das „Wir-Gefühl" kann nur im Bewusstsein und in der Einstellung jedes Einzelnen entstehen. Den einzelnen Teammitgliedern muss es möglich sein, sich zu öffnen, Verantwortung zu übernehmen und Selbstvertrauen zu entwickeln. Die Fähigkeit dazu entsteht aus der Erkenntnis der Selbstverantwortlichkeit für das eigene Handeln oder aus der Erfahrung heraus, dass letztendlich und langfristig der eigene Nutzen nur über die Maximierung des gemeinsamen Nutzens erreicht werden kann. Folgende Faktoren sind dafür ausschlaggebend:

- Die Erfahrung, dass persönliches Wachstum vor allem in der Begegnung mit anderen Menschen stattfinden kann.
- Die Absicht, dass gemeinsame Lösungen erarbeitet werden sollen und nicht die Meinung eines Einzelnen durchgesetzt werden soll.
- Die Erkenntnis, dass Menschen sich ihrer Fähigkeiten und Potenziale bewusster werden, wenn sie in einer vertrauensvollen Atmosphäre agieren können.
- Die Bereitschaft, durch offene Kommunikation über Ansichten, Ideen und Meinungen ein partnerschaftliches Zusammenarbeiten zu fördern.

Zu diesem Erkenntnis- und Erfahrungsprozess jedes einzelnen Projektmitarbeiters kann der Projektmanager immer wieder Hilfestellung geben, und zwar durch

- Förderung des Teamgedankens,
- eigenes Vorleben,
- Begeisterung für Gemeinschaftsaufgaben und
- Anerkennung bei positiven Leistungen für das Team.

So gefördert und unterstützt kann sich ein „Wir-Gefühl" – die intensive Ausprägung einer hohen Identifikation der Mitarbeiter für das Projekt und die Projektarbeit – entwickeln und verstärken.

5.1.9 Motivation

Die Basis jeglicher Motivation sind Motive. Der Begriff stammt ab von dem lateinischen Wort *movere = bewegen*. Motivation ist also die Summe der Beweggründe, die Entscheidungen und Handlungen beeinflussen.

Den Motiven rangmäßig vorgelagert sind die Bedürfnisse, die als physiologisches Ungleichgewicht (Hunger, Durst usw.) grundsätzliche Mangelgefühle zum Ausdruck bringen und damit interne Reize auslösen, um einen Menschen in allgemeine Handlungsbereitschaft zu versetzen (Bild 5.1).

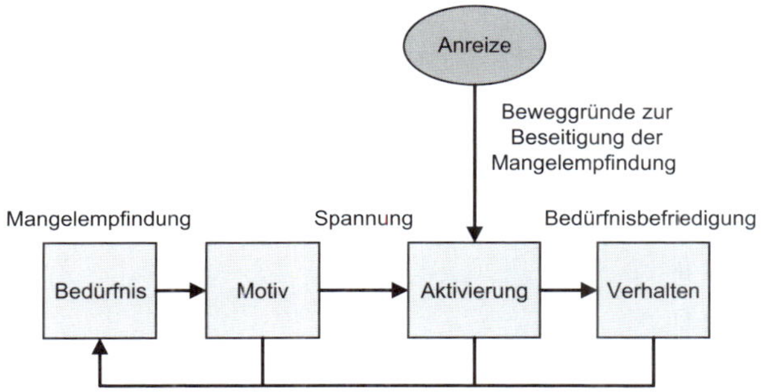

Bild 5.1
Einfaches Motivationsmodell (nach Staehle)

Die Frage, ob und inwieweit das (Arbeits-)Verhalten von Mitarbeitern durch den Einsatz bestimmter Anreize bzw. Anreizsysteme beeinflusst werden kann, beschäftigt die Unternehmen seit langem. Die Leitungen von Organisationen wissen vom Stellenwert der Motivation und gehen davon aus, dass „Motivations- und Anreizsysteme" Voraussetzungen für zielorientiertes Verhalten darstellen. Aus der Managementperspektive ergibt sich hieraus die Begründung für eine die Leistung beeinflussende Strategie, diese Systeme als vom Management gestaltete und auf unterschiedliche Kreise (Einzelperson, Team, Abteilung usw.) bezogene Instrumente zu nutzen.

Die Psychologie unterscheidet zwei Möglichkeiten der Motivation:

1. *Die intrinsische Motivation*

   Intrinsisch motiviert ist ein Projektmitarbeiter, der aus der Tätigkeit selbst (zum Beispiel erfolgreiche Bewältigung einer schwierigen Aufgabe) Befriedigung erzielt. Befriedigung aus seiner inneren Einstellung heraus, aus eigenem Antrieb durch Interesse an der Sache, durch in der Sache liegende Anreize. Beispiele für intrinsische Motivation sind

- Bedürfnis nach Tätigkeit,
- Bedürfnis nach Leistung,
- Bedürfnis nach Macht und
- Bedürfnis nach Selbstverwirklichung.

2. *Die extrinsische Motivation*

   Extrinsisch motiviert ist ein Projektmitarbeiter aufgrund äußerer Antriebe, das heißt, er wird von außen her angeregt, die Bewältigung einer Aufgabe oder von Zielen zu erreichen. Diese Motivation kann durch äußere Zwänge oder sogar durch Strafe verursacht sein oder auch über Anregungen bzw. Anreize durch materielle Befriedung (Entlohnung, Beförderung) erreicht werden. Beispiele für extrinsische Motivation sind

   - Bedürfnis nach Geld,
   - Bedürfnis nach Sicherheit,
   - menschliche Grundbedürfnisse und
   - Geltungsbedürfnis.

Motivation durch Bedürfnisbefriedigung

Der wohl am meisten zitierte Motivationsansatz ist die in Bild 5.2 dargestellte „Bedürfnispyramide“ von Maslow (1954), die die menschlichen Bedürfnisse in fünf Klassen gliedert. Diese fünf Klassen (Ebenen) stehen in einer definierten Hierarchie zueinander. Die ersten vier Ebenen werden von Maslow als Defizitmotive eingestuft, da sie bei Nichtvorhandensein oder Störungen aktiviert werden. Die oberste in der Hierarchie angesiedelte fünfte Ebene hat dagegen nichts mit Defiziten zu tun, sondern bedeutet Wachstum und Selbstverwirklichung und ist somit der wesentliche Antrieb für Motivation.

Nach Maslows Theorie ist seine Pyramide wie eine Stufenleiter zu sehen, die der Mensch ersteigen will. Die unterste Stufe bedeutet, die Grundbedürfnisse (physiologischen Bedürfnisse) zu befriedigen, sie stellt den stärksten Antrieb nach Befriedigung dar. Erst wenn die Bedürfnisse dieser und der auf der nächsten Ebene befindlichen Bedürfnisse befriedigt sind, werden die weiteren Stufen der „Stufenleiter“ erklommen, das heißt jeweils nacheinander.

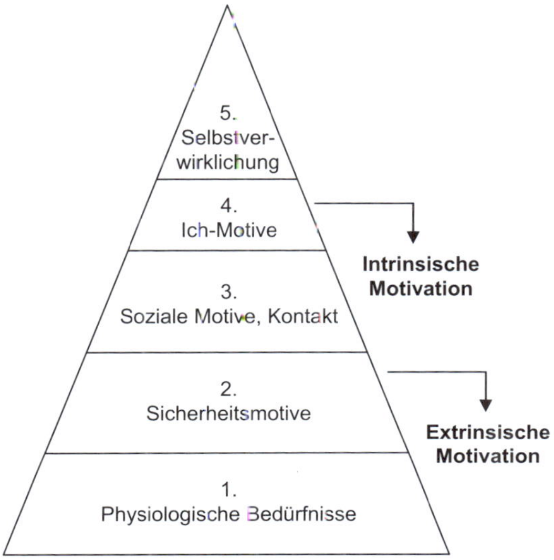

Bild 5.2
Bedürfnispyramide nach Abraham Maslow

Wird die Befriedigung auf einer der unteren vier Ebenen nicht erreicht, so erfolgt ein Rückschritt auf die nächsttiefere Stufe der „Stufenleiter".

Ist man jedoch auf der obersten Stufe, in der fünften Ebene angelangt, so lautet die Theorie von Maslow, dass die dortigen Wachstumsmotive nie ganz befriedigt werden können, da hier eine stetige individuelle und auch gesellschaftliche Entwicklung stattfindet.

Die Theorie von Maslow ist ein gut geeigneter Ansatz, um die Bedürfnisse und die Motivation der Menschen einzuordnen. Jedoch sollte man dieses Modell nicht auf jeden Menschen in dieser strikten Form anwenden, da etliche Menschen ihre Bedürfnisse anders gewichten. So kann für den einen „schon" die Befriedigung der sozialen Bedürfnisse ausreichen, für einen anderen aber erst die Selbstverwirklichung Zufriedenheit schaffen.

Da die Erfüllung der Bedürfnisse ein wesentlicher Antriebsfaktor für Mitarbeiter (im Projekt, und natürlich auch bei der Bewältigung von Krisen) ist, folgt hier eine kurze Erläuterung der einzelnen Ebenen.

1. *Physiologische Bedürfnisse*

   Die physiologischen Bedürfnisse dienen der Selbsterhaltung des körperlichen Wohlbefindens und der persönlichen Unversehrtheit. Gemeint sind damit die Grundbedürfnisse nach Essen, Trinken,

Schlaf, Licht, Wohnraum, Sexualität und Sicherung des Existenzminimums. Auf dieser untersten Ebene der Bedürfnispyramide ist das Anspruchsdenken sehr unterschiedlich und hängt sehr stark vom jeweiligen Umfeld ab (man denke zum Beispiel nur an die extremen Unterschiede zwischen der Dritten Welt und manchen Ländern in Europa).

2. *Sicherheitsmotive*

   Die Sicherheitsmotive werden definiert als Schutz, Sicherheit und Geborgenheit in der Gemeinschaft (Staat, Ehe, Familie usw.), sicherer Arbeitsplatz mit der Aussicht eines beruflichen Weiterkommens und Vorsorge gegen mögliche Rückschläge (Krankheit, Tod, Arbeitslosigkeit usw.) über Versicherungen oder Wertanlagen.

3. *Soziale Motive*

   Unter sozialen Motiven versteht man das Bedürfnis nach Kontakten und die Zugehörigkeit zu anderen Menschen. Die meisten Menschen wollen friedlich und harmonisch miteinander leben und arbeiten, sie wollen lieben und geliebt werden. Auf dieser Ebene spielt die Kommunikation eine große Rolle. In der Geborgenheit der Gemeinschaft mit dem Austausch von Informationen und der Anteilnahme am allgemeinen Geschehen und am Leben anderer Personen und Gruppen fühlen sich die Menschen wohl; die Angst des „Alleinseins“ wird überwunden.

4. *Ich-Motive*

   Nach der Befriedigung der Geborgenheit in der Gemeinschaft hat jeder Mensch auch das Bedürfnis, seine eigenen positiven Unterscheidungsmerkmale herauszustellen, er möchte sich von anderen Menschen unterscheiden. Dieses Bedürfnis kann zum Beispiel durch das Bedürfnis nach Anerkennung, Status, Prestige gekennzeichnet sein. Der Mensch möchte sich von der Allgemeinheit abheben, er möchte glänzen und als individuelle Persönlichkeit mit speziellen Qualitäten und Fähigkeiten wahrgenommen werden.

5. *Selbstverwirklichung*

   Auf der höchsten Ebene der Bedürfnis- bzw. Motivationspyramide steht das Ziel eines Menschen, sich als eigenständige Person zu entwickeln. Dabei geht es um Werte wie Freude, Freiraum, Einflussnahme und Verantwortung, aber auch die Umsetzung persönlicher Begabungen. Auf dieser Ebene werden die Fragen des Daseins gestellt: „Wie sinnvoll ist das, was ich tue? Bereitet meine jetzige Situation Spaß und Freude? Kann ich mich aufgrund meiner Fähigkeiten selbst verwirklichen?“

Das in Bild 5.3 dargestellte Motivationsmodell von Porter und Lawler definiert Anstrengungen, Leistung, Belohnung und Zufriedenheit als die vier Schlüsselgrößen. Dabei hängt die Anstrengung zum einen vom Wert der Belohnung, zum anderen von der wahrgenommenen Wahrscheinlichkeit der Belohnung bei Anstrengung ab. Leistung ergibt sich nicht nur aus Anstrengung, sondern resultiert gleichermaßen aus Fähigkeiten, Fertigkeiten und Rollenwahrnehmung. Das Modell macht auch deutlich, dass Leistung eine direkte (intrinsische Motivation) oder eine indirekte Zufriedenheit (extrinsische Motivation) nach sich ziehen kann.

Von besonderer Bedeutung für das Ausmaß der empfundenen Zufriedenheit ist die wahrgenommene Gerechtigkeit der Belohnung. Nur wenn die tatsächliche Höhe ungefähr mit der als angemessen empfundenen Belohnung übereinstimmt, wird sich Zufriedenheit einstellen. Ein Vorgesetzter aus der Linienorganisation hat danach beispielsweise die Möglichkeit, die Beziehung (bzw. Wahrscheinlichkeit) zwischen Bemühungen und Belohnung dadurch zu beeinflussen, dass er Belohnung direkt an Arbeitsleistung koppelt.

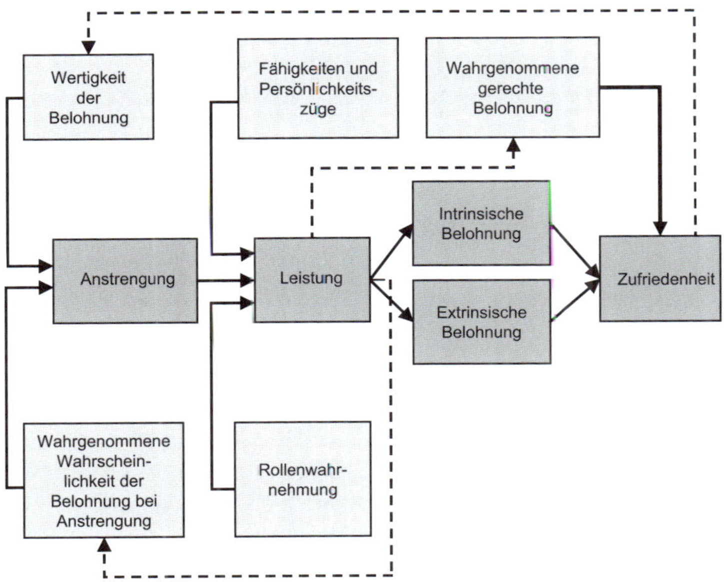

Bild 5.3
Motivationsmodell von Porter/Lawler (nach Staehle)

Motivation in der Projektarbeit

Für die Projektarbeit ist davon auszugehen, dass zum Beispiel die Motivation des Mitarbeiters durch die Begleitumstände der Arbeitsbedingungen, wie Entlohnung oder Status (also die extrinsischen Motivationsanreize), leider immer noch nicht in den Zuständigkeitsbereich des Projektmanagers fallen. Er kann den Linienvorgesetzten bezüglich der positiven Leistungen eines Projektmitarbeiters informieren und der wiederum ist für die Anerkennungen zuständig.

In Ermangelung dieser Möglichkeiten muss der Projektmanager einen anderen Weg einschlagen, um die Motivation für bestimmte Aufgaben zu erreichen bzw. zu steigern. Dabei geht es primär um die aktive Einflussnahme auf das Niveau der Arbeitszufriedenheit, die ihrerseits motivationssteigernd wirken kann. Motivation kann dabei sowohl durch die genannten externen Abgeltungen und persönlichen Leistungsaufforderungen geschaffen werden, als auch durch Anreize, die vom Arbeitsinhalt (intrinsische Motivation) selbst ausgehen.

„Welche Möglichkeiten hat der Projektmanager nun?“

Von einem Projektmanager wird erwartet, dass er die Projektmitarbeiter zu Leistung anspornt. Konkret heißt das, er muss dafür sorgen, dass das Team zügig und qualitätsorientiert arbeitet, damit die Projektziele Termin, Kosten und Qualität eingehalten werden. Der Projektmanager ist für die Erreichung der Projektziele verantwortlich und in diesem Zusammenhang selbstverständlich auch für die Leistung der Projektmitarbeiter. Das bedeutet für den Projektmanager, dass er herausfinden muss, ob die Leistung überhaupt möglich ist. Drei wesentliche Dinge hat er dabei zu beachten:

1. Die Leistungsfähigkeit,
2. die Leistungsbereitschaft und
3. die Leistungsmöglichkeit der Mitarbeiter.

Bezüglich der Leistungsfähigkeit ist zu klären, ob der Mitarbeiter aufgrund seiner Ausbildung, Erfahrung, Auffassungsgabe und Interesse für die Aufgabe überhaupt in der Lage ist, die geforderte Leistung zu erbringen.

Bei mangelnder Leistungsbereitschaft handelt es sich in vielen Fällen um einen leistungsfähigen Mitarbeiter, der aber aus irgendwelchen Gründen nicht bereit ist, Leistung zu erbringen. Die Leistungsbereitschaft hängt von der Motivation ab. Hierbei geht es beispielsweise um die Aufgabe selber, die Spaß machen soll, um Arbeitsklima, Beförderungsmöglichkeiten, Akzeptanz im Team usw.

Bezüglich der Leistungsmöglichkeit geht es in erster Linie um ein vom Mitarbeiter akzeptiertes Umfeld, in dem er sich wohl fühlt, wo er gerne arbeitet und eine dementsprechende Leistung erbringt. Dazu gehören ausreichende Räumlichkeiten, frische Luft, gutes Licht und Ruhe. Ruhe vor allen Dingen für die Bearbeitung von komplexen Sachverhalten. Für Diskussionen sollte ein separater Raum zur Verfügung stehen. Zur Leistungserbringung gehören selbstverständlich auch die Arbeitsmittel, wie PC, Drucker, Scanner, Telefon und Handy.

Durch persönliche Gespräche kann der Projektmanager ermitteln, an welchen Aufgaben ein Mitarbeiter Spaß hat und welche er durch seine Fähigkeiten ausfüllen kann. Nach der Erwartungstheorie von Weinert bedeutet dies:

1. Menschen sind motiviert, in solche Arbeitsaktivitäten einzusteigen, die sie als attraktiv empfinden und von denen sie meinen, dass sie sie leisten können.
2. Die Attraktivität der Arbeitsaktivitäten hängt von dem Ausmaß ab, in dem sie zu erwünschten und günstigen persönlichen Konsequenzen führen.

Von besonderer Bedeutung für das Ausmaß der empfundenen Zufriedenheit ist die wahrgenommene Gerechtigkeit der Entlohnung und Anerkennung. Der Projektmanager hat hier nur einen eingeschränkten Einfluss, indem er zum Beispiel bei Erfüllung der Projektziele (Aufgaben-, Meilensteinziele) die im Budget festgelegten Prämien ausschüttet oder auch angemessene Projektfeiern an attraktiven Orten (Incentivereisen) veranstaltet.

Einen stärkeren Einfluss auf die Zufriedenheit hat der Projektmanager durch eine projektinterne „Beförderung“ als Bestätigung der positiven Arbeitsergebnisse und als Anreiz zur weiteren Leistungssteigerung. Als Möglichkeiten bieten sich an, dass man dem Projektmitarbeiter

- höher qualifizierte Aufgaben überträgt,
- ihn an Schulungsmaßnahmen teilnehmen lässt, die seine Fähigkeiten und Kompetenzen erweitern, oder
- ihm Teamleiter- und sogar Teilprojektleiterfunktion überträgt.

Ein sehr motivationsfördernder Ansatz ist das Konzept der *Arbeitsanreicherung (Job Enrichment)* für jeden Mitarbeiter. Dieses Konzept sieht vor, dass die Projektmitarbeiter mehr Verantwortung übernehmen, zum Beispiel in der Art und Weise, dass sie planende, vorbereitende und durchführende Teiltätigkeiten für die Erfüllung der Gesamtaufgabe mit übernehmen. Mit einem Zuwachs an Verantwortung wird die Motivation positiv beeinflusst und schlägt sich auf die Persönlichkeitsentwicklung (Maslow Ebene 4 und 5) nieder. Hintergrund bei diesem Ansatz ist der Gedanke, dass der Mensch sich nicht nur im Idealfall weiterentwickelt, sondern dass es auch dem Wesen des Menschen entspricht, sich immer weiter zu entwickeln und sich an kooperativen Prozessen zu beteiligen.

Zielvereinbarungen

Das Setzen von Projektzielen ist eine unabdingbare Voraussetzung für die Planung von Aufgaben, Aufwand, Terminen usw. durch den Projektmanager. Diese Ziele sind mit dem Mitarbeiter bzw. in Verbindung mit diesem unter folgenden Aspekten zu vereinbaren:

1. Ziele besitzen eine Leitfunktion für die Aufmerksamkeit und die Handlung.
2. Ziele definieren klar den Fokus der individuellen Bemühungen.
3. Schwierige Ziele erfordern zu ihrer Erreichung höhere Bemühungen über einen längeren Zeitraum.

Ansatzpunkt ist hier das Führungskonzept des „Management by Objectives (MbO)“. MbO ist ein Führungskonzept, das mit einem kooperativen Führungsstil zusammengehört. Es basiert auf der partizipativen Entwicklung und Vereinbarung von Zielen. Die diesem Konzept zugeschriebene Bedeutung erhält ihre motivationstheoretische Basis durch Zielvereinbarung statt Zielvorgabe.

Durch die Umsetzung des Konzeptes „Management by Objectives“, das im deutschen Sprachraum treffend „Führen durch Zielvereinbarungen“ genannt wird, ist gewährleistet, dass die Projektziele mit dem Projektbeteiligten besprochen, vereinbart und dann einvernehmlich festgelegt werden.

Das Verfahren zum Zustandekommen von Zielvereinbarungen führt im Projekt zu realistischen Zielen, die Projektmanagement und Mitarbeiter dazu bringen, sich voll motiviert für die Erreichung der gemeinsam vereinbarten Ziele einzusetzen.

Das „Führen durch Zielvereinbarungen“ ist eine der am besten entwickelten Führungsphilosophien und bewirkt die Erreichung übergeordneter Projektziele, indem die Vereinbarungen zu den Teilzielen wie Versprechen wirken, alles zu tun, diese zu erreichen. MbO soll Mitarbeitern Handlungsspielräume und Möglichkeiten der Selbstverwirklichung eröffnen. Die Wege zur Erreichung eines weitgehend vereinbarten (Teil-)Ziels bleiben dem Mitarbeiter selbst überlassen.

Dabei wird also dem Bedürfnis der Mitarbeiter Rechnung getragen, sich für deutliche und motivierende Ziele einsetzen zu können, sinnvolle Arbeit zu verrichten und selbst den Leistungserfolg beurteilen zu können

Das Treffen einer Zielvereinbarung bedeutet gegenüber der Anordnung bzw. Festlegung von Zielen ein Übereinkommen zwischen den Projektbeteiligten, in dem sie in Bezug auf die Projektziele eine Übereinstimmung herstellen.

Eine Zielvereinbarung sollte folgendes beinhalten:

- Die Projektbeteiligten sprechen offen und eindeutig über ihre Vorstellung für den Inhalt einer Vereinbarung.
- Sie sprechen über die im Projektverlauf zu erzielende Ergebnisse, die im Interesse des internen Auftraggebers und des Kunden liegen.
- Die Beteiligten sind der Überzeugung, dass die vereinbarten Ziele erreichbar sind.
- Mit der Zielvereinbarung verpflichtet sich jeder Beteiligte, seinen Teil zur Realisierung des Zieles beizutragen. Er macht dies auch den anderen Projektmitarbeitern deutlich.

Zusätzlich zu den Zielvereinbarungen einigen sich die Beteiligten auch über Erfolgsmaßstäbe zur späteren Messung des Grades der Zielerreichung.

Methodisch hilfreich in einem variablen Projektumfeld mit immer wieder wechselnden Zielanforderungen ist es, dass eine Reihe überschaubarer Zwischenziele vereinbart wird. Durch eine solche Aufteilung des Projekts in Teilschritte und Zwischenziele wird nicht nur dem Projekt die Komplexität genommen, sondern auch für alle Projektbeteiligten mehr Transparenz erzeugt.

Die während eines Projektes zu erwartenden Änderungsanträge werden dadurch nicht als eine zu große Belastung wahrgenommen, das heißt, sie haben keinen so großen demotivierenden Einfluss auf die Projektmitarbeiter. Vielmehr wird aus dem mit großem Risiko behafteten „Big Bang" eine Kette kleiner Erfolge. Diese kleinen Erfolge bei der Erreichung der Zwischenziele bringen bereits nach kurzer Zeit einen Motivationsschub bei den Projektmitarbeitern.

Besonders hervorzuheben ist in diesem Zusammenhang noch die Bedeutung des Feedbacks über die Zielerreichung. Erst das Wissen über die Ergebnisse der Bemühungen erlauben dem Projektmitarbeiter eine ergebnisorientierte Korrektur von Richtung, Intensität und Strategie des Verhaltens zur Zielerreichung.

Auch muss der Projektmanager erkennen, zum Beispiel in einen Zwiegespräch, ob ein voreilig als Motivationsdefizit identifiziertes Problem eher ein Qualifikationsproblem ist. Schulungen, Seminare oder auch nur weitere Einweisungen bringen hier Abhilfe. Erst wenn Projektmitarbeiter aufgrund der erlangten Kenntnisse und Fähigkeiten in der Lage sind, Arbeitsaufgaben zu bewältigen, und wenn sie ihre Fähigkeiten in die Bewältigung einbringen können, so stärken sie Ihr Gefühl, den Anforderungen gewachsen zu sein.

Nichts kann schlimmer sein, als Angst oder Unwohlsein („Magenbeschwerden“) vor einer gestellten Aufgabe zu haben. Ein gutes Gefühl ist gleichzeitig eine bedeutsame Voraussetzung für das Wirksamwerden der intrinsischen Motivation. Leider sind es vor allem Ängste, die bei gefühlsmäßigen Entscheidungen dominieren und zu falschen, sinnwidrigen Ergebnissen führen, wie zum Beispiel

- die Angst, zu versagen,
- die Angst, zu kurz zu kommen oder übertrumpft zu werden, oder
- die Angst, nicht anerkannt zu werden.

Versagen in Stresssituationen liegt meist nicht an einer Überforderung, sondern an den durch Egozentrik selbst produzierten (Erwartungs-)Ängsten. Dem gegenüber wirkt Bewährungsstress sogar positiv auf Konzentration und Kreativität, wenn die Gedanken auf das jeweilige Ziel gerichtet sind statt auf die eigene Person.

Aus diesem Blickwinkel ergibt sich für den Projektmanager wiederum die Herausforderung,

- Ziele in Übereinstimmung mit den Fähigkeiten des Projektmitarbeiters zu vereinbaren,
- das Selbstvertrauen in die Leistungsfähigkeit des Projektmitarbeiters durch gezieltes Anbieten von Hilfestellung (Coaching) bei der Ansteuerung der Ziele aufzubauen,
- im Falle einer Leistungserfüllung durch Anerkennung bestätigend zu wirken und den Einsatz im Hinblick auf weitere Aufgaben und Ziele zu fördern.

Hinweise

- Mitarbeitermotivation durch „innere“ Faktoren, die letztlich Spaß und Interesse an der eigenen Arbeit vermitteln, gewinnt zunehmend an Bedeutung. Diese Art der Motivation ist eng an die Projektkultur geknüpft.

- Machen sich die Projektmitarbeiter die Grundüberzeugung und Projektziele so zu eigen, dass sich diese mit ihren individuellen Vorstellungen und Zielen decken, ist das daraus resultierende stärkere Engagement auf diese „innere" Motivation zurückzuführen.
- Aber Achtung: Die innere Motivation der Mitarbeiter, das heißt das lustvolle Arbeiten – zum Beispiel weil die Arbeit interessant ist und Spaß macht – kann sich durch äußere Faktoren verändern bzw. sinken. Solche äußeren Faktoren sind Motivationsstrategien und -techniken, die über kurz oder lang Wirkungen nach sich ziehen, die nicht erreicht werden sollten, die sogar *demotivieren*. Dies sind unter anderem:
  - Die *Zwangsstrategie* nach dem Motto „tue, was ich Dir sage, sonst werde ich Dich bestrafen" oder „wenn Du es so machst, wie ich es Dir sage, bleibst Du im Rennen".
  - Auch die *Köderstrategie* verfehlt im Laufe der Zeit ihre Wirkung. Aussagen wie „wenn Du die Leistung bringst, bekommst Du auch das, was Dir zusteht" sollten möglichst schnell umgesetzt werden, ansonsten sinkt die Leistung.
  - Viele Unternehmen ehren sich und die Mitarbeiter im Rahmen ihrer „Corporate-Identity-Veranstaltungen" mit Lobeshymnen: „Wir sind die Besten und du bist der Größte, wenn du dich mit unserer Verkaufstrategie identifizierst". Diese *Verführungsstrategie* lässt zwar am Veranstaltungstag alle Herzen höher schlagen, lässt dann aber schnell nach, vor allen Dingen dann, wenn sich keine Erfolge einstellen.

5.1.10 Ordnung

Jedes Projekt benötigt ein gewisses Maß an Ordnung. Diese Ordnung kann dadurch entstehen, dass sich erkennbare Verhaltensmuster etablieren. Diese Verhaltensmuster müssen wahrgenommen und interpretiert werden. Entwickeln sich nicht von selbst geeignete Verhaltensmuster, so muss ihre Entstehung durch geeignete Maßnahmen gefördert werden. Diese Maßnahmen können sich zum Beispiel in der definierten Projektkultur widerspiegeln oder auch zu Beginn eines Projektes durch Aufstellen von Verhaltensregeln und -normen festgelegt werden.

Ordnung in ein Projekt bringen bedeutet aber mehr als das Festlegen von Vorschriften, Richtlinien und Regeln, nämlich auch das Einstimmen auf gemeinsame Werte, Ziele und Strategien. Mittels der Ordnung in Projekten wird ein Beitrag zur Reduzierung der Komplexität geleistet und somit auf jeden Fall die tägliche Arbeit erleichtert, weil man sich eben besser zurechtfindet.

Aber Achtung: Es sollte keine „Über-Ordnung" entstehen. Sonst bestehen die Gefahr einer Verwaltermentalität und ein Hang zur Bürokratismus. Die Kreativität und Innovation der Projektmitarbeiter behindern dann eher den Projektablauf.

5.1.11 Vertrauen und Glaubwürdigkeit

Vertrauen und Glaubwürdigkeit auf der Beziehungsebene zwischen den Projektbeteiligten spielen speziell in Krisensituationen eine besondere Rolle. Ihre Einschätzung geschieht nicht objektiv, sondern findet in Form von Beurteilungen (vielfach intuitiv) durch andere Menschen statt. Vertrauen und Glaubwürdigkeit bilden die Basis für die Überzeugungs- und Umsetzungskraft und sind in Problem- und Konfliktsituationen besonders wichtig. Sie können jedoch in solchen Situationen nur dann eine große Rolle spielen, wenn bereits im normalen Projektlauf ein entsprechendes Vertrauensverhältnis aufgebaut wurde.

Ein Projektmanager, der dieses erreichen will, sucht in der Regel Lösungen zum Vorteil aller Beteiligten. Er arbeitet deshalb an Gewinner-Gewinner-Lösungen oder mindestens an Nichtverlierer-Nichtverlierer-Lösungen. Dieses Verhalten baut langfristig immer Vertrauen und Glaubwürdigkeit

Tabelle 5.1
Gegenüberstellung starker und schwacher Reaktionen

Aussagen zur schwachen Reaktion	Aussagen zur starken Reaktion
Ich schiebe anderen Menschen, einer Situation, einer Organisation usw. in schwierigen Situationen die Verantwortung zu („ich bin nicht schuld"). Ich bin ungerecht gegenüber anderen Menschen. Ich breche auch das gegebene Wort/Versprechen, wenn ich dadurch einen Vorteil erlange. Ich baue eine unberechtigte Erwartungshaltung auf, Ich handle zu meinem eigenen Vorteil auf Kosten anderer Menschen. Ich missachte Menschen von Grund auf.	Ich übernehme die Verantwortung für mein Handeln, auch in schwierigen Situationen. Ich erweise meinen Projektmitarbeitern Achtung. Ich bin an der Meinung meiner Gesprächspartner wirklich interessiert. Ich stehe zu meinem Wort (man kann sich auf mich verlassen), Ich entschuldige mich. Ich treffe gerechte und faire Entscheidungen. Ich nehme mir Zeit für ein Gespräch. Ich stelle auch meine eigene Meinung in Frage und kann mich der demokratischen Meinung anschließen. Ich zeige Fach- und Sozialkompetenz. Ich suche nach Lösungen zum Vorteil aller Beteiligten und vertrete diese Lösungen auch nach außen hin.

auf. Projektmitarbeiter haben fast immer eine feine und sensible Antenne für starke und schwache Reaktionen bzw. Verhaltensweisen. Starke und schwache Reaktionen sprechen sich herum. Sie haben einen nicht unerheblichen Einfluss auf das Image des Projektmanagers und verstärken bzw. schwächen dadurch seine Überzeugungs- und Umsetzungskraft.

Wodurch ist eine starke bzw. schwache Reaktion gekennzeichnet? Tabelle 5.1 gibt ein paar Hinweise.

Beziehungen und Verantwortungen in einem Projekt sind nie stabil und verändern sich im Projektverlauf sehr oft. Wegen der besonderen Bedeutung der stabilisierenden Wirkung muss in einem Projekt auf den Aspekt Vertrauen ganz besonders geachtet werden. Jedes Gespräch, jede kommunikative Interaktion hat Einfluss auf die Beziehung zwischen dem Projektmanager und seinen Projektmitarbeitern im Projekt:

- Vertrauen ist die Basis für eine positive Beziehung zwischen den Projektbeteiligten.
- Vertrauen ermöglicht es, die Projektbeteiligten von Ideen zu überzeugen und den Informations-/Kommunikationsprozess in Gang zu setzen.
- Vertrauen schafft einen positiven und verstärkten Regelkreis der Beziehungen, während Misstrauen einen negativen und abschwächenden Regelkreis bewirkt.

5.1.12 Frustration

Bei schwacher und fehlender Umsetzungs- und Überzeugungskraft durch den Projektmanager wird bei den meisten Projektmitarbeitern Frustration erzeugt. Dabei wird die Hauptursache dieser Frustrationen nicht dort gesucht, wo sie eigentlich liegt: Beim Projektmanager selbst, in seiner mangelhaften Ausbildung der eigenen Fähigkeiten.

Schuld müssen – logisch aus der Sicht einer schwachen Persönlichkeit – andere sein. Die Ursache für die eigenen Frustrationen wird in die anderen Projektbeteiligten (Kunde, Kollegen, Teammitarbeiter, Projektmanager) oder in die Aufgabe innerhalb des Projekts hineinprojiziert. Generell entstehen Frustrationen aus nicht bewältigten Konflikten, aber auch aus unrealistischen Erwartungshalten und nicht erreichbaren Zielen bzw. Ergebnissen.

5.1.13 Schuldfrage

Die Klärung von Schuldfragen ist oft durch Rechtfertigung und Zuweisung der Schuld an andere gekennzeichnet. Rechtfertigung und Schuldzuweisung sind Verhaltensausprägungen schwacher und unterentwickelter Persönlichkeiten, sie sind ein Zeichen für fehlende persönliche Reife.

Besonders in Konflikt- und Problemsituationen hört bei vielen Menschen die „Freundlichkeit" gegenüber den anderen Projektbeteiligten auf. Es beginnt eine völlig unproduktive und für das Team frustrierende Rechtfertigungs- und Schuldzuweisungsphase, die durch die Suche nach dem „Sündenbock" gekennzeichnet ist. In dieser Phase entfernen sich die betroffenen Projektbeteiligten von der gemeinsamen Konflikt-/Problemsicht und damit auch von einer gemeinsam erarbeiteten Lösung.

Rechtfertigung ist der Versuch, persönliche Schuld nicht zu sehen oder einzusehen und die augenblickliche Konflikt-/Problemsituation anderen Menschen oder auch anderen Umständen zuzuschieben. Rechtfertigung sucht nach Gründen für die Bestätigung des eigenen (falschen) Verhaltens, der eigenen Vorurteile, Meinungen, Bewertungen und des persönlichen Glaubens- sowie Überzeugungssystems gegen die anderen Projektbeteiligten. Rechtfertigung verhindert offene Kommunikation und fördert Frustration, diese wiederum führt zu Kommunikationsblockaden, die Zusammenarbeit wird bis hin zu ihrer Unmöglichkeit gestört.

Das Thema der persönlichen Schuld sollte offen diskutiert werden, ohne die Betroffenen dafür zu verdammen oder sogar zu bestrafen. Erst durch diese Vorgehensweise ist es möglich, über die Einsicht und gemeinsame sinnvolle Erarbeitung von Lösungsmöglichkeiten Schuld abzutragen und somit die Rechtfertigungs- und Schuldzuweisungsphase schnellstens zu beenden oder gar nicht erst entstehen zu lassen.

5.2 Risikomanagement in Projekten

Grundsätzlich ist jedes Projekt und jede Entwicklung mit Risiken behaftet. Im Verlauf des Projekts können schwierige Situationen auftreten, die niemand von vornherein absehen kann. Es ist aber wohl möglich, aufgrund der Erfahrung vorangegangener Projekte mögliche Risiken zu identifizieren und für den Fall des Auftretens schon vorab Maßnahmen vorzusehen und bereitzustellen. Die Risikoanalyse muss frühestmöglich beginnen und während des gesamten Projektes weitergeführt werden, da immer wieder neue Situationen eintreten, die wiederum neue Risiken in sich bergen.

Der Risikomanagement-Prozess umfasst alle Aktivitäten zum systematischen Umgang mit Risiken im Projekt:

- Die Identifizierung und Analyse von Risiken,

- ihre Quantifizierung und Bewertung,
- Maßnahmen zur Steuerung und Bewältigung der Risiken sowie
- die Überwachung und Kontrolle der Umsetzung dieser Maßnahmen.

Der Nutzen der Anwendung von Risikomanagement liegt vor allem im frühzeitigen Erkennen von Risiken, bevor sie zu Problemen werden (Frühwarnung vor potenziellen Risiken) und in der Bildung eines Risikobewusstseins in den Projekten. Risikomanagement verlagert Konflikte ins Vorfeld, wo noch ausreichend Handlungsspielraum gegeben ist. Maßnahmen zur Vermeidung von Risiken bzw. zur Minimierung von Risikoauswirkungen werden explizit als Arbeitspakete geplant und in die Schätzungen und Kalkulationen aufgenommen.

Eine wesentliche Grundlage für effektives Risikomanagement in Projekten ist das Vorhandensein eines Risikobewusstseins sowohl bei den Teammitgliedern und den Managern des Projekts (Projektmanager, Teilprojektleiter, Lenkungsausschuss, Teamleiter usw.) als auch bei allen anderen am Projekt Beteiligten (zum Beispiel Zulieferer). Die Basis für den Erfolg des Risikomanagements liegt zum einen in einer funktionierenden Kommunikation innerhalb des Projekts und zum anderen in der gegenseitigen Rückkopplung zwischen dem Projektmanager, den Mitgliedern des Lenkungsausschusses und dem Auftraggeber.

Risikomanagement darf nicht als einmalige, zeitpunktbezogene Durchführung und Abstimmung von Maßnahmen, das heißt als „Einmalaktion“, verstanden werden. Zur erfolgreichen Umsetzung kommt es darauf an, das Risikomanagement als einen kontinuierlichen Prozess im Projekt zu etablieren und in die wesentlichsten Projektprozesse zu integrieren. Denn häufig sind gerade ineffektive Prozesse oder Schnittstellenprobleme die Ursache von Risiken. Aufgabe des Risikomanagements ist es daher, Risiken bereits in den Prozessen, das heißt am Ort ihres Entstehens, zu erfassen und zu beeinflussen.

5.2.1 Definitionen

Projekt

Rein formell wird ein Projekt nach DIN 69901 wie folgt definiert: Ein Projekt ist ein abgrenzbares, einmaliges Vorhaben, das durch spezifische Zielsetzung, zeitliche, kostenmäßige, personelle oder andere Begrenzungen sowie projektspezifische Organisation gekennzeichnet ist.

Dazu können besondere Komplexität, Neuartigkeit und hohes Risiko als weitere Eigenschaften treten.

Risiko (im Zusammenhang mit Projektmanagement)

In der Literatur und in der Normung gibt es eine Vielzahl leicht unterschiedlicher Definitionen zum Begriff „Risiko". Die hier gewählte Definition steht mit den meisten dieser Definitionen im Einklang:

Ein Risiko ist der mögliche Eintritt von Ereignissen mit negativer Auswirkung auf das Projektergebnis. Risiko ist also die Kombination aus der Eintrittswahrscheinlichkeit eines Ereignisses und seiner negativen Auswirkung. Auswirkungen können sein:

- Verschlechterung von Planungsgrößen, wie
  - höherer Aufwand und Kosten,
  - Terminverschiebung sowie
- Fehlentwicklung.

Risikomanagement

Risikomanagement ist ein Verfahren, mit dessen Hilfe Risiken, die den Projekterfolg gefährden, rechtzeitig erkannt und analysiert, quantifiziert und bewertet werden. Auf dieser Basis können Maßnahmen geplant und durchgeführt werden, die die Risiken vermeiden bzw. zur Minimierung der Risikoauswirkungen beitragen. Zum Risikomanagement in Projekten gehört auch die kontinuierliche Überwachung der Risiken, Restrisiken und Maßnahmen im Rahmen des üblichen Projektcontrollings.

Risikoklassen

Soweit keine gesetzlichen oder normativen Regelungen (wie zum Beispiel bei der technischen Sicherheit von Produkten durch Ermittlung von Kritikalitäten oder beim Umweltschutz) entgegenstehen, können beispielsweise die in Tabelle 5.2 aufgeführten Risikoklassen definiert werden. Ziel dabei ist eine Einordnung/Klassifizierung der potenziellen Risiken nach ihrem Risikomaß (Eintrittswahrscheinlichkeit x Auswirkung im Projekt). Dies ermöglicht eine schnelle Priorisierung der Risiken und erleichtert die Entscheidung, bei welchen Risiken Maßnahmen zur Risikovermeidung bzw. -minimierung getroffen werden.

Projekteskalation

Die Festlegung von Eskalationsstufen setzt die Einordnung der vertraglichen, technischen, wirtschaftlichen und organisatorischen Risikokriterien eines Projektes in ein Risikoklassensystem voraus. In Abhängigkeit

Tabelle 5.2
Projektrisikoklassen

Risikoklasse	Einstufung	Bewertung/Kennzahl	Maßnahmen
1	Tolerierbar	< 0,1 % des Projektwertes	Keine Aktion erforderlich
2	Unerwünscht	> 0,1 % des Projektwertes	Risiko in Berichterstattung aufnehmen
3	Kritisch	> 1 % des Projektwertes	Risiko durch geeignete Maßnahmen minimieren
4	Katastrophal	> 10 % des Projektwertes	Risiko muss durch geeignete Maßnahmen drastisch reduziert werden

Tabelle 5.3
Eskalationsstufen-Bewertung für Projekte

I	Projekte mit einem Volumen >/=	Projektverfolgung durch den Projektleiter und Information an .... im Rahmen der Projektberichterstattung
II	Projekte mit einem Volumen >/= .... oder bei denen mindestens 1 Risikokriterium der Klasse 2 vorliegt	Informationspflicht des ..... an ......
III	Projekte > .... oder bei denen mehrere Risiken mit Risikoklasse 2 oder mindestens 1 Risikokriterium der Klasse 3 vorliegt	Genehmigung des Projekts durch ...... Informationspflicht des .... an....... Besondere Beobachtungspflicht
IV	Projekte > .... oder bei denen mehrere Risiken mit Risikoklasse 3 oder mindestens 1 Risikokriterium der Klasse 4 vorliegt	Einbringung des Projekts in den Leitungskreis des .....

von der Bewertung der Risikokriterien eines Projektes können Eskalationsstufen definiert werden, beispielsweise wie in Tabelle 5.3.

5.2.2 Verantwortungen und Zuständigkeiten

Die Geschäfts- oder Bereichsleitung eines Unternehmens regelt die Anwendung des Risikomanagements in Projekten und erlässt Ausführungsbestimmungen, Verfahrens- oder Arbeitsanweisungen. Für die Durchführung des Risikomanagements im Projekt ist ab Projektstart der Projektleiter verantwortlich. Dies beinhaltet die geordnete Übergabe der Verpflichtungen (offene Risiken aus der Risiko-Aktionsliste) an die verantwortlchen Teamleiter. Das Controlling des Risikomanagements erfolgt im Rahmen des Projektcontrollings.

Projekte, die ein hohes Risikopotenzial aufweisen, bedürfen der besonderen Aufmerksamkeit der Leitung. Ihr Fortgang sollte von projektunabhängigen Stellen beurteilt werden. Hier bieten sich eine Reihe von Methoden an, wie Projekt-Review und Audit, um zu einer neutralen Bewertung des Projekts zu gelangen. Mitunter kann es erforderlich sein, hierzu spezielle Gewichtungen zur Unterstützung von Managemententscheidungen einzuführen.

5.3 Der Prozess des Risikomanagements

Für das Risikomanagement in Projekten wird die im Folgenden beschriebene Methode empfohlen. Sie basiert auf Prinzipien, die beim SEI (Software Engineering Institut der Carnegie Mellon University) entwickelt und in zahlreichen Projekten getestet wurden. Das Vorgehen bei dieser Methode beinhaltet wesentlich Elemente der von der Produkt- und Prozessentwicklung bekannten Vorgehensweise FMEA (s. Abschnitt 5.3.4, Fault Modes and Effects Analysis).

Die Methode besteht aus den folgenden Tätigkeiten:

- Projektkontext feststellen
- Risiken identifizieren und analysieren
- Risiken quantifizieren und bewerten
- Risiken steuern und bewältigen
- Risiken überwachen und kontrollieren
- Maßnahmen nach eingetretenen Risiken festlegen
- Erfahrungen projektübergreifend sichern.

5.3.1 Die Planung des Risikomanagement-Prozesses

In Bezug auf die Projektrisiken sollten folgende Überlegungen und Planungen durchgeführt werden:

- Überwachen der Risiko-Warnzeichen
- Frühzeitiges Reagieren mit Risikominderungsstrategien
- Staffeln der Maßnahmen

- Den Risikomanagement-Status als regulären Bestandteil in das Berichtswesen aufnehmen
- Regelmäßiges Bewerten des Risikomanagement-Status in den Projekt-/Teilprojektsitzungen

5.3.2 Prozessschritte

Bild 5.4 zeigt die grobe Darstellung von drei wichtigen Projektphasen (Projektdefinition, Realisierung und Projektabschluss). Auf diese drei Projektphasen ist der Risikomanagement-Prozess aufgesetzt, dargestellt mit dem Startschritt „Projektkontext feststellen" und dem Endeschritt „Erfahrungen sichern". Zwischen dem Start- und dem Endeschritt ist der Zyklus der eigentlichen Aufgaben des Risikomanagements – mit Angabe der notwendigen Hilfsmittel – eingebettet.

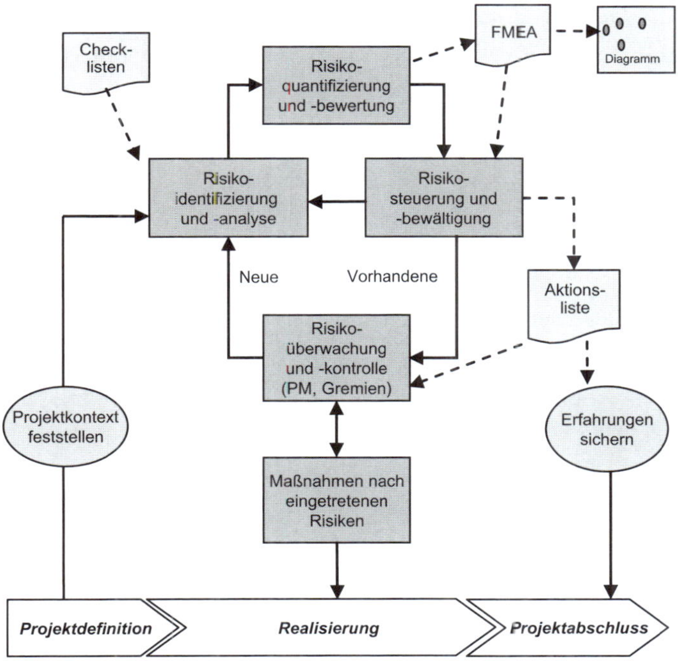

Bild 5.4
Prozessmodell des Risikomanagements in Projekten

Die in Bild 5.4 dargestellten Prozessschritte des Risikomanagements werden nachfolgend beschrieben.

Projektkontext festlegen

Notwendige Informationen zu vorhandenen oder benötigten Eckdaten des Projektes müssen zu Beginn des Risikomanagement-Prozesses ermittelt werden. Im Prozessschritt „Projektkontext festlegen" werden bestimmte Daten – die für die nächsten Prozessschritte notwendig sind – aus dem Projektauftrag und der Projektplanung vom Risikomanagement erfasst.

Zuerst sind die Randbedingungen bzw. das Umfeld des Projekts zu bestimmen. Dazu gehören:

- Externe Einflussfaktoren auf das Projekt (Umfeld, Stakeholder)
- Ziele der Organisation
- Projektumfang und Erfolgskriterien für das Projekt
- Kriterien für das Akzeptieren von Risiken

Der interne Auftraggeber (zum Beispiel die Geschäfts-/Bereichs- oder Abteilungsleitung) eines Projektes haben im Rahmen ihrer Geschäftsverantwortung sicherzustellen, dass die Durchführung des Risikomanagements im Projekt ermöglicht und unterstützt wird. Der Projektmanager führt das Risikomanagement auf dieser Grundlage durch und sichert damit das Projekt vom Planungsbeginn bis zum Projektende ab.

Dazu gehören die folgenden Punkte:

- Bewusstsein für Risikomanagement in den Projekten wecken,
- erforderliche Ressourcen bereitstellen,
- Atmosphäre gewährleisten, in der alle Risiken bzw. Bedenken offen und ohne Schuldzuweisung angesprochen werden können und festgehalten werden,
- das Wissen, das bei allen Mitarbeitern vorhanden ist, als wertvolle Unterstützung beim Risikomanagement nutzen,
- Maßnahmen und Verantwortlichkeiten zur Risikovermeidung bzw. -minimierung planen und konsequent umsetzen (dies setzt voraus, dass entsprechende Ressourcen für Maßnahmen bereitgestellt werden),
- Erfahrungsdaten aus früheren Projekten nutzen,
- bei Risiken, die innerhalb einzelner Projekte nicht allein getragen werden können, bzw. bei Maßnahmen, die nicht innerhalb einzelner Projekte umgesetzt werden können, weil sie die Befugnisse der Projektverantwortlichen überschreiten, die nächste zuständige Hierarchie- bzw. Verantwortungsebene einschalten.

Risiken identifizieren und analysieren

Zunächst geht es darum, zu erkennen, wo überhaupt Risiken vorhanden sind. Die Identifizierung von Risiken, d. h. die Ermittlung von Ungewissheiten mit potenziellen negativen Folgen für das Projekt, bildet die Grundlage des Risikomanagementprozesses.

Risiken können in allen Bereichen des Projekts auftreten. Dies können technische Probleme sein, zwischenmenschliche Konflikte, organisatorische Änderungen, nicht eindeutige Absprachen, neue Techniken, neue Gesetze und Richtlinien und vieles mehr. Viele Situationen sind als risikobehaftet bekannt, weil sie immer wieder auftreten, andere sind schwer oder gar nicht vorhersehbar.

Alle diese Risiken sind an die Oberfläche zu bringen, bevor sie zu Problemen werden. Dazu sind alle

- Bedingungen,
- Aktivitäten und
- Entscheidungen

zu erkennen, die den Erfolg des Projekts gefährden könnten.

Risiken können am besten ermittelt werden, wenn von Anfang an – das heißt bereits in der Phase der Projektdefinition – gezielt nach ihnen gesucht wird, und zwar auf möglichst vielen Wegen:

- Durch Befragung der in das Projekt einbezogenen Mitarbeiter. Diese kennen sich aus und können Risiken am besten identifizieren und bewerten.
- Durch schriftliche Informationen (Projektstatusberichte, Fehlermeldungen, Notizen usw.).
- Durch eine Checkliste (siehe Abschnitt 5.3.3), in der alle bekannten potenziellen Risikomöglichkeiten genannt sind. Wenn man diese Checkliste kontinuierlich anwendet, stößt man auf mögliche Risiken.

Alle identifizierten Risiken werden in Risiken sortiert, die

- vor dem Projekt,
- während des Projekts und
- nach dem Projekt auftreten können,

und werden dann in einer Risiko-Aktionsliste zusammengestellt.

Beispiele

- *Vor dem Projekt*

  Die Abnahme und die Abnahmebedingungen sind nicht definiert.

  Hier können die Vertragsparteien eine Vertragsänderung vereinbaren, in der diese Punkte genau definiert – „Was wird abgenommen", „Wann und wie erfolgt die Abnahme", „Wie wird die Abnahme bestätigt" – und die Auswirkung auf Kosten, Aufwand, Termine angegeben sind.

- *Während des Projekts*

  Während des Projekts kann es zu Personalengpässen kommen.

  Hier sind rechtzeitig Zeitreserven einzuplanen (wie zum Beispiel Krankheitstage per MA von 10 Tagen im Jahr) oder eine entsprechende Vertreterregelung.

- *Nach dem Projekt*

  Bestimmte Zusagen (Performance, Zuverlässigkeit) können nicht eingehalten werden.

  Vorbeugemaßnahmen können sein: Erarbeiten und Heranziehen von Erfahrungswerten, Erstellen von Mengengerüsten, Hochrechnungen usw.

  Eventualmaßnahmen sind: Einplanen von Kosten für Aufrüstung und Aufwand für Tuningmaßnahmen.

Risiken quantifizieren und bewerten

Zur Ableitung von angemessenen Steuerungsmaßnahmen müssen die identifizierten Risiken weiter quantifiziert und bewertet werden. Ziel dieses Prozessschrittes ist die qualitative Beurteilung bzw. quantitative Messung der Risiken:

- „Wie hoch ist die Wahrscheinlichkeit, dass dieser Fall eintritt?"
- „Wie stark würde sich das auf das Projekt auswirken?"
- „Welcher Schaden würde entstehen, an Zeit, an Kosten oder am Image?"

Diese Gefahren werden eingeschätzt und dann quantifiziert. Die Wahrscheinlichkeit des Eintritts multipliziert mit den geschätzten Kosten ergibt dann die wahrscheinlichen Kosten bei Eintritt des Risikos.

Aus der Darstellung in Bild 5.4 ist zu ersehen, dass sämtliche vorhandenen und neuen Risiken im Verlauf des Projekts in die fortlaufende Analyse einbezogen werden müssen.

Die Daten zu Risiken sind immer so aufzubereiten, dass sie als Informationsgrundlage für Entscheidungen dienen können. Das bedeutet:

- Die Eintrittswahrscheinlichkeiten der Risiken sind abzuschätzen.
- Die Risikoauswirkungen sind zu bewerten.
- Die Risiken sind zu quantifizieren (Eintrittswahrscheinlichkeit x Auswirkung).
- Die potenziellen und wahrscheinlichen Kosten sind darzustellen.
- Der Zeitrahmen ist abzuschätzen und darzustellen.

Die Risikodaten können zum Beispiel wie in Tabelle 5.4 erfasst werden.

Tabelle 5.4
Tabelle für die Erfassung von Risikodaten

Risiko-bezeichnung	Warn-zeichen	Wahr-scheinlich-keit (%)	Aus-wirkung	Potenziel-le Kosten (TEUR)	Wahrscheinl. Kosten (TEUR)	Priorität	Zeitrahmen
10 % mehr Änderungs-anträge	Neue For-derungen des/der Kunden	75 %	Kosten und Zeit	80	60	Klasse 3	6 Wochen ab heute

Die quantifizierten und bewerteten Risiken sind dann zu priorisieren. Mit Hilfe dieser Priorisierung lässt sich dann ermitteln, wie stark ein Risiko das Projekt beeinträchtigen kann und wie viele Ressourcen in die Risikoüberwachung und -kontrolle bzw. in Maßnahmen für die Beseitigung investiert werden sollen. Eine Möglichkeit der anschaulichen Darstellung der Priorisierung und Einstufung in Risikoklassen (definiert in Tabelle 5.2) zeigt Bild 5.5.

Risiken steuern und bewältigen

Gegenstand der Risikosteuerung ist die aktive Beeinflussung der im Rahmen von Risikoidentifikation und Risikoanalyse ermittelten Risikopositionen. Die Steuerungsmaßnahmen zielen dabei auf das gezielte Verringern der Eintrittswahrscheinlichkeit oder auch auf das Begrenzen der Auswirkungen von Risiken. Empfehlenswert ist es, dass man sich schon im Vorfeld Gedanken über das Verhalten im Risikofall macht. Damit

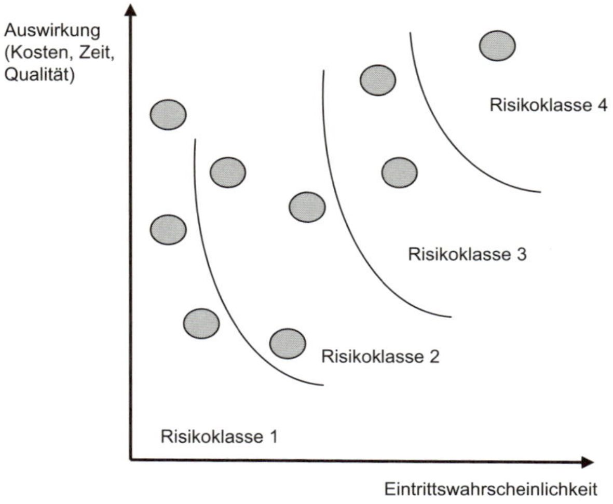

Bild 5.5
Modell einer Risikopriorisierung

kann man verhindern, dass man im Erstfall unter großer Anspannung und zeitlichem Druck nach Lösungen suchen muss.

Indem man auf diese Art versucht, Risiken, und somit auch Schäden, zu beherrschen, ist es oftmals möglich, sie in Grenzen zu halten. Damit dies erreichbar wird, ist für jedes einzelne Risiko eine Strategie zur Risikominderung zu entwickeln. Die entwickelten Strategien werden dann in das Formblatt zur Risikoabschätzung eingetragen. Dabei sollte zwischen präventiven und korrektiven Maßnahmen unterschieden werden. Die einzelnen Maßnahmen werden dann den Projektmitarbeitern, die das jeweilige Thema beherrschen, verantwortlich zugeordnet, das heißt, sie sind persönlich für die Verfolgung und Umsetzung dieser Maßnahme zuständig.

Aus der Erfahrung verschiedener Projekte lässt sich dann eine „Risiko-Erfahrungsdatenliste" entwickeln, die zur Risikofindung behilflich ist und die mit der Durchführung jedes Projekts und jeder Aufgabe „mitwachsen" sollte und dabei immer ergiebiger wird.

Diese Liste dient bereits vor dem Start eines Projektes als Entscheidungsbasis für die folgenden Strategien:

- *Risikovermeidung*

  Bei der Risikovermeidung handelt es sich um eine Strategie, die den Eintritt eines Risikos und somit eines Schadens gänzlich ausschließen soll. Maßnahmen dafür können zum Beispiel Sicherstellen der Lieferfähigkeit bei Abwicklungsprojekten, ein anderes Produktdesign oder Änderungen im Entwicklungsprozess sein.

- *Auswirkungen von Risiken minimieren (Ausweichpläne)*

  Sehr häufig wird auf die Strategie der Risikoverminderung zurückgegriffen. Das sind personelle Maßnahmen (Personalauswahl und -schulung), technische (konstruktive Sicherheit, Sicherungsanlagen) und organisatorische Maßnahmen (Verbesserung des Arbeitsablaufs, Qualitätsmanagement). Dazu müssen auslösende Ereignisse (Trigger) definiert werden, zum Beispiel mit der Festlegung, wann aufgrund welcher Ereignisse welche Aktionen durch wen ausgeführt werden sollen.

Wenn ein auslösendes Risikoereignis eintritt, wird dies im Rahmen der Projektberichterstattung bekannt gemacht und in der Risiko-Aktionsliste vermerkt.

Wenn sich ein Risiko weder vermeiden noch minimieren lässt, dann sollte über die Strategie der Risikobegrenzung nachgedacht werden. Dazu gehören Maßnahmen wie Risikoteilung, Risikoübertragung oder Risikorückstellung:

- *Risikoteilung bzw. Risikostreuung*

  Aufteilung des Risikos (bzw. der Verantwortung für die Behandlung des Risikos) auf mehrere Stellen innerhalb oder außerhalb des Projekts, die die gleichen Projektziele verfolgen. Eine Risikostreuung kann z. B. erreicht werden, wenn in einem Projekt die Entwicklungsumgebung oder Teile davon ausfallsicher ausgelegt werden.

- *Risikoübertragung bzw. Risikoüberwälzung*

  Übertragung der Verantwortung für die Behandlung des Risikos an eine andere Stelle innerhalb oder außerhalb des Projekts. Ziel ist die Verlagerung von Risiken aus dem Projekt heraus, zum Beispiel durch eine entsprechende Vertragsgestaltung, etwa indem man nicht die Generalunternehmerschaft übernimmt oder den Fremdbezug von Gütern vertraglich fixiert.

- *Risikorückstellung*

  Die Maßnahmen der Risikorückstellung befassen sich unter anderem mit finanziellen Rückstellungen (zum Beispiel in Form einer Bürgschaft) oder dem Abschluss von Versicherungen.

Unter Umständen wird man auch einmal ein Risiko bewusst ohne Maßnahmen akzeptieren und dann beim Eintritt eines Risikos die Folgen tragen. Dies kann zum Beispiel aus vertrieblichen, wettbewerbs- oder geschäftspolitischen Gründen der Fall sein.

Bei der Beurteilung möglicher Maßnahmen ist zu beachten, dass bestimmte Maßnahmen von vorne herein völlig ungeeignet sind. So ist bei hohen Eintrittswahrscheinlichkeiten, wie dem Ausfall eines wichtigen Teilelieferanten, der Abschluss einer Versicherung ohne jegliche Wirkung, weil dadurch die Wahrscheinlichkeit eines solchen Eintritts nicht beeinflusst wird. Andererseits machen aufwändige und kostspielige Maßnahmen zur Schadensverhütung bei extrem geringen Wahrscheinlichkeiten kaum einen Sinn. Hier nützt im Falle eines Falles eine Versicherungspolice wahrscheinlich mehr.

Hohe Beachtung muss auch dem rein wirtschaftlichen Aspekt bei der Auswahl möglicher Maßnahmen zur Risikohandhabung zugemessen werden. Ein Ersatzmann gegen den Ausfall eines Projektmitarbeiters oder die Suche nach weiteren Lieferanten als Antwort auf die Abhängigkeit und den möglichen Ausfall eines Schlüssellieferanten sind sicher aus Sicht der Risikovorbeugung oder -minderung die besten Lösungen. Bleibt die Frage, ob sie wirtschaftlich tragbar sind. Aufgabe des Risikomanagements muss es also sein, die besten Maßnahmenalternativen unter Beachtung der Kosten-Nutzen-Relation herauszufinden.

Bei unzureichenden Informationen für zu planende oder einzuleitende Maßnahmen können weitere Untersuchungen bzw. ein erneuter Durchlauf der Schritte „Risiken identifizieren und analysieren" und „Risiken quantifizieren und bewerten" erforderlich sein.

Risiken überwachen und kontrollieren

Die Risikoüberwachung und -kontrolle muss integraler Bestandteil des Projektmanagements sein und umfasst das Überwachen des aktuellen Stands der Risiken und der beschlossenen bzw. durchgeführten Maßnahmen.

Wenn die beschlossenen Maßnahmen realisiert werden und greifen, wird eine Neubewertung der Risiken notwendig. Dabei kann es zu einem Wegfall oder der Minderung des Risikos kommen, aber auch neue Risiken können entstehen. Folgende Fragen sollten zur Bewertung herangezogen werden:

- Hat sich die Risikobewertung nach durchgeführten Maßnahmen verändert?
- Sind die bisher beschlossenen und geplanten Maßnahmen geeignet, die Risiken zu bewältigen?
- Wird eine Erweiterung der Maßnahmen notwendig oder müssen sogar neue Maßnahmen definiert werden?

- Sind im Laufe des Projektprozesses neue Risiken entstanden?

Die festgestellten Abweichungen bzw. Veränderungen gegenüber der aktuellen Planung müssen in der Risiko-Aktionsliste, wie beispielhaft nachfolgend beschrieben, eingearbeitet werden:

- Neu auftretende Risiken parallel zum Prozessschritt identifizieren (siehe Prozessschritt „Risiken identifizieren und analysieren“)
- Änderungen bei der Risikowahrscheinlichkeit und Risikoauswirkung überwachen (Maßnahmenerweiterung oder neue Maßnahmen)
- Risiken, die nicht mehr auftreten können, aus dem Risikoplan „ausmustern“
- Eingetretene Risiken einschließlich verursachter Schadenhöhe dokumentieren
- Offene Risiken weiterhin entsprechend ausweisen.

Voraussetzung für diese Tätigkeiten sind Kennzahlen, die den Status der Risiken selbst und den Stand der Maßnahmen beschreiben und mit deren Hilfe das Greifen der Maßnahmen überwacht werden kann. Solche Kennzahlen können zum Beispiel Zeit, Aufwand oder Fehleranzahl sein.

Maßnahmen nach eingetretenen Risiken festlegen

Beim Eintritt von Risiken sind Maßnahmen zur Schadenbegrenzung und gegebenenfalls zur Wiederherstellung des vorherigen Zustandes zu treffen. Dazu kann ein separates Krisenmanagement erforderlich sein. Bei vorausgesehenen Risiken kann auf die in der Risiko-Aktionsliste für diesen Fall vorgesehenen Maßnahmen zurückgegriffen werden.

Dabei ist zu beachten, dass die Behebung von Schäden in aller Regel bedeutend teurer ist als die Kosten für Risikoprävention bzw. Risikominimierung. Auch deshalb sollte ein wirkungsvolles Risikomanagement immer am Anfang eines Projektes einsetzen, um schon hier Maßnahmen für die Risikoprävention bzw. -minimierung zu beschließen.

Erfahrungen projektübergreifend sichern

In allen Projekten müssen die Daten zum Risikomanagement in der Risiko-Aktionsliste dokumentiert und fortgeschrieben werden. Das sind

- Randbedingungen des Projekts,
- identifizierte Risiken,
- Schätzdaten zu Risikoauswirkungen und -eintrittswahrscheinlichkeiten,

- Controlling-Daten (Kosten, Aufwand, Zeit),
- offene Risiken und
- eingetretene Risiken.

Am Projektende sollten diese Daten vom Projektleiter zusammengefasst und unternehmensweit zur Verfügung gestellt werden. Dazu sollte, falls vorhanden, eine Erfahrungsdatenbank benutzt werden.

Neben diesen Erkenntnissen sind auch Erweiterungen und Anpassungen der Checklisten zur Risikoidentifizierung wichtige Elemente, die anderen Projekten nützen können.

Auf Basis aller dieser Daten ist es möglich, aus den Erfahrungen früherer Projekte zu lernen und den Risikomanagement-Prozess für die Projekte zu verbessern.

5.3.3 Checkliste „Risiken in Projekten"

Die folgende Checkliste bietet Ihnen als Ausgangsbasis für die Risikoidentifizierung eine umfangreiche Liste von Risiken, die je nach Projekttyp gekürzt oder erweitert werden kann. Es empfiehlt sich, den Aufbau der Checkliste folgendermaßen zu gestalten:

Lfd. Nr.	Risiko	Lfd. Nr.	Vor dem Projekt (priorisiert)	Lfd. Nr.	Während des Projekts (priorisiert)	Lfd. Nr.	Nach dem Projekt (priorisiert)
	Ablaufprozedur						
	....						
105	Zuständigkeit						

Mit einer solchen Liste besteht die Möglichkeit, die priorisierten Risiken zu gruppieren, nämlich in Risiken, die vor dem Projekt, während des Projektes und nach dem Projekt entstehen können. Selbstverständlich gibt es auch Risiken, die sich über zwei oder alle drei Abschnitte ziehen, diese tauchen dann entsprechend mehrfach auf.

Beispiel „Pflichtenheft":

1. Ein fehlerhaftes oder fehlendes Pflichtenheft wird vor dem Projekt als Risiko identifiziert.
2. Die während des Projektes auftretenden Änderungsanträge ergeben ein weiteres Risiko.
3. Zusagen hinsichtlich Performance oder Zuverlässigkeit können in der Betriebsphase, also nach dem Projekt, nicht eingehalten werden.

Checkliste

Abnahme
Abnahmebedingungen
Abnahmeprozedur
Abweichung von der Spezifikation
Administrationshandbuch
Änderungsanforderungen
Änderungsverfahren/-prozess
Anschaffungskosten
Anwenderhandbuch
Anwenderunterstützung
Anwendungsbetreuung
Arbeitsplatz-PC
Arbeitnehmerüberlassungsgesetz
Arbeitsort
Ausfalldauer (HW/SW)
Ausfallrate (HW/SW)
Beistellung vom Auftraggeber
Beschaffung
Beschreibungsrisiko
Betriebshandbuch
Datenbasis/Datenbank
Datenschutz
Dokumentation
Dokumentationsanforderung
Dokumentationsrichtlinie
DV-Sicherheit
Einführung
Einführungsverfahren
Eingangskontrolle
Einsatz-/Randbedingungen
Entscheider/Lenkungsausschuss
Entwicklungshandbuch
Entwicklungstool
Externe Schnittstellen
Fehlermanagement
Funktionen
Fehlinvestion
Gewährleistung
Gremien
Haftung/Konventionalstrafe
Host-Rechner
Interne Schnittstellen
Kommunikation/Information
Komplexität
Konfigurationsmanagement
Konsortium
Kooperation
Kritischer Pfad
Kundendienst/-service
Lebenszykluskosten
Leistungsbeschreibung
Liefertermin
Machbarkeitsuntersuchung
Methoden
Mitarbeiter
Montage
Neue Technologien
Normen und Standards
Organisation
Performance

Personaleinsatzplan
Personalfluktuation
Pflichtenheft
Planabweichung
Produktalterung
Produktfreigabe
Produktionsrichtlinien
Programmierrichtlinie
Projektdauer
Projektleiter
Projektorganisation
Projektplanung
Projektzielsetzung
Qualität
Qualitätsanforderung
Qualitätssicherung
Realisierungsbedingung
Ressourcenengpass
Risikoanalyse
Schätzklausur/Kalkulation
Schulung
Server
Sicherungsmaßnahmen
Spezielle Auflagen
Systemintegration
Technische Anforderung
Technologie
Termine (Anfangs-/Endetermin)
Testdaten/Testfälle
Testmethodik
Transport
Umweltanforderungen
Unfall/Krankheit
Unterauftragnehmer
Verantwortung
Verfügbarkeit
Vorgehensmodell
Wartung/Pflege
Zahlung/Delkredere
Zeitschätzung
Zielsetzung
Zusammenarbeit mit Anwender
Zusammenarbeit mit Zulieferer

5.3.4 FMEA-Beispiel

FMEA (*Failure Mode and Effects Analysis* oder deutsch *Fehlermöglichkeits- und Einflussanalyse*) ist eine analytische Methode zum Auffinden potenzieller Schwachstellen. Die Methode stammt aus dem Qualitätsmanagement und wird dort zur vorbeugenden Fehlervermeidung eingesetzt. Insbesondere wird sie in der Design- bzw. Entwicklungsphase neuer Produkte oder Prozesse angewandt.

FMEA folgt dem Grundgedanken einer vorsorgenden Fehlerverhütung anstelle einer nachsorgenden Fehlererkennung und -korrektur (Fehlerbewältigung) durch frühzeitige Identifikation potenzieller Fehlerursachen bereits in der Entwurfsphase. Damit werden ansonsten anfallende Kon-

Tabelle 5.5
Einsatz einer Fehlermöglichkeits- und Einflussanalyse (FMEA) als Risikomöglichkeits- und Einflussanalyse (RMEA)

RMEA Risikomöglichkeits- und Einflussanalyse (System)	Risikoanalyse mit Maßnahmenkatalog			**R** = Risikoexistenz **B** = Bedeutung der Auswirkung **E** = Eintrittswahrscheinlichkeit **RPZ** = **R** x **B** x **E** = Risikopriorität
	Kunde:		Bearbeiter: Manfred Noe	
	Projekt:		Version: 1.0	
	Status:		Stand:	

Nr.	**Risikomerkmale**	**Erläuterungen**	**R**	**B**	**E**	**RPZ**	**Aufwand**	**Realisierbar**	**Priorität**	**Verantwortlich**	**Datum**	**Status**
0.1-1	Risikoname	Fehlendes Datenbanksicherungskonzept	10	10	10	1000						
	Risikoort	Zentraler Datenbankserver										
	Risikoerläuterung	Im Fall eines Datenbank-Versagens mit Datenverlust ist eine Wiederherstellung des Datenbestandes bis zum Zeitpunkt des Ausfalls nicht möglich. Eine Wiederherstellung geht zumindest mit dem Verlust des Tagesgeschäfts bis zum Versagen einher, da die Spiegelung der Daten in die DB2-Datenbank nur einmal täglich vorgesehen ist.										
	Risikoszenario	Versagen von Plattenbereichen, Brand oder Beschädigung des Datenbankservers, andere Ursachen.										
	Risikoursache	Kein Konzept für die Sicherung auf magnetischen Datenträger für die Datenbank des Anwendersystems.										
	Risikofolge	Die Anwendung entspricht nicht den Anforderungen an Verfügbarkeit und Sicherheit. Die Daten stehen über einen längeren Zeitraum nicht zur Verfügung bzw. können unter Umständen nicht mehr vollständig wiederhergestellt werden.										
	Risikovermeidung	Erstellen eines Datenbanksicherungskonzeptes für den zentralen Server.	1	10	10	100						
	Entdeckungsmaßnahme	Zyklisches Prüfen des gesicherten Datenbestandes auf Verwendbarkeit und Vollständigkeit (zum Beispiel Einspielen in der Test-Domäne des Systems).	10	5	10	500						
0.1-2	Risikoname	Schwache Verschlüsselung	10	8	10	800						
	Risikoort	Datenübertragung Clients-Applikationsserver										
	Risikoerläuterung	Die Datenübertragung zwischen den Clients und dem Applikationsserver über BASIC ist nicht verschlüsselt. Informationen können mit relativ wenig Aufwand abgegriffen und/oder manipuliert werden.										
	Risikoszenario	Angreifer können die verwendete Verschlüsselung innerhalb kurzer Zeit einbrechen. Das Interesse an zum Beispiel prominenten Strafbetroffenen besteht vor dem Hintergrund von Sensationsnachrichten oder Imageschädigung.										
	Risikoursache	Es ist keine Vorrichtung vorhanden, um eine Verschlüsselung vorzunehmen.										
	Risikofolge	Informationen können herausgelesen werden und zum Beispiel der Presse oder dem Internet zur Imageschädigung zugeleitet werden. Fehlerhafte Informationen können eingeschleust bzw. Übertragungen manipuliert werden und damit kann die Datenbasis inkonsistent gemacht werden.										
	Risikovermeidung	Prüfen des Einsatzes von Verschlüsselungssystemen. Falls dies mit der Übertragungssoftware nicht möglich ist, sollte der Einsatz einer zusätzlichen kryptographischen Lösung angedacht werden.	1	8	10	80						
	Entdeckungsmaßnahme	Wird noch definiert										

troll- und Fehlerfolgekosten in der Produktionsphase oder gar in der Betriebsphase (beim Kunden) vermieden und die Kosten können insgesamt im geplanten Rahmen gehalten werden. Durch eine systematische Vorgehensweise und die dabei gewonnenen Erkenntnisse wird zudem die Wiederholung von Designmängeln bei neuen Produkten und Prozessen vermieden.

Diese Methode kann selbstverständlich auch für das Risikomanagement verwendet werden. Dafür wird in der Tabelle 5.5 der Begriff „Fehler" durch den Begriff „Risiko" ausgetauscht.

Erläuterungen zu den in Tabelle 5.5 aufgeführten Begriffen

Risikopriorität (RPZ)

Die Risikoprioritätszahl ist eine Maßzahl für die Größe des Risikos, aus der sich unmittelbar die Dringlichkeit eines Handlungsbedarfs ableiten lässt. Grundsätzlich ist davon auszugehen, dass ab einer Risikoprioritätszahl von 500 sofortiger Handlungsbedarf besteht. Trotzdem sollten identifizierte Risiken unterhalb dieser Grenze nicht ignoriert werden. Als „Faustregel" sollte gelten, dass Maßnahmen ergriffen werden sollten, sobald die Bedeutung der Auswirkung den Wert 7 überschreitet. Dann handelt es sich um Risiken, deren Auswirkungen so groß sind, dass ihr Auftreten zu massiven negativen Effekten führt. Das könnte zum Beispiel bei der Verletzung rechtlicher Vorschriften der Fall sein.

Risikoexistenz (R)

Die Risikoexistenz (R) hat entweder den Wert 1 oder 10. Da eine statistische Ermittlung meist nicht möglich oder nicht mit vertretbarem Aufwand möglich ist, wird lediglich die Existenz eines Risikos bzw. anschließend die Vermeidung des Risikos bewertet.

Punkte	*Definition*
1	Ein Risiko existiert nicht
10	Ein Risiko existiert

Bedeutung der Auswirkung (B)

Die Bedeutung der Auswirkung (B) repräsentiert die Schwere der Folgen, die sich bei Eintreten des Risikos ergeben. Der Wertebereich liegt zwischen 1 und 10.

Die hier angegebenen Bedeutungen beziehen sich auf das Beispiel in der RMEA-Tabelle. Je nach Anwendungsfall der RMEA-Analyse müssen die einzelnen Stufen natürlich individuell definiert werden.

Punkte	*Definition*
1	Keine Auswirkungen
2	Ausfallzeit nach Systemverlust (temporär, innerhalb der im Projekt festgelegten Toleranzgrenzen)
3	Unberechtigter Abruf nicht schutzwürdiger Daten
4	– nicht verwendet –
5	– nicht verwendet –
6	Abruf einzelner schutzwürdiger und/oder Manipulation einzelner Daten
7	Ausfallzeit nach Systemverlust (temporär, wiederherstellbar, über die Toleranzgrenzen hinaus)
8	Abruf schutzwürdiger Datenbereiche und/oder Manipulation von Datenbereichen
9	Nichterfüllung gesetzlicher Vorschriften
10	Vollständiger Datenverlust ohne Wiederherstellungsmöglichkeit

Eintrittswahrscheinlichkeit

Die Eintrittswahrscheinlichkeit repräsentiert den Grad des Eintritts eines Risikos. Der Wertebereich liegt zwischen 1 und 10.

Punkte	*Definition*
1	Risiko wird sofort am Entstehungsort entdeckt
2 bis 4	Risiko wird bei Beginn des nächsten Arbeitsschrittes entdeckt
5 bis 7	Risiko wird während eines systematischen Kontrollprozesses entdeckt
8 bis 9	Risiko wird während des nächsten Prozesses entdeckt
10	Risiko kann nur zufällig entdeckt werden

6 Hinweise und Empfehlungen

In diesem Kapitel finden Sie generelle Hinweise und Empfehlungen zum Crash-Management

- für das Unternehmensmanagement bzw. die Geschäftsführung,
- für den Projekt-/Krisenmanager und
- für krisenbetroffene Mitarbeiter.

6.1 Hinweise für das Unternehmensmanagement bzw. die Geschäftsführung

Nehmen Sie die Krise möglichst früh wahr!

Krisen werden meist zu spät wahrgenommen und sind dadurch schwerer lösbar. Deshalb ist ein effizientes *„Frühwarnsystem"* sehr wichtig. Denken Sie immer an das Murphy-Gesetz oder an den Alltag des Projektgeschäftes:

„Was schief gehen kann, geht schief."

Wenn Sie Probleme das erste Mal von Ihrem Kunden genannt bekommen, dann sollten Sie – neben der Lösung des Problems – auch über Ihr internes Berichtswesen nachdenken.

Oft ist die Ursache eines nicht funktionierenden Frühwarnsystems ein gestörtes Vertrauensverhältnis zwischen verschiedenen Ebenen der Hierarchie; eine „Pyramide der Beschönigung" ist dann die Folge. Projektmanager nehmen viele Probleme nicht wahr, sie hoffen immer darauf, dass sie selber alles wieder in den Griff bekommen oder dass sich alles von selber löst bzw. auflöst; sie „lügen" sich in die eigene Tasche und somit werden auch Sie nicht richtig informiert.

Um bereits vorhandene oder drohende Probleme zugeben zu können, ist auf allen Hierarchieebenen ein *Klima des Vertrauens* nötig (dies gilt besonders bei Projekten, in denen verschiedene Abteilungen zusammenarbeiten). Projektmanager müssen bei den ersten auftretenden Problemen nicht sofort mit Repressalien rechnen. Hilfe zur Selbsthilfe muss im Rahmen der Unternehmensführung angeboten werden.

Durch Ihre Position als leitender Manager tragen Sie selbst Verantwortung (nicht erst durch das Gesetz zur Kontrolle und Transparenz im Unternehmensbereich, KonTraG), die sie durch eine Mitgliedschaft im Lenkungsausschuss (Steering Committee) des Projekts wahrnehmen können.

Lassen Sie sich von einer projektunabhängigen Instanz (zum Beispiel dem Projektcontroller) regelmäßig (zum Beispiel bei erreichten Meilensteinen) über den Projektfortschritt informieren. Das kaufmännische Controlling ist beispielsweise für die korrekte Durchführung der wirtschaftlichen Prüfung verantwortlich (Kosten, Umsatz, Verträge, Änderungsanträge, Claim Management usw.). Es gibt in kritischen Situationen rechtzeitig Warnsignale und kümmert sich um die korrekte Ausarbeitung von Verträgen sowie die Auftragsabrechnung. Als Entscheider haben Sie dann aufgrund der Informationen die Möglichkeit, situationsgerechte Maßnahmen festzulegen.

Der aus dem Englischen stammender Terminus „to control" kann mit Bezeichnungen wie „steuern" und „regeln" übersetzt werden, wonach der Controller als eine Art „Steuermann" oder „Lotse" gesehen werden kann. Der Projektcontroller stellt somit auch eine wertvolle Hilfe für den Projektmanager dar.

Eine weitere Hilfe für den Projektmanager ist das Coaching. Es hat sich bei Projekten immer wieder als vorteilhaft erwiesen, dem Projektmanager zur Sicherung des notwendigen „Durchsetzungsvermögens" von Anfang an einen projekterfahrenen Coach zur Seite zu stellen. Der Einsatz eines Coachs kann dabei flexibel gestaltet werden, zum Beispiel als Coaching von Projektmanagern zur Steigerung der persönlichen Effektivität oder auch als wertvolle Hilfe in Krisensituationen. Hier bietet sich der Einsatz eines erfahrenen Coachs zur Konfliktmoderation an.

Versuchen Sie, die „interne Wahrheit" herauszufinden!

Der Projektmanager ist beim „Ausrufen" einer Krise naturgemäß unter starkem *Rechtfertigungs- und Entscheidungsdruck.* In solchen Situationen ist es sehr schwer, „die Wahrheit" zu erfahren, da es viele verschiedene „subjektive Wahrheiten" geben wird. Je mehr Sie den Projektmanager unter Druck setzen, desto geringer ist die Chance, ein realistisches Bild geliefert zu bekommen. Setzen Sie auf

- *„harte Daten"* (Auftragsschreiben, vorliegende Aufwandsabschätzungen, aufgelaufene Aufwände, bisher unbestreitbar erzielte Ergebnisse, ...),

- ein *offenes Gespräch mit dem Projektmanager* und auf
- *alternative Informationsquellen* (Aussagen des Auftraggebers; Qualitätsberichte; evtl. direkte Befragung der Mitarbeiter nach ihrer Einschätzung – das kann allerdings heikel sein und Unruhe ins Projektteam bringen, vermeiden Sie dabei jedenfalls ein Klima der „Bespitzelung").

Eine weitere Möglichkeit, sich über den Projektverlauf einen Überblick zu verschaffen, ist das *Projekt-Review*. Dieses Instrument kann auf ganz unverfängliche Art und Weise eingesetzt werden, wenn man dem Projektmanager seinen Einsatz bei seiner Beauftragung mitgeteilt hat.

Ein Projekt-Review (oder alternativ kann es auch ein Audit sein) ist eine mit definierter Zielsetzung beauftragte und entsprechend vorbereitete Überprüfung eines Projektes bezüglich:

- Zielsetzung
- Vollständigkeit der Regelungen
- Wirksamkeit der Projektprozesse
- Einhaltung von Projektvorgaben
  - Kundenanforderungen
  - internen Zielen (Projektergebnisse usw.).

Ein Projekt-Review wird in der Regel durch erfahrene Projektmanager und/oder Auditoren durchgeführt.

Mit dem Instrument des Projekt-Reviews können Sie Schwachstellen erkennen, Handlungsbedarf aufzeigen und spezielle Empfehlungen zum Projekt und sowie Empfehlungen genereller Art geben.

Legen Sie die Bedeutung der Krise für Ihr Geschäft fest!

Wenn die Krise unbestreitbar vorhanden ist und benannt wurde, ist es ganz wichtig, ihre strategische Bedeutung für Ihr Geschäft abzuschätzen, um darauf aufbauend entsprechende Maßnahmen aufsetzen zu können. Dies kann nur gemeinsam mit dem Projektmanagement geschehen, unter Umständen auch unter Einbindung des Auftraggebers:

- Sie haben zu entscheiden, was weiter geschieht: Sofortmaßnahmen, „Galgenfrist", Verhandlungen mit Auftraggeber, absichtliches Unterlassen von Maßnahmen, usw. Unter Umständen ist ein Projektabbruch zu diesem Zeitpunkt das geringere Übel als eine „nicht endende Krise".
- Kommunizieren Sie Ihre Entscheidungen für das ganze Projektteam und gegebenenfalls Ihre Kooperationspartner.

- Betreiben Sie Projekt-Public-Relations (PR). Projekte sind wie Produkte, auch sie müssen aktiv „vermarktet" werden. PR dient dem Aufbau und Pflege der Beziehungen zur Öffentlichkeit und bedeutet Werbung um öffentliches Verständnis und Vertrauen. Ein positives Bild des Projekts stellt sich alles andere als von selbst ein. Bei Fehlen von Projekt-PR besteht sogar die Gefahr, dass nur negative Aspekte des Projekts nach außen treten. Projekt-PR kann die wenigsten Projektkrisen ungeschehen machen, es kann aber die negativen Auswirkungen antizipieren, eindämmen, minimieren und somit beherrschbar machen. Hierfür gibt es ein paar Projekt-PR-Regeln:
  - bisherige Erfolgserlebnisse herausstellen
  - souverän Auskunft geben, ohne ständige Rückversicherung
  - kein „Business as usual"
  - über Sachverhalt und volle Wahrheit schnell mit gleicher Zunge informieren
  - keine „häppchenweise Enthüllung"
  - Tatbestände nicht herunterspielen.

Finden Sie einen geeigneten Manager bzw. eine geeignete Managerin!

Häufig sind die zu treffenden Entscheidungen auch Personalentscheidungen, zum Beispiel das Einsetzen eines Krisenmanagers. Diese Entscheidungen dürfen nicht leichtfertig getroffen werden („Köpfe auswechseln"), da sie einen schwerwiegenden Eingriff ins Projektgeschehen darstellen und unmittelbar keinen Projektfortschritt mit sich bringen, sondern vielmehr Verunsicherung: Häufig wird vielen Projektmitarbeitern erst zu diesem Zeitpunkt klar, dass es eine ernste Krise gibt.

Verallgemeinerungen sind immer problematisch; dennoch werden die Eigenschaften eines guten Krisenmanagers von „Managern" und „Gemanagten" ziemlich übereinstimmend folgendermaßen skizziert:

- eine in sich ruhende Persönlichkeit, durchsetzungsfähig und belastbar,
- ein Vorbild,
- mit guten Nerven,
- die nicht immer die eigene Sicherheit anstrebt,
- vertrauenswürdig für Hierarchie und Auftraggeber ist,
- die im Projekt nicht stark emotionell involviert ist,

- die sich nicht für die Firma „aufopfert",
- die Mut zum Entscheiden und auch zum „Nein"-Sagen hat,
- die eigene Arbeit gut organisieren kann,
- nicht hektisch wird,
- auf Leute zugehen kann,
- kompromissbereit ist,
- delegieren kann und
- erreichbar ist.

Ob fachliche Kompetenz notwendig ist, wurde widersprüchlich eingeschätzt (von „fast belanglos" bis „ziemlich wichtig").

Der Krisenmanager sollte eher nicht aus dem betroffenen Projekt selbst kommen, zumindest nicht aus einer leitenden Position: Die Gefahr von „Betriebsblindheit" und Voreingenommenheit ist zu groß; ganz abgesehen davon, dass er ja womöglich mit am Zustandekommen der Krise beteiligt war und Angst vor „Aufdeckung" hat.

Ein spezielles Thema sollte beim Gespräch mit dem Krisenmanager nicht vergessen werden, da es ihn sehr persönlich betrifft (und bei seiner neuen Tätigkeit nicht belasten soll):

Wie sieht es aus mit Stellvertreterregelungen in seinem bisherigen Tätigkeitsbereich aus, wie mit dem möglichen Wiedereinstieg in die vorherige Arbeit und Zukunftsperspektiven nach dem Bewältigen der Krise? Es geht hier nicht um fixe Zusagen, die ohnehin kaum möglich sind, sondern eher darum, nachher nicht „hängen gelassen" zu werden.

Neben der Möglichkeit, einen Manager zu berufen (der dann die Gesamtverantwortung hat), hat sich auch die Konstruktion eines Duetts bewährt (eingespielte Partner, die zum Beispiel Innen- und Außenpolitik getrennt betreiben; auch hier ist es allerdings wichtig, dass es einen Hauptverantwortlichen gibt).

Die Konstruktion einer „Task-Force" (mehrere Personen, die gemeinsam die Krise bewältigen sollen) ist aus den Erfahrungen heraus eher problematisch, besonders wenn sie neben einer weiter bestehenden Projektorganisation agiert (Kompetenzkonflikte, keine klaren Verantwortungen und Durchgriffsrechte, Verwirrung bei den Mitarbeitern).

Versuchen Sie, es möglichst nicht so weit kommen zu lassen, dass der Auftraggeber selbst den/die Krisenmanager stellt; Sie haben damit fast keine eigenen Entscheidungsspielräume und Kompetenzen mehr. Durch ein frühes Eingestehen der Krise lassen sich derartige Situationen eher vermeiden.

Kommunizieren Sie Ihre Entscheidung!

Ganz egal, wie Ihre Entscheidung ausgefallen ist, das direkte Kommunizieren in Richtung Mitarbeiter ist sehr wichtig. Wenn sich Änderungen in der Projektstruktur nur „gerüchteweise" herumsprechen oder mehrdeutig interpretierbare Mails verschickt werden, dann entstehen leicht Legenden, die oft auf unwesentlichen Details basieren. Am besten ist es, wenn Sie im direkten Kontakt mit den Mitarbeitern den Krisenmanager vorstellen, den Ernst der Lage schildern, Ihre Strategie darlegen und begründen. Nur wenn Ihre Ziele klar erkennbar und realistisch umsetzbar sind, ist der wichtige Motivationsschub bei den Mitarbeitern zu erwarten.

Begleiten und unterstützen Sie den Krisenmanager und sein Team!

Nur mit dem „Einsetzen" eines Krisenmanagers ist es nicht getan. Sie müssen möglichst klare Zielvorgaben stellen und den Krisenmanager mit entsprechenden Befugnissen/Vollmachten ausstatten, damit er diese Zielvorgaben erreichen kann (das betrifft zum Beispiel auch Unterschriftsberechtigungen). Vereinbaren Sie als Zielvorgaben keinen Zeitraum (zum Beispiel ein halbes Jahr), sondern das Erreichen inhaltlicher Vorgaben (Meilensteine, Abnahmen usw.).

Außerdem sind auch hier ein direktes projektbegleitendes Controlling, die Möglichkeit für schnelle informelle Kontakte sowie das Koordinieren von Eskalationsmechanismen sehr wichtig (besonders bei Projekten mit mehreren beteiligten Stellen, Konsortien usw.). Tauschen Sie den alten Projektleiter lieber nicht sofort aus (neben den „menschlichen Aspekten" sind auch seine Erfahrungen meist unverzichtbar).

Sorgen Sie bei Bedarf auch für Sonderbudgets, Prämien- und Incentivemöglichkeiten sowie spezielle Regelungen für die Abrechnung von Überstunden.

Kommunizieren Sie das Ende der Krise!

Krisen sollten nicht zum Normalfall werden, sonst wird auch die „Waffe" Krisenmanagement stumpf. Daher ist es nötig, Krisen auch explizit zu beenden und damit zum „normalen Projektablauf" zurückzukehren. Am besten eignet sich dazu ein „natürlicher Einschnitt" wie der Abschluss einer Version oder das Erreichen eines Meilensteins (meistens ist allerdings noch mit erheblichem „Nachbeben" zu rechnen). Häufig, doch nicht notwendigerweise, ist dieser Wechsel auch mit einem Wechsel im Projektmanagement verbunden (der Wechsel von einer Ausnahmesituation zu einer Normalsituation mit weniger Befugnissen als bisher ist für einen Krisenmanager nicht einfach; da übernehmen manche lieber eine neue Herausforderung). Der Krisenmanager sollte allerdings seinen Nachfolger unbedingt in das Projekt „einphasen“ können.

Besprechen Sie mit dem Krisenmanager die Perspektiven für seine persönliche berufliche Zukunft, setzen Sie sich für ihn ein; der große Einsatz sollte sich auf irgendeine Weise auch gelohnt haben.

Das Ende der Krise sollte von Ihnen auch für die Mitarbeiter deutlich kommuniziert werden (zum Beispiel Treffen mit allen Mitarbeitern, Feier, Urlaubssperre aufheben, Projekterfahrungs-Workshop, ...). Vergessen Sie auch nicht, allen Beteiligten für ihren Einsatz deutlich sichtbar zu danken.

6.2 Spezielle Hinweise für Projekt-/Krisenmanager

Ohne Unterstützung der Leitung sind Sie machtlos!

Streben sie (für ein sauber definiertes Projekt-„Portefeuille“) klare Zielvorgaben und Verantwortungsbereiche an!

Wenn Sie am Anfang *keine* klaren Absprachen mit dem Management hinsichtlich Zielvorgaben/Verantwortungen/Vollmachten erzielen können, ist häufig schon die Quelle für Missverständnisse und Misserfolge gelegt. Führen Sie daher unbedingt ein ausführliches Contracting-Gespräch mit dem übergeordneten Management. Wenn Sie dem Management keine klaren Aussagen entlocken können oder deutlich wird, dass Sie zu wenig Kompetenzen bekommen, um etwas bewirken zu können, dann lehnen Sie den Job ab (falls Sie in der Lage sind, ablehnen zu können); Sie haben gute Gründe dafür. Eine schriftliche Fixierung der Ergebnisse ist sehr wichtig (wenn es der Chef nicht tut, dann tun Sie es).

Wichtige Fragen, die trotz aller situationsbedingten Hektik in Ruhe besprochen werden sollten:

- Was ist Ihr Auftrag?
- Was sind Ihre Erfolgskriterien?
- Welche Kompetenzen haben Sie?

- Zum Beispiel Personalrekrutierung von Spezialisten oder externen MA
- disziplinäre Verantwortung
- Auftreten gegenüber dem Auftraggeber
- Auftreten gegenüber Partnern/Konsortien, Auftreten gegenüber Unterauftragnehmern/Lieferanten
- Infrastruktur
- Beschaffung
- Verantwortungen, Erlaubnis zum Übertreten firmeninterner Vorschriften (zum Beispiel Unterschrifts- oder Arbeitszeitregelungen), Prämienbudget, evtl. eigene temporäre Kostenstelle, ...

- Was geschieht mit Ihrem bisherigen Tätigkeitsbereich (Rückkehrmöglichkeiten, Vertreterregelung, Ende Ihres Auftrags)?
- Was sind für Sie die Ausstiegskriterien?
- Wem sind Sie verantwortlich (Berichterstattung, Eskalationsmechanismen, „Chefzeit“ für Konsultationen, ...)?

Andererseits hat es keinen Sinn, beim Contracting alles bis ins letzte Detail regeln zu wollen: Sie brauchen zwar klar definierte Leitlinien, Kompetenzen und Verantwortungsbereiche. Wenn Sie aber Absicherung bis ins letzte Detail suchen, dann sind Sie die falsche Person für diesen Job. In der Praxis ist es oft sinnvoll, sich Kompetenzen „anzumaßen“ (und nicht ständig nachzufragen), wenn die Kompetenzen aus Ihrem Auftrag heraus logisch ableitbar sind.

Wenn Sie eine Krise zu managen haben, dann pochen Sie auch auf den Sonderstatus und die offiziell kommunizierte Bezeichnung eines „Krisenmanagers“.

Berichterstattung ist wichtig!

Die transparente und ehrliche Berichterstattung zu den Personen, denen Sie verantwortlich sind, ist gerade in Krisenzeiten sehr wichtig. Die Gefahr der Einflussnahme durch selbsternannte „Einflüsterer“ ist besonders dann groß, wenn kein gutes Vertrauensverhältnis zwischen Ihnen und den Adressaten der Berichte besteht. Dies betrifft sowohl interne als auch externe Berichte.

Bei aller „Diplomatie“: Wer das Gefühl bekommt, mit geschönten Daten versorgt oder gar belogen zu werden, hat zu Ihnen sicherlich kein Vertrauen mehr.

Zur Berichterstattung gehört auch das Festlegen interner Eskalationsmechanismen und das „Briefing“ der Manager vor entscheidenden Kundenkontakten (Vorwarnen ist viel besser als nachträgliches Rechtfertigen). Wichtig ist es dabei auch, möglichst früh die zeitliche Verfügbarkeit der Manager zu vereinbaren.

Sichern Sie sich auch neben den offiziellen Wegen der Berichterstattung einen „guten Draht“ zu den Entscheidungsträgern. Auf diese Weise kommen Sie meist zu wichtigen Hintergrundinformationen.

Suchen Sie sich einen Mentor/Coach!

Gerade als junger Krisenmanager sind Sie in der Firmenhierarchie meist nicht stark verankert; manchmal sind Sie auch unsicher, wie eine Situation einzuschätzen ist, was „geht“ und was „nicht geht“ (ungeschriebene Firmengesetze). In solchen Situationen ist das Konzept eines „Mentors“ sehr zu empfehlen (ein wohlwollender, in die Situation nicht involvierter Manager, der langjährige Erfahrung hat und Ihnen beratend zur Seite steht). Manchmal erklären sich frühere Krisenmanager dazu bereit, in solchen Fällen für Konsultationen zur Verfügung zu stehen.

Sie müssen agieren und entscheiden!

Bei allen Regelungen, Zielvorgaben und Hilfestellungen:

- Sie müssen „den Karren aus dem Dreck ziehen“,
- Sie haben die Verantwortung,
- Sie müssen agieren und können sich auf niemand anderen herausreden.

Das ist gleichzeitig die Chance und die Herausforderung beim Krisenmanagement. Trotzdem ist es wichtig, bei allen Freiräumen (die in der Praxis ohnehin meist geringer sind als vereinbart) nicht „abzuheben“ und das Augenmaß nicht zu verlieren (innerhalb der Unternehmens-Gesetze“ bleiben, Mitarbeiter nicht „verheizen“, sich selbst nicht überfordern, ...).

Ohne Unterstützung der Mitarbeiter sind Sie hilflos!

- *Kontrolle ist gut, Vertrauen ist besser.*

  Es ist selbstverständlich, dass Sie als Neueinsteiger in das Krisenprojekt Kontrolle ausüben müssen: Der Projektstatus muss unbedingt möglichst rasch und ungeschönt erhoben werden, damit Sie wissen, woran Sie im Detail sind. Nur dann ist es möglich, konkrete und sinnvolle

Maßnahmen zu setzen. Wenn Sie allerdings keine Vertrauensbasis zu den Mitarbeitern aufbauen können, dann wird dies sehr schwer gelingen: Gegen den Willen des Teams können Sie als Neueinsteiger kaum etwas ausrichten.

- *Finden Sie Experten und halten Sie sich diese auch zur Verfügung.*

  Häufig ist fehlendes technisches Expertenwissen zu bestimmten, wichtigen Projektthemen ein Teil der Krisenursache. Sie brauchen dringend Spezialisten, um diese Themen zielstrebig bearbeiten zu können. Das Auffinden und die Rekrutierung von Spezialisten ist in vielen Unternehmen ein ständiges Problem, für das es keine allgemeine Lösung gibt.

Einige Tipps:

Für das Auffinden sind „informelle Netzwerke" und „Informationsdrehscheiben" sehr nützlich (zum Beispiel Supportzentren, Tool-Datenbank, Kontakte aus früheren Projekten und Informationen aus der Erfahrungsdatenbank, Wünsche des Projektteams, ...). Schrecken Sie dabei auch nicht vor unkonventionellen Lösungen zurück, wenn es wirklich nötig ist (externe Mitarbeiter beschäftigen, externe Spezialisten für Detailthemen „einfliegen lassen", ...).

Für das Rekrutieren ist es wichtig, dass Sie im Contracting-Gespräch zu klaren Vereinbarungen kommen. Natürlich werden Sie nicht jede beliebige Person aus jedem beliebigen Projekt „loseisen" und in Ihrem Krisenprojekt einsetzen können. Andererseits können Sie ohne Hilfe „von oben" oft nicht einmal minimale Lösungen durchsetzen.

Resümee: Versuchen Sie, auf möglichst vielen Ebenen aktiv zu werden, ohne dabei das Augenmaß zu verlieren, doch „schreien Sie laut", wenn es wirklich nötig ist.

Nutzen Sie die Erfahrungen des „Ex-Projektmanagers"!

Beim Einsetzen von Krisenmanagern ist der Umgang mit dem „Ex-Projektmanager" naturgemäß ein heikles Thema. Ihm wird ja vorgeworfen (zu recht oder zu unrecht, explizit oder implizit), das Projekt in die Krise geführt, also in gewisser Weise „versagt" zu haben (ganz abgesehen vom menschlichen Problem, einfach ausgetauscht zu werden). Andererseits brauchen Sie als Krisenmanager dringend seine Erfahrung und sein Wissen.

In den meisten Fällen hat es sich als günstig erwiesen, den Projektleiter nicht sofort auszutauschen, sondern mit ihm zusammenzuarbeiten (lassen Sie ihn nicht „das Gesicht verlieren", sondern nehmen Sie ihn „mit ins Boot"). Sprechen Sie dabei sein und Ihr Selbstverständnis an und versuchen Sie, eine gemeinsame Basis der Zusammenarbeit zu schaffen. Mittelfristig hat es sich meist als besser erwiesen, dass der „Ex-Projektmanager" sich einem anderen Aufgabenbereich zuwendet; doch alle diese Aussagen hängen stark vom Einzelfall ab und sind nicht ohne weiteres generalisierbar (versuchen Sie dabei stets den Projekterfolg und die menschliche Dimension zu berücksichtigen).

Nehmen Sie alle Mitarbeiter und ihre Meinungen ernst!

Wenn „ein Neuer" kommt, dann entsteht ganz automatisch Bewegung im Projektteam. Die Mitarbeiter sind verunsichert, erkennen aber andererseits Chancen für Veränderungen/Verbesserungen oder auch zur persönlichen Profilierung. In dieser Situation ist es sehr wichtig, den Mitarbeitern das Gefühl zu geben, mit ihren Anliegen und Vorschlägen ernst genommen zu werden.

Sie sind der Neuling, Sie müssen zuhören und können sich erst nach einiger Zeit eine eigene Meinung bilden; meist ist das Wissen über mögliche Lösungen und Vorgehensweisen bereits im Projektteam vorhanden. Suchen Sie auch bei Großprojekten den persönlichen Kontakt mit den Mitarbeitern („Management by Walking Around"). Es ist immer gefährlich, mit vorgefassten Meinungen und „Patentrezepten" an die Lösung eines Problems zu gehen. Andererseits müssen Sie sich bei Ihrer Meinungsbildung vor notorischen „Einflüsterern" und Besserwissern hüten.

Vergessen Sie dabei aber nicht: Nach einer meist sehr kurzen „Schonzeit" müssen Sie agieren und nicht nur das Team moderieren, sondern auch das Projekt auf den richtigen Weg bringen.

Verlangen Sie keine „sinnlosen Aktionen"!

Die Verpflichtung zu „sinnlosen" Tätigkeiten wird von den Mitarbeitern als besonders demotivierend empfunden. Daher ist es sehr wichtig, bei Aktionen, deren Sinn für die Mitarbeiter nicht einsichtig ist, die Beweggründe/Hintergründe zu erläutern (Zum Beispiel: „Es tut mir leid, der Auftraggeber hat diese Sache zu einem Kriterium für den Projektabbruch hochstilisiert; wir müssen es daher tun, auch wenn es für das Projekt keinen Sinn ergibt."). Auch die bloße Aufforderung, „schneller" oder „härter" zu arbeiten, wird gerade von engagierten Mitarbeitern als Frotzelei empfunden und bringt in der Sache nichts weiter.

Ähnlich demotivierend ist die häufige Änderung von Prioritäten: Die Mitarbeiter haben (nicht zu unrecht) den Eindruck, hier wird anlassgetriebener Aktionismus praktiziert und nicht zielstrebiges Krisenmanagement. Oft entsteht dieser Eindruck dadurch, dass die Mitarbeiter zu wenig vom „tagespolitischen Geplänkel" mit dem Auftraggeber abgeschottet werden, sondern alles „brühwarm" durchgereicht und als neue Lösung ausgegeben wird. Wenn es wirklich nötig ist, Prioritäten zu ändern, dann kommunizieren Sie unbedingt Ihre Beweggründe.

Ziehen oder treiben? – Teamgeist!

Auf die Frage über den richtigen Umgang mit Mitarbeitern kommen bei den Krisenmanagern unterschiedliche Sichtweisen zum Vorschein: Die Mehrheit verwendet das Wort „Ziehen" als zentralen Ausdruck Ihres Selbstverständnisses, andere verstehen sich eher als „Treiber". Sicherlich hängt das „optimale" Verhalten eines Krisenmanagers gegenüber den Mitarbeitern auch von der jeweiligen Situation ab.

Worüber sich meist alle einige sind: Treiben darf nicht zum Verlust des Teamgeists führen; das Wichtigste ist das Stecken gemeinsamer (realisierbarer) Ziele, das gemeinsame Arbeiten an der Verwirklichung dieser Ziele und das Verbreiten einer Grundstimmung: „Wir schaffen es!" Eine derartige Stimmung kann durch gemeinsame Veranstaltungen (Feste), Lob und persönlichen Kontakt mit Ihren Mitarbeitern gestärkt werden. Demgegenüber bringt das Verbreiten eines Klimas der ständigen Überforderung meist nicht die gewünschten Erfolge.

Ohne Minimalkonsens mit dem Auftraggeber ist alles sinnlos!

- *Ihre Strategie muss klar sein.*

  Bevor Sie mit dem Auftraggeber in Kontakt treten, ist eine interne Abklärung Ihrer Unternehmensstrategie sehr wichtig. Sie sind ja nicht ohne Grund als Krisenmanager eingesetzt worden, häufig auch auf Druck des Auftraggebers. Dazu benötigen Sie einerseits entsprechende Informationen aus dem Management, andererseits auch zumindest eine grobe Einschätzung des Projektstatus. Was denn eigentlich das wirklich Wichtige bei diesem Projekt ist, darf in der Hektik des Tagesgeschäfts nicht in Vergessenheit geraten. Letztlich wird es Ihnen auch der Auftraggeber danken.

  Ein zentrales Thema beim Finden der Strategie ist die Klärung der rechtlichen Situation (Dazu ist Ihre juristische/kaufmännische Abteilung einzuschalten: Welche juristischen Fallstricke und „Bomben" gibt es im Vertrag, gibt es die Möglichkeit für die Umgestaltung des Vertrags/Zusatzverträge,...?). Für die Klärung der konkreten finanziellen

Situation sowie die Planung des weiteren Vorgehens muss natürlich auch der zuständige Kaufmann eingebunden werden.

- *Als „Neuer" haben Sie neue Chancen.*

  Als „Neuer" haben Sie meist beim Auftraggeber einen gewissen Bonus (so klein er auch sein mag), da sich ja auf Auftragnehmerseite endlich etwas tut. Nutzen Sie diese Chance, um verfahrene Diskussionen wieder in Schwung zu bringen. Nutzen Sie diese Chance auch, um genau hinzuhören, was der Auftraggeber wirklich sagt (und sagen will). Ihr erstes Auftreten ist dabei besonders wichtig, da in Sie große Hoffnungen gesetzt werden (teilweise auch völlig unrealistische). Oft ist es in solchen Situationen nötig, „politische" Opfer zu bringen (zum Beispiel den Austausch von Ansprechpartnern), um gutes Klima zu schaffen.

- *Versprechen Sie nichts Unmögliches.*

  Machen Sie bei den ersten Gesprächen keine Versprechungen hinsichtlich Aufwand und Termin, wenn die Dinge nicht intern im Detail abgeklärt sind. Ganz egal, welche Begründungen Sie später haben, Sie werden auf Ihre Aussagen „festgenagelt" werden und verringern daher Ihren Verhandlungsspielraum ganz erheblich.

  Versprechen Sie nichts, was Sie selbst und das Projektteam für unmöglich halten. Das hat schlichtweg keinen Sinn.

  Andererseits erwartet der Auftraggeber neue und realistische Termine und Aufwandsangaben. Ihre „Schonfrist" ist meist sehr kurz, Sie müssen bald mit Notfallplänen herausrücken. Streben Sie dabei Stufenpläne an: Sichtbare Teilerfolge verbessern das Klima erheblich. (Denken Sie etwa an die Vorgehensweise von Toll Collect.)

  Termine können nicht beliebig oft verschoben werden, versuchen Sie daher von Anfang an, „realistisch" zu planen. Spätestens beim zweiten Verschieben eines wichtigen Termins werden Sie Probleme mit dem eigenen Management bekommen, ganz abgesehen vom „Gesichtsverlust" beim Auftraggeber.

- *Bereiten Sie sich gut auf Meetings vor.*

  Gute Vorbereitung ist der halbe Erfolg. Wenn Sie selbst nicht genau wissen, worüber eigentlich verhandelt wird, was die eigenen Ziele und konkreten Vorschläge im Rahmen der Projektdurchführung sind (interne Abstimmung, am besten immer mehrere Varianten vorbereiten!), dann haben Sie schon fast verloren. „Briefen" Sie Ihre Vorgesetzten vor Treffen mit dem Auftraggeber auch dementsprechend. Definieren Sie konkrete Ziele für das Meeting, bereiten Sie Alternativvarianten und „Fallback" vor („Was tun, wenn nicht ...?").

- *Agieren, nicht nur reagieren.*

  Versuchen Sie, selbst konkrete Vorschläge zur Lösung der Probleme zu machen und nicht nur „Befehlsempfänger“ des Auftraggebers zu werden (sonst verringern Sie Ihren Spielraum erheblich). Zeigen Sie dem Auftraggeber das entstehende Produkt (zum Beispiel anhand von Prototypen); das kann (im positiven Fall) das Vertrauen erheblich erhöhen. Machen Sie Vorschläge hinsichtlich eines Ausbaustufenkonzepts („abstrippen“), um auf diese Weise die wirklich dringenden Bedürfnisse des Auftraggebers anzusprechen und befriedigen zu können, zum Beispiel, indem Sie anregen, Prioritäten zu setzen: Was muss unbedingt vorhanden sein und was ist „nice to have“?

- *Erhalten Sie immer die Gesprächsbasis mit dem Auftraggeber.*

  Bei allen Auseinandersetzungen und Streitigkeiten ist es wichtig, trotzdem eine „minimale Gesprächsbasis“ mit dem Auftraggeber zu erhalten. Er darf nie das Gefühl bekommen, dass er Ihnen im Grunde völlig egal ist oder dass er absichtlich „gelinkt“ wird.

  Transparentes Agieren gegenüber dem Auftraggeber (und natürlich noch vielmehr gegenüber dem eigenen Management) ist meist erfolgreicher als „Geheimniskrämerei“. Dazu gehört unter Umständen auch freiwilliges regelmäßiges Informieren des Auftraggebers. Das bewusste Sagen der Unwahrheit („Lügen“) hat meistens ohnehin keinen Sinn.

Springen Sie ohne Aufregung ins kalte Wasser!

Meistens werden Sie unvorbereitet vom Ruf zum Krisenmanager getroffen werden. Gehen Sie es am besten mit „ernsthafter Gelassenheit“ an. Von Ihnen werden keine sofortigen Entscheidungen und Maßnahmen verlangt (und wenn, dann sollten Sie es verweigern). Machen Sie sich zuerst ein Bild von der Situation (Situationsanalyse Abschnitt 3.2), sprechen Sie ausführlich mit den „Key Players“ des Projekts. Verbreiten Sie keine Hektik und schon gar nicht Panik bei den Mitarbeitern. Stellen Sie sich den Mitarbeitern unbedingt persönlich vor (am besten in einer gemeinsamen Aktion mit dem übergeordneten Management).

Was ist dringend, was ist wichtig? – Prioritäten setzen!

Versuchen Sie in Gesprächen mit den Projektmitarbeitern (siehe auch Abschnitt 4.6 Informations-/Kommunikationsmanagement in der Krise) und dem Auftraggeber, zwischen wichtigen und dringenden Anliegen zu differenzieren. Sichten Sie die vorliegenden Dokumente und Ergebnisse, ordnen Sie, doch werfen Sie nicht prinzipiell alles über den Haufen.

Nach dem ersten Zuhören und der Phase des Überblickschaffens müssen Sie beginnen zu agieren. Definieren Sie eine „Roadmap" der Meilensteine für die nächste Zeit, setzen Sie wohlbegründete Prioritäten und erreichbare Ziele; stellen Sie die Mitarbeiter nicht vor unerfüllbare Aufgaben und blockieren sie sich nicht durch zu viele Aufgaben gleichzeitig.

Projektstrukturen aufbauen!

Suchen Sie sich behutsam ihre Vertrauensleute im Projekt. Wechseln Sie nicht zu viele oder gar alle Verantwortungsträger auf einmal aus (das produziert nur Chaos; zudem benötigen Sie dringend das Know-how dieser projekterfahrenen Leute). Wenn es sich vermeiden lässt, stoßen Sie die Mitarbeiter nicht vor den Kopf. Stellen Sie auf diese Weise möglichst rasch „Notprozesse" und Schritt für Schritt eine neue Projektstruktur nach Ihren Vorstellungen auf.

Nicht zu viel besprechen!

Häufig wird in Krisensituationen zu viel Zeit für Besprechungen aufgewendet: Man kommt dann vor lauter Krisensitzungen nicht mehr zum Arbeiten. Bauen Sie daher effiziente Kommunikations- und Berichtsstrukturen auf, an denen wirklich nur die Leute teilnehmen, die davon betroffen sind (Verteiler definieren, Handys, E-Mail,...). Halten Sie Besprechungen kurz, setzen Sie im größeren Kreis unbedingt einen Moderator ein. Sorgen Sie für entsprechende Protokollierung von Ergebnissen. Nutzen Sie die Vorteile des Intranets und machen Sie Informationen teilweise zur Holschuld für die Betroffenen (sonst droht das häufig erlebte „Ersaufen in der Mailflut", wo man nicht mehr erkennt, was wichtig ist).

Vertrauen Sie Ihrem Hausverstand!

Viele praktische Probleme lassen sich nicht mit theoretischem Projektmanagement-Know-how, sondern viel eher mit praktischem Hausverstand lösen. Lassen Sie sich nicht durch hochkomplexe scheinbare Sachzwänge irre machen, sondern versuchen Sie die einfacheren Strukturen dahinter zu erkennen. Beachten Sie dabei das KISS-Prinzip („keep it simple and stupid" bzw. „keep it small and simple"). Das bedeutet auch, sich nicht zu viele Handlungsfelder („Action Items") gleichzeitig vorzunehmen, sondern stattdessen einige wichtige konsequent zu verfolgen. Diese können nach dem Prinzip der „Low-hanging Fruits" diejenigen sein, bei denen mit wenig Aufwand eine positive Wirkung erzielt werden kann.

In letzter Zeit ist der Begriff der „emotionalen Kompetenz" in der Management-Literatur zu einem Modewort geworden. Er betrifft im Kern genau diese Themen des „vernünftigen Handelns“ mit Hausverstand und Augenmaß. Als Krisenmanager erwarten Sie mit Sicherheit emotional belastende Situationen. Versuchen Sie, die dabei entstehende Energie positiv zu nützen.

Achten Sie auf die Grenzen Ihrer eigenen Belastbarkeit!

Lassen Sie sich von Ihrem Projekt nicht gänzlich vereinnahmen und erhalten Sie sich regelmäßig zumindest kleine persönliche Freiräume und Selbstschutzmechanismen (Freizeit, Wochenende, Familie, Sport und Gesundheit). Totaler Einsatz über längere Zeit lohnt sich nicht und Überlastung macht letzten Endes auch Ihre Projektarbeit ineffizient.

Achten Sie auf Erholungspausen nach Perioden besonderer Anspannung, auch wenn es nicht leicht fällt (ein „Workaholic“ ist – wie schon der Name sagt – ein Süchtiger, und jede Sucht hat Spätfolgen).

Betreiben Sie „ganz normales Projektmanagement“ unter besonderen Bedingungen!

Neben all den erwähnten typischen Akut-Themen (Notprozesse, thematische Prioritäten, Umgang mit Auftraggebern/Chefs/Mitarbeitern in Ausnahmesituationen, ...) ist es ganz wichtig, nicht „abzuheben“ und das Projekt dahin zu bringen, dass „ganz normales Projektmanagement“ betrieben werden kann.

Vergessen Sie nicht, auf Entwicklungsmethodik und Reviews der entstehenden Ergebnisse zu setzen (das wird sich sonst später rächen); versuchen Sie, nach den ersten Notmaßnahmen eine solidere Projektplanung aufzusetzen und in sichereres Fahrwasser zu gelangen (dies betrifft zum Beispiel den effizienten Einsatz von Unterstützungstools für die Entwicklung und für das Konfigurationsmanagement, das Installieren eines Change-Request-Verfahrens, das Nachdokumentieren von wichtigen Entwicklungsunterlagen, Stabilisieren des Testgeschehens, Versions- oder Ausbaustufenplanung usw.). Denken Sie auch daran, dass die Mitarbeiter nicht jahrelang über Gebühr belastet werden können und irgendwann Erholung brauchen.

Das Beenden der Krise sollte Ihnen ein dringendes Anliegen sein (auch wenn es durchaus hochinteressant sein und Spaß machen kann, in Ausnahmesituationen zu agieren); rechnen Sie allerdings mit erheblichen „Nachbeben“: Krisen sind nach Aussage vieler Manager in der Praxis fast nie „schnell ausgestanden“, sondern ziehen sich oft erstaunlich lang hin, auch wenn die technischen Probleme bereits längst gelöst scheinen.

6.3 Spezielle Hinweise für die krisenbetroffenen Mitarbeiter

Krisen eröffnen immer auch neue Möglichkeiten!

Wenn eine Krise „ausgerufen“ wird, dann ist vorher schon einiges schief gelaufen. Wenn Sie konkrete und plausible Vorschläge zur Verbesserung der Situation haben, dann haben Sie jetzt gute Chancen zur Veränderung. In dieser Lage sind weder „Krankjammern“ noch Schönfärberei sinnvoll. Gefragt sind jetzt konstruktive Analysen und das Erarbeiten realistischer Lösungsmöglichkeiten. Nützen Sie die Möglichkeiten, die sich durch die neue Situation ergeben. Wenn Sie „positiv auffallen“, dann haben Sie durchaus auch die Chance zur beruflichen Weiterentwicklung, denn Krisenprojekte stehen immer im Mittelpunkt des Interesses.

Geben Sie dem Krisenmanager eine Chance!

Der Krisenmanager ist meist in einer für ihn gänzlich neuen Situation: Er kennt die Mitarbeiter nicht, kennt sich im Projekt nicht aus, kennt das Projektumfeld nicht. Geben Sie ihm eine Chance und opponieren Sie nicht gegen ihn. Er muss sich zuerst orientieren, ist von Ihnen allen abhängig und kann nicht sofort „Wunder wirken“.

Falls Sie allerdings glauben, dass er die Situation falsch einschätzt, und die gesetzten Maßnahmen für Sie nicht nachvollziehbar sind, dann haben Sie durchaus den Mut, dies in entsprechender Weise anzusprechen: Der Krisenmanager braucht Ihr positives und negatives Feedback (zum Beispiel im Jour fixe oder im Projektberichtswesen).

Sie und Ihr Einsatz sind wichtig!

Ihr volles Engagement ist wesentlich für die Bewältigung der Krise. Der Krisenmanager allein kann wenig bewirken und nur die Rahmenbedingungen verbessern. Die konstruktive Zusammenarbeit in einem funktionierenden Team ist der Schlüssel zum Projekterfolg; tragen Sie Ihren Teil dazu bei.

Lassen Sie sich nicht „verheizen“!

In Krisenprojekten stehen alle Mitarbeiter unter starken Belastungen, auch in psychischer Hinsicht. Stress kann und soll durchaus Spaß machen, wenn man spannende Herausforderungen annimmt; gerade in einem gut funktionierenden Team („Packen wir's an, wir schaffen es“). Andererseits hat es keinen Sinn, über lange Zeit hinweg unguten Belastungen ausgesetzt zu sein, die als sinnlos erlebt werden. Sie werden in einer solchen Situation auch nicht sonderlich produktiv arbeiten können. Wenn Sie das Gefühl haben, nichts mehr weiterzubringen und nur „verheizt“ zu werden, dann sollten Sie das Gespräch mit Ihren Vorgesetzten suchen, um gemeinsam mit ihm Lösungen zu finden.

Sucht man im Projekt- oder Krisenmanagement nach den Ursachen von Fehlern, so kommt man bei genauer Betrachtung fast immer zu einem Ergebnis etwa folgender Art:

Ein Mensch beweist uns klipp und klar,
dass er es eigentlich nicht wahr.
Ein andrer Mensch mit Nachdruck spricht:
„Wer es auch sei – ich war es nicht!“
Ein Dritter lässt uns etwas lesen,
wo drinsteht, dass er's nicht gewesen.
Ein Vierter weist es weit von sich:
„Wie?“ sagt er, „Was? Am Ende ich?“
Ein Fünfter überzeugt uns scharf,
dass man an ihn nicht denken darf.
Ein Sechster spielt den Ehrenmann,
der es gewesen nicht sein kann.
Ein Siebter – kurz, wir sehen's ein:
Kein Mensch will es gewesen sein.
Die Wahrheit ist in diesem Falle:
Mehr oder minder war'n wir's alle!

Eugen Roth

7 Übungen

7.1 Konfliktstilspeicher

Große und kleine Konflikte sind eine Tatsache in unserem alltäglichen Arbeitsleben. Dieser Speicher wurde entwickelt, um zu helfen, etwas über den für Sie charakteristischen Umgang mit Konflikten zu lernen. Die Übungen wurden verschiedenen Konflikttrainings des Siemens Nixdorf Trainingscenter entnommen.

Der Konfliktstilspeicher besteht aus zehn Mini-Fällen über arbeitsbezogene Konfliktsituationen. Jedem Fall folgen fünf alternative Handlungsmöglichkeiten. Ihre Aufgabe besteht darin, jeden Fall und seine Aktionsalternativen durchzulesen und zu entscheiden, welche dieser Alternativen Sie bevorzugen. Vielleicht bevorzugen Sie mehr als eine Alternative. Aus diesem Grund stehen Ihnen für jeden Mini-Fall zehn Punkte zur Verfügung.

Sie können diese Punkte unter den fünf Alternativen so verteilen, wie Sie es möchten, zum Beispiel 5 Punkte für eine Alternative, 2 Punkte für eine andere und 3 Punkte für eine dritte Alternative – abhängig davon, in welchem Maße Sie mit jeder Alternative übereinstimmen. Oder Sie können alle 10 Punkte nur an eine Alternative vergeben. Das liegt ganz bei Ihnen.

Wenn Sie Ihre bevorzugte(n) Alternative(n) auswählen, dann tragen Sie bitte links neben jedem Vorschlag die Punkte ein, die Sie ihm zubilligen. Beachten Sie bitte, dass dies kein „Test“ ist und es keine „richtigen“ Antworten gibt. Das Bewertungs- und Interpretationsmaterial finden Sie im Anschluss an den Test.

Verteilen Sie also jetzt bei jedem Mini-Fall zehn Punkte nach Ihrem Belieben auf die fünf Alternativen. Sie müssen alle zehn Punkte vergeben, aber Ihre Gesamtzahl darf zehn Punkte für eine Alternativserie nicht überschreiten.

Lassen Sie sich nicht durch die vorgeschlagenen Lösungswege verwirren – manchmal gäbe es sicher noch bessere Lösungen, die aber nicht erwähnt sind. Es geht lediglich um die Art der Lösungen. Tun Sie einfach so, als wären die vorgeschlagenen Lösungen die einzig möglichen.

1. Fall

Sie haben sich mit Wolfgang noch nie gut verstanden. Gleich vom ersten Tag an, als Sie Wolfgang vor einigen Jahren im Unternehmen kennen lernten, konnten Sie ihn nicht leiden. Nachdem Sie mit ihm bei einigen Projekten und im Laufe einiger Besprechungen zusammengearbeitet haben, sind Sie sicher, dass Sie mit dieser Person nichts zu tun haben wollen.

Ihr Problem mit Wolfgang beruht auf Stilfragen. Wolfgang ist eine laute Person, viel redegewandter als Sie, der viel spricht und niemals an andere zu denken scheint. Er verhält sich sehr konkurrierend, das heißt, er versucht, andere in ein schlechtes Licht zu rücken, um sich selbst besser dazustellen. Wolfgang hat offen zugegeben, dass er sich nicht für die Unternehmensziele einsetzt. Er will nur ein „Ticket" für den Wechsel zu einer anderen, höherwertigeren Tätigkeit.

Ihr Chef hat Ihnen mitgeteilt, dass ein großer Auftrag ins Haus steht, der für das Unternehmen von großer Bedeutung ist. Sie sind in sein Büro gerufen worden, um mit den Planungen und Arbeiten für das Projekt zu beginnen. Sie betreten das Büro Ihres Chefs und sehen ihn und Wolfgang zusammensitzen und lachen. Ihr Chef wendet sich zu Ihnen und sagt: „Hallo, Sie kennen Wolfgang ja bereits – ich dachte, dass Sie beide ein gutes Team bilden, das bei diesem Projekt eng zusammenarbeiten kann. Was halten Sie davon?"

Obwohl Sie unvorbereitet sind, entscheiden Sie sich,

A ___ Ihrem Chef und Wolfgang klarzumachen, dass Sie zurzeit zu überlastet sind, um ein neues Projekt zu übernehmen, obwohl Sie gerne mit Wolfgang zusammenarbeiten würden.

B ___ mit Wolfgang zusammenzuarbeiten und zu versuchen, sich so kooperativ wie möglich zu verhalten.

C ___ mit Wolfgang (in einer privaten Aussprache) ein Übereinkommen zu treffen, spezifische Teile des Projekts unabhängig zu bearbeiten und zu versuchen, diese Abmachung schriftlich festzuhalten.

D ___ Wolfgang später aufzusuchen und mit ihm die Art ihrer Zusammenarbeit zu besprechen, um bei dem Projekt das zu erreichen, was Sie beide wollen.

E ___ ein angenehmes, aber unverbindliches Gespräch zu führen und später Ihren Chef über Wolfgangs Arbeitsweise aufzuklären.

2. Fall

Sie und Dieter haben sehr unterschiedliche Arbeitsstile. Dieter ist der Typ, der sich nie darüber Gedanken macht, ob er etwas rechtzeitig erledigt. Obwohl er sehr gut arbeitet und gelegentlich auch brillante Geistesblitze hat, fällt es ihm sehr schwer, Termine einzuhalten. Dieter ist auch oft schlampig und schlecht organisiert. Er glaubt, ordentlich und systematisch zu arbeiten, sei ein Zeichen einer „Zwangsneurose". Er besitzt sehr gute fachlich-technische Fähigkeiten.

Sie sind ein Typ, dem es sehr wichtig ist, dass alles erledigt wird. Sie arbeiten möglichst nach dem Prinzip: „Was Du heute kannst besorgen, das verschiebe nicht auf morgen." Sie sind auch sowohl in Ihren Arbeits- wie auch in ihren persönlichen Gewohnheiten sehr gut organisiert. Sie schreiben Ihre Fähigkeit, qualitativ hochwertige Arbeit innerhalb eines kurzen Zeitraums zu leisten, diesen Organisationstalenten zu.

Sie und Dieter haben schon vorher zusammengearbeitet, unter anderem an einem wichtigen Projekt. Das Projekt wurde drei Monate zu spät fertig gestellt, und dieser Prozess hat Ihnen ein Magengeschwür eingebracht und Sie fast an den Rand einer Scheidung gebracht. Nach dieser Zeit sind Sie entschlossen, nicht mehr mit Dieter zusammenzuarbeiten.

Nun hat sich eine neue Aufgabe ergeben und Sie und Dieter sind die beiden einzigen in der Abteilung, welche die Fähigkeiten besitzen, dieses Projekt zu bearbeiten. Sie haben die freie Wahl, das Projekt „sausen zu lassen" – irgendeine Abteilung wird es schon aufgreifen –, aber die Durchführung des Projekts würde zu besseren Chancen für berufliche Entwicklung und Weiterkommen führen. Dieter ist bereit, mit Ihnen bei diesem Projekt zusammenzuarbeiten, aber Sie haben eine Vielzahl von Vorbehalten. Dieter hat eine Notiz für Sie hinterlassen, dass er mit Ihnen über die Arbeit an dem Projekt sprechen möchte. Sie überlegen, was Sie sagen werden.

Sie beschließen, dass Sie am besten

A ___ Dieter sagen werden, dass Sie keine Lust haben, mit ihm an diesem Projekt zu arbeiten.

B ___ einen sorgfältigen Plan mit Dieter ausarbeiten werden, so dass sichergestellt ist, wer von Ihnen was wann tun wird; dann lassen Sie Dieter eine formelle, durch Zeugen bestätigte Erklärung in diesem Sinne unterschreiben.

C ___ Ihrem Chef sagen werden, dass Sie an diesem Projekt nur arbeiten wollen, wenn Sie zum Projektleiter ernannt werden mit der vollen Autorität, Dieter einen formellen Verweis zu erteilen (mit Rückendeckung durch Ihren Chef), wenn er sich nicht in Ihrem Sinne einsetzt.

D ___ versuchen werden, sich freundlicher gegenüber Dieter zu verhalten, so dass er einen größeren Anreiz verspürt, sich in Ihrem Sinne einzusetzen.

E ___ sich mit Dieter zusammensetzen werden, um über die Probleme in der Vergangenheit zu sprechen und zu diskutieren, ob es eine Möglichkeit gibt, diese Probleme bei der Arbeit an dem neuen Projekt zu vermeiden.

3. Fall

Sie sind mit Ihrem Vorgesetzten im vergangenen Jahr nicht gut ausgekommen. Ihr Chef, Robert König, ist eine dominierende Persönlichkeit und scheint keinen Wert auf Ihre Beteiligung an den wichtigen Aktivitäten zu legen, die in der Abteilung anstehen. Es sieht auch so aus, als ob er kein Gespür für die Gefühle und Bedürfnisse seiner Mitarbeiter hätte.

Vor zwei Monaten wurde der Einheit ein wichtiges Projekt zugeteilt. König rief nach Ihnen, wies Sie an, das Projekt zu übernehmen und legte die Pläne zur Durchführung dar. Sie überprüften die Situation und teilten ihm nach einigem Überlegen mit, dass Sie verschiedene Ideen hätten, wie das Projekt effektiver ausgeführt werden könnte. König antwortete wie folgt: „Ich bin nicht interessiert an Ihren Ideen. Ich werde dafür bezahlt, Ideen zu haben – Sie werden dafür bezahlt, meine Anweisungen zu befolgen."

Sie folgten also entgegen Ihren Überzeugungen Königs Anweisungen. Es stellte sich dann heraus, dass sich der Chef geirrt hatte und die Dinge nun sehr schlecht stehen. Das Unternehmen verliert eine Menge Geld, und es könnte noch schlimmer kommen.

Sie sind gerade auf dem Weg zu der jeden Montag stattfindenden Mitarbeiterbesprechung, wo Sie über das Projekt berichten müssen. Zu diesem Zeitpunkt ist sich niemand darüber im Klaren, wie schlecht das Projekt läuft. Sie haben dies König gegenüber erwähnt, aber er weigert sich, darüber zu sprechen und behauptet, dass Sie nur Entschuldigungen für Ihre eigene Inkompetenz suchen. Sie wollen mit König nicht in Streit geraten; Sie wollen vor Ihren Kollegen (die auch zum Teil gute Freunde sind), nicht in eine peinliche Lage versetzt werden. Andererseits hat König die Möglichkeit, großen Einfluss auf Ihre Karriere zu nehmen – er kontrolliert praktisch Ihr Einkommen, Beförderungsmöglichkeiten und andere Anerkennungen innerhalb des Unternehmens, zumindest für die nächsten beiden Jahre. Aufgrund familiärer Verpflichtungen sind Sie derzeit nicht in der Lage, das Unternehmen zu verlassen.

Sie treffen die Entscheidung,

A ___ die Fehleinschätzungen von König zu dokumentieren, diese Erkenntnisse seinen Vorgesetzten vorzulegen und dabei sicherzustellen, dass sich die Information im ganzen Unternehmen herumspricht.

B ___ sich für den Augenblick ruhig zu verhalten; keine Aufmerksamkeit zu erwecken und keine Probleme anzusprechen.

C ___ an einer Versetzung zu einer anderen Abteilung zu arbeiten; alle möglichen Wechsel innerhalb des Unternehmens zu prüfen, bis es einmal klappt.

D ___ eine detaillierte Dokumentation des Problems zu erstellen. Dann treffen Sie sich mit König, um diese Information gemeinsam zu überprüfen und zu besprechen und nach möglichen Lösungen oder Wegen zu suchen, wie sich die Situation verbessern lässt.

E ___ einen Bericht zu erstellen, der deutlich macht, dass die Probleme wirklich von König verursacht wurden. Dann gehen Sie zu König und bieten ihm an, ihn nicht bloßzustellen, wenn er Sie in Ruhe das Projekt auf Ihre Weise retten lässt.

4. Fall

Sie leiten eine Gruppe von acht Arbeitern in einer kleinen Möbelfabrik. Fünf Arbeiter tragen Farbe auf Stühle, kleine Tische und ähnliche Gegenstände auf, die den Klebe-, Trocken- und Glättungsprozess durchlaufen haben. Die restlichen drei Arbeiter kontrollieren die bemalten Stücke.

Wenn ein Maler einen Fleck vergessen hat, wird er gerufen und muss die Stelle ausbessern. Das fertige Produkt kommt dann unter die Trockenmaschine und anschließend zur Lager/Versandabteilung. Die Maler werden auf der Basis der gefertigten Stücke bezahlt und markieren jedes fertige Stück, während die Qualitätsprüfer, die im Trockenraum arbeiten, einen Stundenlohn erhalten, der etwas über dem der Maler liegt (dies reicht von sieben bis zwölf Prozent, abhängig von der Produktivität des Malers in einer vorgegebenen Zeit).

Es hat schon immer Konflikte gegeben zwischen Malern und Qualitätsprüfern; die Maler mögen es nicht, die Mängel zu korrigieren (sie werden dadurch langsamer – und es führt zu weiteren Fehlern) und sie äußern dies auch. Die Qualitätsprüfer reagieren darauf mit Aggressionen. Im letzten Monat ist der Konflikt eskaliert und es kommt häufig zu Ausbrüchen.

Sie haben die Entscheidung getroffen

A ___ die Konflikte so gut es geht zu ignorieren und sich mit den Ausbrüchen dann zu beschäftigen, wenn es dazu kommt; es ist nur natürlich für die zwei Untergruppen, sich zu streiten und zu zanken.

B ___ die zwei Gruppen zu sich zu rufen und mit ihnen über die Bedeutung guter Teamarbeit und Kooperation, über die Notwendigkeit eines guten Miteinanders und gegenseitiger Unterstützung zu sprechen.

C ___ die Gruppen zu sich zu rufen, um das Problem zu überprüfen und zu sehen, ob es nicht doch einen Weg gibt, effektiver zusammenarbeiten vielleicht auch durch einige Veränderungen (abhängig von Vorschlägen der Gruppenmitglieder).

D ___ den Maler und den Qualitätsprüfer herauszupicken, die am meisten streiten und sie zu versetzen oder zu entlassen; die Anderen wissen lassen, was mit ihnen passiert, wenn sie ihre zerstörerischen Streitigkeiten fortsetzen.

E ___ zu veranlassen, dass die Qualitätsprüfer die Malmängel selbst ausbessern und ihnen einen geringen festgesetzten Betrag für jedes Stück zu bezahlen, das sie aufbessern; die Hälfte dieses Betrages wird dem Maler von seinem Lohn für dieses Stück abgezogen.

5. Fall

Sie und Manfred sind Gruppenleiter in der Versandabteilung eines pharmazeutischen Unternehmens. Im vergangenen Jahr hatten Sie ernsthafte Auseinandersetzungen über die Anwendung von bestimmtem Material zum Einschweißen und Verpacken. Manfreds Gruppe verschickt alle Vitamin-Produkte der Firma und dabei werden gewöhnlich flaschenförmige Behälter verwendet. Das betreffende Material wurde entwickelt, um die Flaschen einzeln in Tabletts einzuschweißen und kann sehr gut bei Manfreds Produkten angewendet werden. Die Anwendung erfolgt jedoch auf freiwilliger Basis (obwohl sich dadurch die Transportdiebstähle verringern und somit Kosten eingespart werden – es ist sehr schwierig, ein paar eingeschweißte Flaschen aus dem Tablett zu stehlen).

Sie sind der Überzeugung, dass Sie größeren Bedarf für dieses Material haben, da es die einzige Verpackung darstellt, die für bestimmte gefährliche Medikamente, die von Ihrer Einheit versandt werden, verwendet werden kann. Dafür gibt es zwei Gründe: Erstens bietet es zusätzliche Sicherheit gegen Manipulationen (gemäß den neuen staatlichen Vorschriften) und zweitens garantiert es Frische (das ist ein wichtiger Aspekt, da diese Medikamente leicht verderben und Rücksendungen sind kostspielige Verluste). Sie benötigen das Material nur zeitweise, aber wenn Sie es brauchen, dann sofort. Manfred hat das Material bisher sehr häufig benutzt und oft ist es nicht da, wenn Sie es dringend brauchen.

Sie werden wie folgt handeln,

A ___ sich mit Manfred und einigen der Packer, die das Material verwenden, treffen, um herauszufinden, welche Alternativen entwickelt werden können, um Ihr beiderseitiges Problem zu lösen.

B ___ ein detailliertes Memorandum für die Abteilungsleitung vorzubereiten, in dem Sie erklären, warum Ihre Einheit bei der Verwendung des Materials höchste Priorität haben sollte.

C ___ sich mit Manfred treffen, um einen formalen Zeitplan zu erstellen, der den Bedürfnissen beider Einheiten gerecht wird, und sich damit einverstanden erklären, nicht in die festgelegten Anwendungszeiten der anderen Einheit einzugreifen.

D ___ Alle Mitarbeiter in den zwei Einheiten zusammenzubringen, um die Notwendigkeit zu diskutieren, sich die Anwendung des Materials zu teilen und kooperative Lösungen zu entwickeln.

E ___ ihre Leute anweisen, darauf zu achten, wann das Material verfügbar ist und es dann zu nehmen, bevor Manfreds Leute die Vorbereitung einer neuen Lieferung beginnen können.

6. Fall

Sie sind ein Gebietsvertreter eines großen Herstellers von Operationsgeräten. Sie verbringen die meiste Zeit damit, Verkaufskontakte mit Krankenhäusern und kleinen medizinischen Zentren herzustellen. Verkäufe an einzelne Ärzte machen nur einen geringen Teil Ihres Geschäftes aus.

Ihr Chef, der regionale Verkaufsmanager, interessiert sich seit kurzem für ein neues Vertriebssystem, das bestimmte Kalkulationen fordert und zu wöchentlichen Umsatzzielen führt. Ein Teil dieses Programms betrifft einen spezifischen Vertriebsweg. Ihr Chef möchte, dass alle seine Vertriebsleute dieses System anwenden. Sie selbst sehen das als Zeitverschwendung an. Sie haben Ihre eigene Methode zur Erreichung von Umsatzzielen, die prima funktioniert; Sie haben kein Interesse an und kein Bedürfnis für einen neuen Weg. Sie haben Vertriebstrainings besucht und dafür Ihre Zeit investiert, Sie erledigen Ihren Papierkram, aber alles machen Sie auf Ihre Weise und nicht nach dem System Ihres Chefs.

Vor kurzem hat der Chef die Kunden angeschrieben, „um zu sehen, wie gut die Verkäufer das neue Vertriebssystem anwenden“. Sie machen sich

Gedanken darüber, ob dies der Anlass für das heutige Gespräch ist und überlegen, wie Sie sich in der Situation verhalten sollten.

Sie treffen die Entscheidung,

A ___ die Erklärung abzugeben, dass Sie sich unsicher sind im Hinblick auf Ihre Fähigkeiten bei der Anwendung des neuen Systems und dass Sie daran arbeiten.

B ___ Ihre Versetzung in ein Gebiet zu betreiben, das von einem Gebietsmanager geführt wird, den Sie schon seit Jahren kennen und dessen Vertriebsphilosophie Ihrer eigenen sehr ähnlich ist.

C ___ Unterlagen und Verkaufszahlen zusammenzusuchen, die belegen, dass Ihre Methoden ebenso effektiv sind wie die aus dem Programm des Chefs. Sie schlagen vor, dass diese Informationen zusammen mit den (schwächeren) Leistungsnachweisen der Verkäufer, die nach der Methode des Chefs arbeiten, an den Bereichsmanager gehen.

D ___ sich bereit zu erklären, die neue Methode für eine Periode von einem Monat auszuprobieren und dann die Ergebnisse mit den Verkäufen der vergangenen Monate zu vergleichen, die auf der Anwendung Ihres eigenen Weges basierten.

E ___ Ihrem Chef vorzuschlagen, zusammen einen Vertriebsweg zu entwickeln, mit dem Sie zufrieden sind und der die besten Aspekte Ihres Weges und des Weges Ihres Chefs zusammenfasst.

7. Fall

Sie sind ein leitender Ingenieur in einem großen Unternehmen für technisches Design. Sie und Ihr Kollege Konrad haben zusammen ein Projektteam geleitet, das sich aus drei Junior-Ingenieuren zusammensetzte und das mit der Schaffung eines Designs für die Ausstattung in einem neuen medizinischen Forschungslabor beauftragt war. Sie selbst haben dabei wirklich innovative Maschinen gestaltet und konnten das Problem vermeiden, die Maschinen immer größer werden zu lassen, die zur Untersuchung von Hochenergiepartikeln benötigt wurden.

Konrad ist mit Ihrem Design nicht einverstanden und glaubt, dass Ihr neues Miniatur-Betatron nicht funktionieren wird. Einer, vielleicht auch zwei der Junior-Ingenieure sind der gleichen Ansicht wie Sie. Nächste Woche müssen Sie dem Überprüfungskomitee Ihres Bereiches einen endgültigen Design-Vorschlag vorlegen.

Daher haben Sie beschlossen,

A ___ Konrad mitzuteilen, dass Sie – für den Fall, dass Konrad sich damit einverstanden erklärt, Sie bei der Sitzung des Prüfungskomitees zu unterstützen – ein Memo schreiben werden, in dem Sie die volle Verantwortung für das Design und alle Designmängel übernehmen, falls etwas schief geht.

B ___ mit jedem Junior-Ingenieur zu sprechen und ihm eine Belohnung für seine Unterstützung in Aussicht zu stellen; anschließend einen Bericht zu erstellen, der von allen außer Konrad unterzeichnet ist, und dann Konrad vor die Wahl zu stellen, sich der Gruppe anzuschließen und zu unterzeichnen oder nicht.

C ___ eine Teambesprechung abzuhalten, um Ihre Pläne im Detail zu überprüfen und mögliche Probleme, Veränderungen und Alternativen herauszufinden, die das Design verbessern und potenzielle Probleme ausschließen könnten.

D ___ Ihren Chef zu bitten, Sie zu einem anderen Projekt zu versetzen, da Sie scheinbar nicht in der Lage sind, mit Konrad aufgrund der verschiedenen Art und Weise, wie Sie beide Designprobleme angehen, gut zusammenzuarbeiten.

E ___ sich mit Konrad zu treffen und vorzuschlagen, sich freundschaftlich darauf zu einigen, dass Sie keine Einigung finden können, und das Prüfkomitee zu veranlassen, Ihre beiden Arbeitsweisen zu überprüfen und eine endgültige Entscheidung zu treffen.

8. Fall

Sie und Lothar sind zwei von vier Abteilungsleitern in der industriellen Produktabteilung von Mega Corporation, die alle der Bereichsleitung Bericht erstatten. Während jede Abteilung ein einzelnes Basisprodukt hat, so erfordert die Produktion von industriellen Reinigungsmitteln manchmal die Kooperation aller vier Abteilungen bzw. die Zusammenarbeit einzelner Abteilungen, wie im Falle von Ihnen und Lothar.

Leider hat sich das bisher als schwierig erwiesen, da Lothar immer darauf besteht, dass die Produktion seiner Abteilung zeitlich vor der Ihrer Abteilung abläuft. Sie haben sich schon manchmal darüber gestritten und einige Male hat Lothar nachgegeben, aber das gleiche Thema taucht immer wieder auf. Nun ergibt sich diese Situation wieder im Zusammenhang mit einem großen, wichtigen Auftrag.

Sie werden

A ___ sich mit Lothar treffen, um einen klaren Terminplan zwischen Ihren Abteilungen für die Nutzung der Anlage zu erstellen.

B ___ sich mit Lothar zusammenzusetzen und einen Plan ausarbeiten, wie die Anlage so aufgeteilt werden kann, dass jeder sie dann nutzen kann, wenn er sie am dringendsten braucht; somit wären beide Einheiten zufrieden gestellt.

C ___ die Dinge im Augenblick auf sich beruhen lassen, Lothar die Anlage benutzen lassen und auf mehr Kooperation zu einem späteren Zeitpunkt zu hoffen.

D ___ jeden der anderen Abteilungsleiter um seine Unterstützung für einen Nutzungsplan für die Anlage zu bitten, der jeder einzelnen Abteilung gleichen Zugang garantiert, und diesen Plan dann bei der nächsten Abteilungsbesprechung vorlegen.

E ___ sich mit Lothar treffen, um die gemeinsame Nutzung der Anlage zu besprechen und dabei die Bedeutung der guten Beziehungen zwischen den Abteilungen hervorzuheben.

9. Fall

Sie leiten vier Gruppen von elektronischen Fertigungslinien. Jede Gruppe arbeitet an einem etwas anderen Fertigungsprodukt, aber die grundsätzlichen Aufgaben sind sehr ähnlich. Jeder Monteur hat eine spezifische Aufgabe und Position und der ganze Arbeitsablauf ähnelt einer Fließbandproduktion. Eine Gruppe hat jedoch die Gewohnheit entwickelt, die Aufgaben untereinander zu tauschen. Obwohl dies bisher noch keine Auswirkungen auf ihre Leistung gezeigt hat, sind Sie doch sehr besorgt darüber, dass all diese „Sozialisierung" schließlich einen negativen Einfluss auf die Produktion haben könnte. Sie befürchten auch, dass sich andere Gruppen dem Beispiel anschließen.

Sie haben sich entschlossen,

A ___ sich mit der Gruppe zu treffen, um die Probleme zu untersuchen und sicherzustellen, dass Ihre Befürchtungen nicht eintreffen.

B ___ sie für eine Weile in Ruhe zu lassen und zu sehen, ob sie zu ihren alten Arbeitsmethoden zurückkehren.

C ___ der Gruppe zu erläutern, zu welchen potenziellen Problemen ihre neuen Methoden führen könnten. Wenn sie sich weigern, zur Standardmethode zurückzukehren, versuchen Sie, sie dazu zu bringen, sich weniger auffällig zu verhalten.

D ___ das Problem mit der Gruppe zu diskutieren und mit ihnen ein Abkommen zu schließen, die Positionen nicht mehr so oft, vielleicht höchstens einmal am Tag, zu tauschen.

E ___ den Gruppenmitgliedern mitzuteilen, dass sie ihre alte Arbeitsmethode wieder aufnehmen sollen, und zwar ab morgen.

10. Fall

Sie sind der Leiter der Abteilung für Produktmanagement eines Herstellers für Qualitätsklebeband. Ihre Abteilung besteht aus ca. 30 Leuten, die in befristeten Projektgruppen zusammenarbeiten. Es bestehen immer zwischen vier und sieben solcher Gruppen parallel. Zurzeit machen Sie sich jedoch über zwei dieser Gruppen Gedanken. Die erste wurde erst vor einigen Wochen gegründet, um ein vollständiges Marketingpaket zu entwickeln, das aus Zielanalyse, Plänen zur Marktuntersuchung, Durchführung einer Marktuntersuchung, Ergebnisanalyse und Entwicklung eines Promotion-Programms besteht. Das Produkt ist ein neues Heftpflaster zur Verwendung in der Industrie.

Diese Projektgruppe hat seit kurzem verschiedene Konflikte mit einer anderen Gruppe, die an regionalen Marktuntersuchungen eines neuen Buch-Klebebandes arbeitet, das in Büchereien verwendet werden soll. Sie haben von der einer und der anderen Gruppe verschiedene Kommentare gehört wie:

„Diese Spaßvögel müssen ihre Nasen in ihren Büchern haben; sie hätten das schon letzte Woche fertig haben sollen."

„Wenn jemand von denen vom Pflasterprojekt wirklich kompetent wäre, dann würde er an den besseren Aufgaben arbeiten."

„Diese Trottel (vom Buch-Klebeband-Projekt) glauben, nur weil sie an einem „Prestige"-Projekt arbeiten, müssten wir uns alle vor ihnen verneigen. Sie sind wirklich ein Haufen rotziger Snobs."

„Ich fand die sarkastischen Kommentare über „Bücherwürmer" bei unserer letzten Abteilungssitzung nicht gut. Einige dieser Leute sind wirklich die reinsten Besserwisser."

Während der letzten Wochen sind diese Äußerungen häufiger geworden und Sie haben das Gefühl, dass Sie nun entscheiden müssen, wie Sie sich in dieser Situation verhalten sollen.

Sie werden

A ___ für alle Abteilungsmitglieder eine Besprechung zur Verbesserung der Arbeitsatmosphäre abhalten und dabei die Bedeutung guter Arbeitsbeziehungen unter den Arbeitsmitgliedern und zwischen den Arbeitsteams hervorheben.

B ___ eine eintägige Besprechung für die zwei Teams abhalten, die Probleme haben; dabei können sie sich ihre gegenseitigen Vorurteile mitteilen, auf die Entwicklung besserer Beziehungen hinarbeiten und versuchen, den Grund ihrer Probleme zu finden.

C ___ sich mit jedem Team privat treffen, um die Mitglieder daran zu erinnern, wie sie mit dem anderen Team umzugehen haben, und ihnen mitzuteilen, dass gegen jeden disziplinarische Maßnahmen eingeleitet werden, der das Problem weiter verschärft.

D ___ sich einzeln mit jedem treffen. Sie werden den Mitgliedern des Heftpflaster-Teams für das nächste Mal eine bessere Aufgabe versprechen, wenn sie nun aufhören, die Buchklebeband-Teammitglieder zu kritisieren, und den Mitgliedern des Buchklebeband-Teams spezielle Vergünstigungen versprechen, wenn sie sich gegenüber den Heftpflaster-Teammitgliedern liebenswürdig verhalten.

E ___ im Augenblick überhaupt nichts tun, da die Buchklebeband-Gruppe ihre Arbeit innerhalb dieses Monats beendet haben wird und das Problem aus der Welt ist, wenn die Teammitglieder zu neuen Produktteams zusammengestellt werden.

Auswertung

In jedem dieser Mini-Fälle konnten Sie 10 Punkte unter den fünf alternativen Aktionen aufteilen. Tragen Sie diese Punkte in die entsprechende Spalte ein. Sie werden sehen, dass die Antwortbuchstaben neu geordnet wurden, und in jedem der fünf Konfliktstile zu finden sind. Addieren Sie anschließend die Punkte in jeder Spalte, um fünf Gesamtsummen zu erhalten.

Fall	Vermeiden	Harmonisieren	Verhandeln	Kämpfen	Problemlösung
Eins	A ___	B ___	C ___	E ___	D ___
Zwei	A ___	D ___	B ___	C ___	E ___
Drei	C ___	B ___	E ___	A ___	D ___
Vier	A ___	B ___	E ___	D ___	C ___
Fünf	E ___	D ___	C ___	B ___	A ___

Sechs	B ___	A ___	D ___	C ___	E ___
Sieben	D ___	E ___	A ___	B ___	C ___
Acht	C ___	E ___	A ___	D ___	B ___
Neun	B ___	C ___	D ___	E ___	A ___
Zehn	E ___	A ___	D ___	C ___	B ___
Gesamt-summe	___	___	___	___	___

Tragen Sie Ihre Werte auf der folgenden Tabelle ein; markieren Sie in jeder Spalte die Stelle, die der Gesamtsumme der jeweiligen Spalte entspricht. Verbinden Sie die fünf Punkte zu einer Linie. Wenn Ihre Werte in die grau unterlegten Wertebereiche fallen, so sind Ihre Antworten typisch für die diesem Speicher zugrunde liegenden Untersuchungsergebnisse. Werte oberhalb oder unterhalb des grauen Bereichs zeigen eine über- oder unterdurchschnittliche Tendenz zu einem bestimmten Konfliktstil an.

	Vermeiden	**Harmoni-sieren**	**Verhandeln**	**Kämpfen**	**Problem-lösen**
Sehr hoch	18	25	31	24	78
	15	20	26	20	70
Hoch	12	18	24	18	66
	10	15	21	16	62
Durchschnitt	8	11	16	12	54
	4	7	11	8	46
Niedrig	2	5	8	4	42
	1	2	6	1	38
Sehr niedrig	0	0	3	0	30

7.2 Checkliste: Fragebogen zur Selbstwahrnehmung der eigenen Rolle in Teams (nach Belbin)

Nach dem Ansatz von Prof. Dr. Meredith Belbin – einem bekannten englischen Experten auf dem Gebiet der Team- und Führungsentwicklung – gibt es acht verschiedene Teamrollen. Danach hat jeder Mensch unterschiedlich stark ausgeprägte Eigenschaften in seinem Persönlichkeitsprofil. So gibt es natürliche Rollen, Rollen die angenommen werden können, und Rollen, die man besser vermeiden sollte, weil sie dem natürlichen Profil widersprechen. Jede Rolle weist bestimmte Stärken auf, die aber immer auch mit einigen zulässigen Schwächen verbunden sind.

Bei den meisten Menschen sind zwei bis drei natürliche Rollen stärker ausgeprägt als die anderen. Diese Rollen beruhen auf der Herkunft und der unterschiedlichen Entwicklung jedes Einzelnen, die durch die Einwirkung verschiedener, sich gegenseitig beeinflussender Faktoren gekennzeichnet ist.

Der nachstehende Fragebogen wurde entwickelt, um Teammitgliedern zu ermöglichen, sich und ihre Rolle im Team selbst einzuschätzen.

Anleitung:

- Für jede der Aussagen (I bis VII) vergeben Sie bitte auf die einzelnen Antworten a bis h eine Anzahl von insgesamt 10 Punkten.
- Verteilen Sie bitte die Punkte so, wie Sie persönlich glauben, dass damit Ihr Charakter am besten beschrieben ist.
- Die extremsten Möglichkeiten sind, entweder 10 Punkte auf alle Antworten a bis h zu verteilen oder sogar 10 Punkte für eine einzige Antwort zu verwenden.

Aussage I
„Was ich glaube, zur Teamarbeit beitragen zu können:"

a___ Ich glaube von mir, dass ich schnell Dinge begreife und die Chance neuer Gelegenheiten nutze.

b___ Ich kann gut mit einer breit gefächerten Gruppe von Menschen zusammenarbeiten.

c___ Ideen zu entwickeln, ist eine meiner besten Begabungen.

d___ Mein Geschick besteht darin, Menschen motivieren zu können, sobald ich Ihre Fähigkeiten entdeckt habe, etwas Wertvolles zur Teamarbeit beitragen zu können.

e___ Meine Fähigkeit, etwas durchzuführen, hat zum größten Teil mit meiner persönlichen Effektivität zu tun.

f___ Ich kann vorübergehende Unbeliebtheit ertragen, wenn es im Endeffekt zu wertvollen Ergebnissen führt.

g___ Ich besitze die Gabe, zu spüren, was in einer Situation unternommen werden muss, mit der ich vertraut bin.

h___ Ich kann logische Argumente für alternative Lösungen anbringen, ohne Vorurteile zu haben oder befangen zu sein.

Aussage II
„Ein mögliches Fehlverhalten meinerseits bei der Teamarbeit sähe so aus:"

a ___ Ich fühle mich erst wohl, wenn gemeinsame Treffen richtig strukturiert und kontrolliert sind und allgemein gut durchgeführt werden.

b ___ Ich neige dazu, zu großzügig gegenüber anderen zu sein, die einen wertvollen Gesichtspunkt einbringen, dem jedoch nicht die richtige Bedeutung beigemessen wird.

c ___ Ich tendiere dazu, viel zu sprechen, wenn das Team zu neuen Ideen übergeht.

d ___ Aufgrund meiner objektiven Einstellung zu Dingen kann ich mich nur schwer euphorisch der Meinung meiner Kollegen anschließen.

e ___ Manchmal werde ich autoritär und streng eingeschätzt, wenn etwas gemacht werden muss.

f ___ Es fällt mir schwer, den Vorsitz zu führen, vielleicht weil ich zu sehr an Teamdenken orientiert bin.

g ___ Ich neige dazu, zu schnell von Ideen gefesselt zu sein, die mir einfallen, und verliere so den Überblick über das, was eigentlich passiert.

h ___ Meine Kollegen meinen, dass ich mich unnötig um Details und über die Möglichkeit sorge, dass etwas schief gehen könnte.

Aussage III
"Wenn ich in einem Projekt mit anderen Leuten involviert bin, dann gilt:"

a ___ Ich habe die Angewohnheit, Menschen zu beeinflussen, ohne sie jedoch zu unterdrücken.

b ___ Meine allgemeine Wachsamkeit verhindert, dass ich fahrlässige Fehler und Versäumnisse begehe.

c ___ Ich bin bereit, Aktionen zu fordern, um zu gewährleisten, dass im Meeting keine unnötige Zeit vergeudet wird oder dass die Hauptgesichtspunkte nicht in Vergessenheit geraten.

d ___ Man kann sich darauf verlassen, dass ich etwas „Originelles" (Konstruktives, Neuartiges) zum Meeting beitrage.

e ___ Ich kann stets einen guten Vorschlag zum allgemeinen Wohl in die Diskussion einbringen.

f ___ Ich begeistere mich für die neuesten Ideen und Entwicklungen.

g ___ Ich glaube, dass meine Fähigkeit, sachlich zu urteilen, von anderen geschätzt wird.

h ___ Man kann sich auf mich verlassen, dass alle wichtigen Aufgaben erfüllt werden.

Aussage IV
"Meine typische Vorgehensweise in der Teamarbeit ist:"

a ___ Es interessiert mich, meine Kollegen besser kennen zu lernen.

b ___ Ich fordere gerne die Meinungen der anderen heraus oder vertrete auch die Meinung der Minderheit.

c ___ Ich finde gewöhnlich Argumente, um unsinnige Vorschläge abzuschmettern.

d ___ Ich glaube, ich besitze die Fähigkeit, eine Sache in Gang zu bringen, wenn ein Plan umgesetzt werden muss.

e ___ Ich neige dazu, das Naheliegende links liegen zu lassen und unerwartete Dinge einzubringen.

f ___ Ich bringe einen Hauch Perfektionismus in die Teamarbeit mit ein, die ich leite.

g ___ Ich nehme auch Kontakt zu Personen außerhalb des Teams auf.

h ___ Obwohl ich an allen Gesichtspunkten und Meinungen interessiert bin, zögere ich auch nicht, mir eine Meinung zu bilden, wenn eine Entscheidung getroffen werden muss.

Aussage V
"Ich finde Befriedigung in einer Aufgabe, denn:"

a ___ Ich analysiere gerne Situationen und wiege alle Möglichkeiten ab.

b ___ Ich bin daran interessiert, praktische Lösungen zu Problemen zu finden.

c ___ Es gefällt mir zu wissen, dass ich das gute Betriebsklima präge.

d ___ Ich kann starken Einfluss auf Entscheidungen nehmen.

e ___ Es gefällt mir, Menschen zu treffen, die möglicherweise etwas Neues anzubieten haben.

f ___ Ich kann Menschen dazu bringen, mit der notwendigen Durchführung einer Sache einverstanden zu sein.

g ___ Ich fühle mich dort in meinem Element, wo ich einer Aufgabe mein ganzes Interesse schenken kann.

h ___ Ich finde gern ein Aufgabengebiet, das meine Vorstellungen erweitert.

Aussage VI
"Wenn ich plötzlich vor eine schwierige Aufgabe mit begrenzter Zeit und mit nicht bekannten Leuten gestellt werde, gilt:"

a ___ Ich würde mich sehr gerne in eine stille Ecke setzen und eine Strategie entwickeln, bevor ich etwas sage.

b ___ Ich wäre bereit, mit der Person zusammenzuarbeiten, die den besten Eindruck auf mich macht, unabhängig davon, wie schwierig er/sie sein mag.

c ___ Ich würde einen Weg finden, das Aufgabenvolumen zu minimieren, indem ich feststellen würde, welche Beiträge andere Leute leisten könnten.

d ___ Mein persönliches Gespür für Dringlichkeit würde helfen, sicherzustellen, dass wir nicht hinter dem Zeitplan liegen.

e ___ Ich bin überzeugt davon, dass ich ruhig bliebe und meine Fähigkeit behielte, geradeaus zu denken.

f ___ Ich würde trotz des Druckes eine zielgerichtete Besonnenheit bewahren.

g ___ Ich wäre bereit, konstruktiv die Führung zu übernehmen, falls ich das Gefühl hätte, die Dinge machten keinen Fortschritt.

h ___ Ich würde eine Diskussion eröffnen, um neue Gesichtspunkte zu bekommen und Bewegung in das Ganze zu bringen.

Aussage VII
„Bezug nehmend auf die Probleme, in die ich durch meine Arbeit im Team involviert bin, gilt:"

a ___ Ich neige dazu, meine Ungeduld denen zu zeigen, die den Fortschritt einer Sache behindern.

b ___ Manche mögen mich dafür kritisieren, dass ich zu analytisch denke und zu wenig intuitiv bin.

c ___ Mein Wunsch, sicherzustellen, dass alles ordnungsgemäß abläuft, kann den Fortschritt behindern.

d ___ Ich neige dazu, sehr leicht gelangweilt zu werden und verlasse mich dann auf ein oder zwei Mitglieder des Teams, die mich wieder aufrütteln.

e ___ Ich finde es schwer, anzufangen, ohne zuvor das Ziel zu kennen.

f ___ Manchmal kann ich mich schlecht ausdrücken, um komplexe Aufgaben zu erklären, die mich betreffen.

g ___ Mir ist bewusst, dass ich von anderen Dinge fordere, die ich selbst nicht ausführen kann.

h ___ Ich zögere, meine eigene Meinung durchzusetzen, wenn ich merke, dass ich einer starken Opposition gegenüberstehe.

Auswertung

Tragen Sie nun die jeweilige Punktzahl an der jeweiligen Stelle der folgenden Auswertetabelle ein. Wenn Sie alle Punkte eingetragen haben, erhalten Sie eine Verteilung Ihrer Eigenschaften auf acht verschiedene typische Rollen im Team. Wie diese Rollen charakterisiert sind, können Sie im Anschluss an diese Tabelle nachlesen.

Aussage	AT	VS	GS	IP	VP	SB	TP	PF
I	g ___	d ___	f ___	c ___	a ___	h ___	b ___	e ___
II	a ___	b ___	e ___	g ___	c ___	d ___	f ___	h ___
III	h ___	a ___	c ___	d ___	f ___	g ___	e ___	b ___
IV	d ___	h ___	b ___	e ___	g ___	c ___	a ___	f ___
V	b ___	f ___	d ___	h ___	e ___	a ___	c ___	g ___
VI	f ___	c ___	g ___	a ___	h ___	e ___	b ___	c ___
VII	e ___	g ___	a ___	f ___	d ___	b ___	h ___	c ___
Gesamtsumme	___	___	___	___	___	___	___	___

Die Teamrollen in Anlehnung an die Teamrollen von Belbin

AT
Das Arbeitstier

Typische Merkmale
pflichterfüllt
berechenbar
beständig und kontrolliert
diszipliniert
aufrichtig
ehrlich
integer

Positive Qualitäten
Organisationstalent
praktisch veranlagt
harter Arbeiter
Selbstdisziplin

Typische Schwächen	Mangel an Flexibilität misstrauisch gegenüber ungeprüften Ideen
Sonstiges	Setzt Entscheidungen und Strategien in lösbare Teilschritte um. Beschäftigt sich mit dem Möglichen. Hilflos in unklaren Situationen. Sehr systematisch, effizient und methodisch. Lehnt „Luftschlösser" ab. Bevorzugt „harte" Fakten.

VS
Der Vorsitzende

Typische Merkmale	Ruhig gesundes Selbstvertrauen kontrolliert beständig dominant extrovertiert intelligent selbstdiszipliniert mit Charisma guter Redner und Zuhörer ausgezeichneter Kommunikationspartner
Positive Qualitäten	Fähigkeit, alle Mitarbeiter so zu behandeln, dass sie sich geachtet fühlen keine Vorurteile Ergebnis- und zielorientiert
Typische Schwächen	Kreativität und/oder Intellekt durchschnittlich ausgeprägt
Sonstiges	Legt darauf Wert, dass das Team seine Ziele erreicht. Hilft den Teammitgliedern, das zu tun, was sie gut können. Hört zu, fasst zusammen und artikuliert Teamurteile und Entscheidungen. Hilft dem Einzelnen, sich einzubringen. Beeinflusst, ohne Druck auszuüben.

Es fällt ihr/ihm leicht, Entscheidungen zu treffen.
Kann Personen zur gemeinsamen Handlungen bewegen.

GS
Der Gestalter

Typische Merkmale

sehr empfindlich
nervös dynamisch
dominant-extrovertiert
übernimmt gerne die Leitung
emotional
impulsiv
kann schnell irritiert und frustriert sein
voller nervöser Energie

Positive Qualitäten

Hat den Antrieb und Bereitschaft, Probleme zu überwinden, wirkt dynamisch, arbeitet gut unter Druck

Typische Schwächen

Neigung zu Provokation, Irritation, Ungeduld

Sonstiges

Liebt es, andere herauszufordern und herausgefordert zu werden.
Nimmt wenig Rücksicht auf die Gefühle anderer.
Explodiert leicht, doch hegt keinen Groll.
Neigt dazu, sich angegriffen zu fühlen.
Gibt den Teamanstrengungen Form.
Leitet die Aufgaben, versucht Ideen und Ziele zu verbinden, so dass die Aufgabe gelöst werden kann.

IP
Der Ideenproduzent

Typische Merkmale

dominant
überdurchschnittliche Intelligenz
introvertiert, doch fähig sich durchzusetzen und ungehemmt zu handeln
etwas empfindlich
ein Individualist

	ernsthaft unorthodox
Positive Qualitäten	Vorstellungskraft Intellekt Wissen
Typische Schwächen	Über den Wolken... Tendenz, praktische Details zu übersehen.
Sonstiges	Versorgt das Team mit interessanten Ideen, Anregungen und Vorschlägen. Bringt originelle Sichtweisen des Problems ein. Widmet den Dingen, die seine Fantasie anregen, unter Umständen zu viel Zeit. Verstreut die Samen, die andere pflegen, bis sie Früchte tragen.

VP
Die Verbindungsperson

Typische Merkmale	extrovertiert begeisterungsfähig neugierig-kommunikativ dominant entspannt gesellig
Positive Qualitäten	Kann leicht Kontakte aufnehmen und Neues erforschen. Ist bereit, sich Herausforderungen zu stellen.
Typische Schwächen	Verliert leicht das Interesse, sobald die erste Faszination verflogen ist.
Sonstiges	Das Interesse kann leicht geweckt werden. Begeisterungsfähig und positive Grundhaltung. Hat Kontakte zu jedem und nach überall. Ist der Vertreter, Diplomat und Verbindungsoffizier des Teams. Hat die Fähigkeit, Ideen zu stimulieren. Ihm fehlt Originalität. Er kann gut improvisieren

Benötigt äußeren Druck.

Wird durch die Beiträge anderer angeregt, verliert jedoch leicht das Interesse. Schützt das Team vor Stagnation und der Gefahr, den Kontakt zur Realität zu verlieren.

SB
Der sachliche Bewerter

Typische Merkmale	nüchtern unemotional vorsichtig überdurchschnittlicher IQ beständig introvertiert ernsthaft kritisch selten enthusiastisch oder euphorisch
Positive Qualitäten	diskret praktisch denkend nüchtern
Typische Schwächen	Mangel an Inspiration geringe Fähigkeit, andere zu motivieren
Sonstiges	Liefert objektive aussagekräftige Analysen. Ist selten kreativ oder originell. Denkt sehr objektiv. Kommt selten zu falschen Urteilen. Kann taktlos und herabsetzend sein. Liebt es, über die Dinge nachzudenken. Kann ausgezeichnet komplexe Probleme analysieren und interpretieren.

TP
Der Teampfleger

Typische Merkmale	sozial orientiert sehr sanft sensibel extrovertiert geringe Dominanz

	angenehm beliebt bereitwilliger und guter Zuhörer
Positive Qualitäten	Fähigkeit, auf Menschen und Situationen einzugehen und den Teamgeist zu fördern
Typische Schwächen	In Krisensituationen unentschlossen
Sonstiges	Fördert Einheit und Harmonie. Entschärft Missklang und Abgrenzung. Positiver Gestalter statt Zerstörer. Ein wichtiges Teammitglied, da sie/er für gegenseitige Verständigung, Sympathie und Loyalität sorgt. Kein Konkurrenzverhalten, verabscheut Abgrenzung, ist manchmal zu weich und unentschlossen. Sensibel gegenüber individuellen Bedürfnissen, nimmt sehr klar die emotionalen Unterströmungen im Team wahr.

PF
Der Perfektionist

Typische Merkmale	gewissenhaft ordentlich sorgfältig beschäftigt sich mit Details kontrolliert eigene Emotionen Neigung zur Intoleranz gegenüber spontaneren Teammitgliedern
Positive Qualitäten	Fähigkeit, Dinge zum Ende zu führen Durchhaltevermögen Perfektionismus
Typische Schwächen	Tendenz, sich über kleine Dinge Sorgen zu machen Widerstreben, etwas einfach laufen zu lassen
Sonstiges	Prüft bis ins kleinste Detail. Leicht zwanghafte Züge, hält sich an Schemata. Kann die Teammoral dadurch senken, dass er/

sie sich kontinuierlich Sorgen macht.

Hat permanent das Gefühl von Dringlichkeit.

Hat die Tendenz, im Detail stecken zu bleiben; hat jedoch ein unbarmherziges Durchhaltevermögen.

7.3 Checkliste: Meine Empfindungen bei den verschiedenen Konfliktstrategien

Wählen Sie ein konkretes betriebliches Problem (Konfliktsituation), das nach Möglichkeit noch nicht gelöst und abgeschlossen ist!

Mit der folgenden Checkliste können Sie sich für diese konkrete Konfliktsituation die verschiedenen Konfliktstrategien vergegenwärtigen und sich überlegen, was Sie zur Konfliktbewältigung beitragen und welches die Konsequenzen sein könnten. Am günstigsten ist es, Sie lesen sich vor Bearbeitung der Checkliste noch einmal die Abschnite 7.1 und 7.2 über die verschiedenen Konfliktstrategien durch, um sie sich wieder in Erinnerung zu rufen. Anschließend beantworten Sie die Fragen. Nach der Beantwortung der Fragen folgt dann die Auswertung.

Natürlich können Sie das, was Sie sich überlegen, auch mit einem Transferpartner (Kollege, Freund, Ehepartner usw.) besprechen und sich dessen Kommentar als zusätzliche Anregung oder als zusätzliche Entscheidungshilfe für Ihre Vorgehensweise holen.

Wenn Sie sich die folgenden Seiten mit den Fragen kopieren, können Sie sie zu beliebiger Zeit an einem beliebigen Ort bearbeiten.

Wichtig: Es gibt zwei Arten von Fragen: Bei der Beantwortung des einen Typs – die Fragen „b“, charakterisiert durch das Wort „fühlen“ – sind bei der Beantwortung der Fragen ausschließlich Empfindungen und keine verstandesgemäßen Verarbeitungen gefragt; die anderen Fragen (a und c) sind rational-verstandesgemäß zu beantworten!

1a Wie könnte ich vor meinem Konflikt *ausweichen*?

1b Wie würde ich mich bei einem *Ausweichen* vor meinem Konflikt fühlen?

1c Welche konkreten Folgen hätte das *Ausweichen* vor meinem Konflikt für mich?

2a Wie könnte ein *Kompromiss* für meinen Konflikt aussehen?

2b Wie würde ich mich fühlen, wenn ich meinen Konflikt mit einem *Kompromiss* angehen würde?

2c Welche Folgen hätte ein *Kompromiss* für mich in diesem Konflikt?

3a Wie könnte eine *Problemlösung* für meinen Konflikt aussehen?

3b Wie würde ich mich fühlen, wenn ich meinen Konflikt mit einer *Problemlösung* angehen würde?

___

___

___

3c Welche konkreten Folgen hätte eine *Problemlösung* für mich in diesem Konflikt?

___

___

___

4a Wie könnte eine *Harmonisierung* für meinen Konflikt aussehen?

___

___

___

4b Wie würde ich mich fühlen, wenn ich meinen Konflikt mit einer *Harmonisierung* angehen würde?

___

___

___

4c Welche konkreten Folgen hätte eine *Harmonisierung* für mich in diesem Konflikt?

___

___

___

5a Wie könnte ein *Kampf* zur Lösung meines Konflikts aussehen?

____

____

____

5b Wie würde ich mich fühlen, wenn ich meinen Konflikt mit einem *Kampf* angehen würde?

____

____

____

5c Welche Folgen hätte ein *Kampf* für mich in diesem Konflikt?

____

____

____

Treffen Sie nun eine konkrete Entscheidung, mit welcher Konfliktstrategie Sie diesen Konflikt angehen wollen, und welche Maßnahmen im Einzelnen dafür erforderlich sein werden. Machen Sie dazu bitte einen verbindlichen „Vertrag mit sich selbst" in folgender Form:

Den Konflikt ______________________________________

werde ich mit der Konfliktstrategie ______________________

angehen. Dazu sind die folgenden Maßnahmen erforderlich:

1. ______________________ erledigt bis zum ______________
2. ______________________ erledigt bis zum ______________
3. ______________________ erledigt bis zum ______________
4. ______________________ erledigt bis zum ______________
5. ______________________ erledigt bis zum ______________

Folgende Unterstützung werde ich dazu benötigen:

____

____

Wo kann ich mir diese Unterstützung holen?

____

____

Datum, Unterschrift

____

Wenn Sie diese Überlegungen mit einem Transferpartner besprochen haben, können Sie auch noch gegenseitig vereinbaren, dass Sie sich bis zu einem bestimmten Termin gegenseitig informieren und eine „Vollzugsmeldung" (der Konfliktbewältigung) austauschen bzw. sich von dem Transferpartner bei unvorhergesehenen Schwierigkeiten helfen/beraten lassen.

7.4 Checkliste zur Projektdiagnostik

Es ist sicherlich nichts Neues, wenn man sagt, dass viele Projekte „im Sande verlaufen". Damit ist gemeint, dass sie die definierten Anforderungen und auch unausgesprochenen Erwartungen des internen Auftraggebers, des Kunden und der Projektmitarbeiter nicht erfüllen. Dieser enttäuschende Verlauf führt in der Regel zu den in diesem Buch beschriebenen typischen Konfliktsituationen, die zu einer klärenden Auseinandersetzung führen sollten.

Ein Projekt ist im Gegensatz zu den Aufgaben und Arbeiten in der Linienorganisation etwas Besonderes, etwas Einmaliges: Projekte werden initiiert, um zum Beispiel einen gewonnenen Kundenauftrag zu realisieren oder eine interne Veränderung durchzuführen. Konfliktsituationen entstehen dabei häufig durch unangemessenen Zeitdruck, Ressourcenmangel und nicht immer optimal zusammengestellte Teams. Mängel, Missverständnisse und menschliche Faktoren sind die Grundursachen für viele Konfliktsituationen in Projekten. Leider treten diese Grundursachen nicht beim Projektstart auf, sondern erst in der Arbeitsphase.

Die folgende Checkliste kann genutzt werden, um zu ermitteln, ob Ihr Projekt sich „auf dem richtigen Weg befindet" oder ob es in eine falsche Richtung läuft oder sogar scheitern könnte. Die dazu verwendeten Aussagen sind typisch für Projekte, in denen etwas schief läuft und in denen keine problemlösungsorientierte Kommunikation betrieben wird.

Um die richtige Diagnose stellen zu können, geben Sie bitte bei jeder der folgenden Aussagen an, ob sie für Ihr Projekt *charakteristisch* oder *nicht charakteristisch* ist.

1 ___ charakteristisch ___ nicht charakteristisch	Im Projekt gibt es Konflikte.
2 ___ charakteristisch ___ nicht charakteristisch	Die Projektmitglieder fühlen sich frustriert, hilflos und unglücklich, wenn sie versuchen, damit umzugehen. Manchmal meiden sie Besprechungen, bei denen der Konflikt diskutiert wird, sie suchen nach einer anderen Tätigkeit oder sie verbringen so viel Zeit wie möglich außerhalb des Büros, indem sie unnötige Reisen unternehmen, Urlaubstage nehmen oder sich krank melden.
3 ___ charakteristisch ___ nicht charakteristisch	Die Projektmitglieder geben dem Projektmanager oder anderen Teams die Hauptschuld. In Gesprächen mit Freunden wird der Projektmanager hinter vorgehaltener Hand als inkompetent, ineffektiv, nicht mehr „auf dem Laufenden" oder als Kandidat für frühzeitige Pensionierung bezeichnet. Zu ihm direkt wird nichts gesagt oder es werden bestenfalls versteckte Hinweise auf seine Rolle bei den Projektproblemen gemacht. Wenn nicht der Projektmanager die Schuld bekommt, dann werden andere Projektbeteiligte (andere Teams, Kunden, externe Mitarbeiter) als Urheber des Ärgers angesehen: „Ohne die verdammten Dummköpfe des Teams xy kämen wir prima zurecht."
4 ___ charakteristisch ___ nicht charakteristisch	Kleine Gruppen vertrauenswürdiger Freunde oder Mitarbeiter treffen sich informell beim Kaffee, Mittagessen usw., um über Projektprobleme zu diskutieren. Bei den Mitgliedern dieser Gruppen herrscht große Einigkeit über die Ursache der Probleme und deren effektive Lösungen. Solche Gespräche beginnen häufig mit Bemerkungen, wie: „Wir sollten..."

5
___ charakteristisch
___ nicht charakteristisch

Bei Besprechungen, in denen diese gleichen Mitarbeiter sich mit anderen Projektmitarbeitern treffen, um das Problem zu diskutieren, „mildern sie ihre Position", drücken sie zweideutig aus oder verdrehen sie sogar, um sich den Positionen dieser anderen Projektmitarbeiter anzupassen.

6
___ charakteristisch
___ nicht charakteristisch

Nach solchen Besprechungen beschweren sich die Projektmitarbeiter bei vertrauten Kollegen darüber, dass sie eigentlich gar nicht das gesagt haben, was sie sagen wollten, liefern aber gleichzeitig eine Liste von überzeugenden Gründen, warum sie die richtigen Kommentare, Vorschläge und Reaktionen unmöglich vorbringen konnten. Die vertrauten Kollegen bedauern sie und sagen, dass es ihnen ganz genauso erging.

7
___ charakteristisch
___ nicht charakteristisch

Versuche zur Lösung des Problems scheinen nicht zu funktionieren. In Wirklichkeit verschlimmern sie nur noch das Problem.

8
___ charakteristisch
___ nicht charakteristisch

Es hat den Anschein, dass es den Menschen außerhalb des Projekts (zum Beispiel in der Linienorganisation) viel besser geht, sie glücklicher sind und sie effektiver arbeiten können als es innerhalb des Projekts möglich ist.

Auswertung

Wird nur die erste Frage mit „charakteristisch" beantwortet und die übrigen mit „nicht charakteristisch", so kann man ziemlich sicher sein, dass sich das Projekt in einer normalen Konfliktsituation befindet und eine entsprechende Art von Konfliktbewältigung angebracht ist.

Die Wahrscheinlichkeit, dass das Projekt sich auf dem Weg ins Abseits befindet, ist umso größer, je häufiger mit „charakteristisch" geantwortet wird. Dann ist unbedingt ein Prozess der kommunikativen Konfliktbewältigung notwendig, der schnellstmöglich in Gang gesetzt werden sollte.

7.5 Vier einfache Schritte ins Chaos: Wie verbreitet ein Projektmanager missverständliche Botschaften?

Mit den im Folgenden vorgestellten Regeln können Sie Ihr eigenes Verhalten und das Verhalten anderer Personen analysieren. Das ist eine gute

Grundlage, zumindest selbst in Zukunft missverständliche Botschaften zu vermeiden.

Für die Verbreitung missverständlicher Botschaften gibt es vier Grundregeln:

Regel eins:

- Machen Sie eine offensichtlich zweideutige Aussage wie etwa: „Verhalten Sie sich innovativ und nehmen Sie Risiken in Kauf, aber sehen Sie sich dabei vor!" Dies bedeutet im Klartext: „Wagen Sie etwas, aber nicht zu viel!", ohne dabei festzulegen, wie viel „zu viel" ist.

Die Zweideutigkeit und Ungenauigkeit schützen den Sprecher, wenn er im Voraus nicht wissen kann, was „zu viel" bedeutet. Auch der Empfänger begreift die Ambivalenz. Er weiß genau, dass eine Bitte um Präzisierung als Zeichen von mangelnder Reife oder Erfahrung gedeutet würde. Vielleicht braucht er später einmal eine Ausrede und ist deswegen mit einer mehrdeutigen, interpretationsfähigen Anweisung einverstanden. Der Mitarbeiter wünscht sich eine genaue Definition von „zu viel" genauso wenig wie der Vorgesetzte.

Regel zwei:

- Ignorieren Sie jeden Widerspruch in der Botschaft, die Sie senden.

Leute, die ambivalente Anordnungen geben, machen das spontan und lassen die Zweideutigkeit nicht erkennen. Erscheinen Sie nämlich zögernd, würden Sie ja Ihr eigenes Ziel, Autorität zu demonstrieren, torpedieren. Schlimmer noch: Man könnte Sie für schwach halten.

Regel drei:

- Sorgen Sie dafür, dass die Mehrdeutigkeit und Widersprüchlichkeit Ihrer Anordnungen nicht zur Diskussion gestellt werden.

Der ganze Sinn solcher Anweisungen ist es, Auseinandersetzungen aus dem Weg zu gehen. Der Vorgesetzte legt keinen Wert darauf, dass die Zweideutigkeit seiner Aussage aufgedeckt wird. Ein Projektmanager wird wohl kaum mehrdeutige Anordnungen geben und dann fragen: „Finden Sie meine Anweisungen unklar oder widersprüchlich?" Der Projektmanager sorgt schon alleine dadurch, dass er eine solche Anweisung gibt, dafür, dass sie nicht zur Diskussion steht. Auf der Klärung von zweideutigen Anweisungen zu bestehen, würde bedeuten, dem Vorgesetzten Doppelzüngigkeit zu unterstellen – unwahrscheinlich, dass ausgerechnet ein Mitarbeiter dies tun würde.

Regel vier:

- Sorgen Sie dafür, dass eine Diskussion über nicht-diskussionsfähige Angelegenheiten schon alleine aus äußeren Gründen gar nicht möglich ist.

Am besten verbreitet man deshalb zweideutige Botschaften in einem Umfeld, das für Nachfragen nicht gerade förderlich ist, wie zum Beispiel während einer Besprechung, in der Personen mit unterschiedlichem betrieblichen Status anwesend sind.

Anwendung dieser Regeln

Überlegen Sie sich bitte Beispiele aus Ihrer beruflichen Praxis, wo Sie Erfahrungen mit solchen widersprüchlichen Botschaften gemacht haben. Diskutieren Sie anschließend mit einem Transferpartner (Kollege, Freund, Ehepartner),

1. welches die Folgen dieser widersprüchlichen Anweisungen waren,
2. was das Erkennen und Aufdecken solcher widersprüchlichen Anweisungen unter Umständen schwierig macht,
3. welche Möglichkeiten es in Ihren konkreten Beispielen gegeben hätte, mit diesen widersprüchlichen Botschaften anders umzugehen, und
4. inwieweit sie glauben, dass Sie selbst auch widersprüchliche Anweisungen geben und warum dies wohl geschehen kann. Wurden Sie in einem solchen Fall schon einmal darauf aufmerksam gemacht? Wie war Ihre Reaktion darauf?

Schreiben Sie in Stichworten Ihre Meinung zu den Punkten 1., 2. und 3. auf (wenn Sie wollen, auch zu 4.).

7.6 Übung: Unterschiedliche Interpretation von Verhaltensweisen

Wie sehr es bei der Wahl der Ausdrücke für Verhaltensweisen oder gezeigte Eigenschaften auf den jeweiligen Standpunkt ankommt, zeigen die folgenden Beispiele. Parteien eines eskalierten Konflikts benutzen gerne positive Selbstbeschreibungen. Die Gegenseite interpretiert das Verhalten jedoch unter negativen Aspekten.

Ergänzen Sie bitte jeweils, wie das gleiche Verhalten bzw. die gleiche Eigenschaft jeweils im negativen Sinne interpretiert werden könnte, wenn man den Anderen als Gegner betrachtet.

Zuvor zwei Beispiele:

Ich bin Realist.	**Sie** haben keine Prinzipien.
Ich bin vielseitig interessiert und kann mich rasch auf veränderte Situationen einstellen	**Sie** haben Schwierigkeiten, sich zu konzentrieren.

Ich biete meine Hilfe an.	**Sie** ________________
Ich habe meine Überzeugung.	**Sie** ________________
Ich bin flexibel.	**Sie** ________________
Ich bin moralisch.	**Sie** ________________
Ich bin ein Idealist.	**Sie** ________________
Ich bin pragmatisch.	**Sie** ________________
Ich bin romantisch.	**Sie** ________________
Ich bin stark.	**Sie** ________________
Ich reagiere rasch.	**Sie** ________________
Ich bin sensibel.	**Sie** ________________
Ich bin geradeheraus	**Sie** ________________
Ich bin mir selbst treu	**Sie** ________________

Vielleicht finden Sie selbst noch einige weitere Beispiele:

Ich ________________	**Sie** ....
Ich ________________	**Sie** ....
Ich ________________	**Sie** ....

7.7 Prisoner's Dilemma (Gefangenendilemma)

(nach *Berkel, Karl*: Konflikttraining. Heidelberg: Sauer. 1997., S. 113f.)

Das Prisoner's Dilemma ist ein Paradoxon, das in der Literatur ausführlich diskutiert worden ist. Es ist im Grundtyp ein Spiel mit zwei Spielern, von denen jeder zwei Möglichkeiten der Entscheidung hat – zu kooperieren oder nicht zu kooperieren, das heißt, zu entscheiden, ob er es riskiert, dem anderen Spieler zu vertrauen oder, weil er ihm misstraut, ihn übers Ohr zu hauen. Das Spiel leitet sich aus der folgenden Situation ab:

Die Polizei nimmt zwei verdächtige Personen fest und bringt sie getrennt in Gewahrsam. Der Untersuchungsrichter ist fest überzeugt, dass die beiden eines schweren Vergehens schuldig sind, aber er hat keine eindeutigen Beweise. So schildert er den Häftlingen die Alternativen, vor denen sie stehen: zu gestehen oder nicht zu gestehen. Dabei werden sie mit drei Möglichkeiten konfrontiert:

- Wenn sie beide nicht gestehen, dann wird der Staatsanwalt versuchen, sie wegen einiger kleinerer, erwiesener Vergehen (zum Beispiel unerlaubter Waffenbesitz) zu einer Strafe von höchstens zwei Jahren verurteilen lassen.
- Gestehen aber beide, dann wird ihnen das Gericht dies als mildernde Tatbestände anrechnen, sie können damit rechnen, mit fünf Jahren davonzukommen.
- Gesteht einer der beiden, der andere aber nicht, so geht der Geständige als Kronzeuge straffrei aus, während der andere, der nicht gesteht, die Höchststrafe von zehn Jahren erhält.

Die Spielsituation lässt sich als Matrix abbilden.

		Person A	
		gestehen	nicht gestehen
Person B	gestehen	5 / 5	10 / 0
	nicht gestehen	0 / 10	2 / 2

Keiner der Gefangenen weiß, wie der andere sich entscheidet. Aber in die Entscheidung eines jeden fließen Vermutungen und Erwartungen ein, wie sich wohl der andere entscheiden wird. In Summe am günstigsten kämen beide weg, wenn sie schweigen. Aber derjenige, der schweigt, geht das Risiko ein, dass der andere vielleicht doch redet; er bekäme die Höchststrafe, während dieser die Freiheit genießen darf. Am sichersten wäre es zu reden, aber dafür ist die zu erwartende Strafe von fünf Jahren, wenn beide gestehen, schon beträchtlich. Beide kommen nur dann relativ günstig weg, wenn einer sich auf den anderen verlassen kann.

Das Gefangenen-Dilemma lässt sich zu einem Spiel erheben. Dazu soll die folgende Matrix dienen:

		Person A	
		I	II
Person B	III	+10 / +10	+25 / -25
	IV	-25 / +25	-10 / +10

Die Zahlen in der Matrix bedeuten Punkte. Das Spiel umfasst 20 Spielzüge, danach werden die erreichten Punktwerte zusammengezählt und der Sieger ermittelt.

Bei jedem Spiel erhält ein Spieler diejenige Punktzahl, die sich in Kombination mit der Entscheidung seines Gegenspielers ergibt. Wenn Person A die Alternative I wählt, hängt der Punktwert davon ab, wie sich B entscheidet. Wählt B die Strategie III, dann erhalten beide 10 Punkte, wählt B dagegen die Strategie IV, erhält er 25 Punkte, während A 25 Punkte verliert. Wenn A die Alternative II wählt, dann bekommt er 25 Punkte, wenn B die III wählt (B verliert in diesem Fall 25 Punkte), und verliert 10 Punkte, wenn B die IV wählt (B verliert dann ebenfalls 10 Punkte).

Wenn das Spiel verstanden ist, kann es losgehen. Dazu setzen sich zwei Spieler so, dass sie einander den Rücken zukehren. Jeder hat vor sich eine Spielmatrix, Zettel, Bleistift und ein Ergebnisblatt, auf dem seine Wahl, die des anderen, seinen Gewinn/Verlust, sein Ergebnis, den Gewinn/Verlust des Mitspielers und dessen Ergebnis festgehalten werden.

Ziel dieses Spiels ist es, zu erfahren, wie Vertrauen hergestellt und aufrechterhalten werden kann.

7.8 Fallbearbeitung zum Thema betrieblicher Konflikt

Sinn dieser Übung ist es, zu lernen, eine Konfliktsituation in Ihrer Arbeitsumgebung (zum Beispiel im Projekt) zu simulieren. Ziel ist es, Ihre Interessen und Gefühle zu artikulieren, sich dabei jedoch auch immer wieder in die Lage des Gegenübers (Kontrahenten) mit dessen Argumenten zu versetzen. Ein nachhaltiger Lerneffekt dieser Übung kann erreicht werden, wenn Sie Ihre Vorbereitung und Ihr Verhalten intensiv reflektieren, parallel dazu alternative Handlungsmöglichkeiten erkennen, dabei sogar „Möglichkeiten des Andersseins" (Watzlawick) entdecken und aufgrund dessen Ihre Verhaltensweise überdenken oder sogar ändern.

1. Schildern Sie in wenigen Sätzen ein wichtiges betriebliches Problem aus Ihrer Sicht.
2. Nehmen Sie an, Sie könnten mit einer beliebigen Person, die in irgendeiner Form an diesem Problem beteiligt ist, darüber sprechen. Beschreiben Sie, welche Strategie Sie in dieser Besprechung anwenden würden, sagen Sie auch konkret, wer Ihr fiktiver Gesprächspartner ist.
3. Teilen Sie dann ein Blatt Notizpapier in 2 Spalten. Tragen Sie in die rechte Spalte ein, was Sie in diesem Gespräch sagen würden, und was die andere Seite Ihrer Meinung nach darauf erwidern würde. Diese fiktive Diskussion können Sie ruhig über mehrere Seiten ausdehnen.
4. In der linken Spalte notieren Sie dann bitte die insgeheim von Ihnen in diesem Gespräch verspürten Gefühle/Gedanken, die Sie, gleich aus welchen Gründen, dem Anderen niemals mitteilen würden.

   Hier einige Beispiele für das, was Sie in der linken Spalte notieren könnten:

   „Wenn Du auf dieser Position bestehst, schadest Du der von mir aufgebauten Arbeitsmoral."

   „Komm' mir nicht mit solchen Sprüchen, Du weißt genau, was ich meine."

   „Nimm doch endlich Deine Scheuklappen ab und sieh, was in dem Unternehmen los ist."

   „Ich bemühe mich ja wirklich, aber ich kriege langsam das Gefühl, es ist wirklich hoffnungslos."

7.9 Eine Gewinner-Gewinner-Situation herstellen

Kernelement der Gewinner-Gewinner-Situation ist die Auseinandersetzung über Interessen und nicht über Positionen oder gar Personen.

Dies bedeutet, dass die Konfliktbeteiligten eine Diskussion auf der Sachebene führen müssen und sich nicht in ihren Ängsten und Befürchtungen, den gegenseitigen Kränkungen und Schuldzuweisungen verwickeln sollten. Gleichzeitig sollen die Erwartungen, das Vertrauen und die Befürchtungen der Beteiligten berücksichtigt werden. Die Konfliktbeteiligten müssen den Konflikt oder das zu lösende Problem gemeinsam angehen und sich nicht gegenseitig bekämpfen oder ihre Vorannahmen und etwaige vertrauensbildenden Maßnahmen ausklammern.

Es kann durchaus zu Konflikten kommen, die nichts mit einer bereits seit einiger Zeit bestehenden Beziehung zu tun haben. Die meisten Konflikte jedoch entstehen in Beziehungen, die schon seit einiger Zeit bestehen und auch weiter bestehen sollen. Stellen Sie sich deshalb als Übungsbeispiel folgende Situation vor:

Ihre Frau / Ihr Mann möchte eine Lampe mit einem beigen Schirm kaufen, Sie selbst bevorzugen einen pfirsichfarbenen Lampenschirm.

Wie in vielen ähnlichen Situationen, könnte der Konflikt einfach durch die Beendigung der Beziehung gelöst werden. Der Punkt ist jedoch, dass Sie die Beziehung gar nicht beenden wollen. Sie lieben Ihre Frau / Ihren Mann und wollen mit ihr / ihm verheiratet bleiben.

Die Aufgabe besteht also nicht darin, dass Sie bei diesem Interessenskonflikt Ihren Widersacher in die Knie zwingen, sondern es gilt, eine Lösung zu finden, mit der Sie beide zufrieden sind, so dass Ihre Beziehung auch nach Beilegung des Konflikts auf die gleiche gute Art fortbestehen kann, wie es zuvor der Fall war.

Überlegen Sie also bitte, wie Sie den vorgenannten Konflikt mit dem Lampenschirm lösen könnten. Schreiben Sie bitte mindestens *fünf* verschiedene Lösungen für diese Situation auf, wobei es zunächst gleichgültig ist, ob die Beziehung weiter bestehen soll oder nicht. Wenn Ihnen keine fünf vernünftigen Lösungen einfallen, schreiben Sie auch die unvernünftigen auf.

Lösungen:

1. ______________________________

____

2. ______________________________

____

3. ______________________________

____

4. ______________________________

____

5. ______________________________

____

Haben Sie mindestens fünf Lösungen zusammen? Gut. Ihre nächste Aufgabe besteht darin, weitere fünf aufzuschreiben.

„Unmöglich", sagen Sie? Nun, versuchen Sie es wenigstens. Lassen Sie dabei Ihrer Fantasie freien Lauf. Es kommt im Augenblick darauf an, dass Sie *möglichst viele Lösungen* finden, die nicht unbedingt auch praktikabel sein müssen.

6. ______________________________

____

7. ______________________________

____

8. ______________________________

____

9. ______________________________

____

10. ______________________________

____

In einem weiteren Schritt bewerten Sie Ihre Lösungsmöglichkeiten mit den Grundstrategien der Konfliktbewältigung (wenn sie Ihnen entfallen sind, so schauen Sie sich bitte noch einmal Abschnitt 4.7 an). Versuchen Sie, Ihre Aussagen den einzelnen Möglichkeiten zuzuordnen. Bei der Lösungsmöglichkeit, bei der Sie zu dem Ergebnis „Konsens" kommen, haben Sie eine Gewinner-Gewinner-Situation erreicht. Das Problem bei dem geschilderten Lampenkauf ist dann behoben.

Unabhängig davon können Sie jedoch auch Ihren Partner die Lösungen beurteilen lassen. Man kann dann nur hoffen, dass das Ergebnis bestätigt wird.

7.10 Meine Konfliktstile (nach Blake und Mouton)

Mit dieser kleinen Übung können Sie ermitteln,

- wie Ihre Grundeinstellung zu Konflikten ist,
- wie Sie Konflikte zwischen einzelnen Menschen bewerten,
- Konflikte in Gruppen und
- Konflikte zwischen Gruppen.

Das Ergebnis dieser Übung hilft Ihnen, sich in Konfliktsituationen besser einzuschätzen; eventuell ermöglicht es Ihnen auch bewussteres Verhalten in derartigen Situationen.

Kreuzen Sie die Antwort an, die am ehesten zutrifft.

1. *Jeder Konflikt rührt auch die Gefühle der Beteiligten auf.*

   Wie würden Sie Ihre Gefühle in Konfliktsituationen beschreiben?

   a) Es macht mir richtig Spaß, wenn ich meinen angestauten Gefühlen Luft machen kann.

   b) Konflikte stimmen mich ernst. Ich mache mir Gedanken, was wohl die Anderen meinen und fühlen.

   c) Ich bin frustriert; denn entweder ärgere ich mich oder ich resigniere, zu einer wirklichen Lösung kann ich doch nichts beitragen.

   d) Ich habe schon Spaß daran, aber die Gefühle dürfen nicht zu heftig werden.

   e) Ich habe oft Angst davor. Offene Aussprachen sind nicht möglich, ohne den Anderen zu verletzen.

2. *Sie ärgern sich aus irgendeinem Grund über einen guten Kollegen.*

   Was tun Sie?

   a) Ich sage ihm, weshalb und worüber ich mich ärgere. Dann frage ich ihn, wie ihm nun zumute ist.

   b) Ich ärgere mich am meisten darüber, dass es ihm gelungen ist, mich so in Wut zu bringen. Ich gehe ihm deshalb aus dem Weg, bis ich wieder ruhiger geworden bin.

   c) Wenn ich Wut habe, explodiere ich, ohne viel zu fragen.

   d) Ich habe Angst davor, in Wut zu geraten. Sie könnte mich verleiten, etwas zu tun, was ich später bereue. Deshalb versuche ich, den Ärger zu verdrängen und gerade das Gegenteil von dem zu tun, zu was mich der Ärger antreibt.

   e) Eine richtige Wut ist für alle gut, solange niemand verletzt wird.

3. *Eine Besprechung zieht sich immer mehr in die Länge, weil ein Kollege auf seinen Einwänden beharrt.*

   Was tun Sie?

   a) Ich trete dafür ein, dass er seine Argumente vorbringen kann. Wenn er die Gruppe nicht zu überzeugen vermag, sollte er sich der Mehrheitsmeinung anschließen.

   b) Ich suche herauszufinden, weshalb der Kollege das Problem anders als das Team sieht. Wir können dann nochmals unsere Argumente aus seiner Sicht prüfen und ihn besser verstehen.

   c) Solche Meinungsverschiedenheiten lähmen ein Team. Ich dränge die Anderen, zu angenehmeren Tagesordnungspunkten überzugehen.

   d) Der Kollege behindert unsere Arbeit. Ich sage das offen und verlange, dass wir notfalls ohne ihn weitermachen.

   e) Ich halte mich heraus, wenn andere streiten. Soll doch jeder sehen, wie er seine Meinung selber durchsetzen kann.

4. *Teams müssen häufig Entscheidungen mit anderen Teams absprechen und koordinieren.*

   Nach welchen Gesichtspunkten wählen Sie einen Teamsprecher?

   a) Er soll unsere Meinung am besten vertreten können, aber gleichzeitig auch flexibel genug sein, um unsere Position im Lichte der

Argumente des anderen Teams so zu revidieren, dass eine optimale Entscheidung herauskommt.

b) Er sollte unsere Position geschickt vertreten, aber alles vermeiden, was uns in eine Zwickmühle bringen könnte.

c) Er soll kooperativ, freundlich und zurückhaltend sein, um Konflikte mit anderen Gruppen zu vermeiden.

d) Er sollte hart verhandeln können, keine Zugeständnisse machen und unseren Standpunkt maximal durchsetzen.

e) Ich würde jenen bevorzugen, der von vornherein auf Kompromisse eingeht.

Auswertung

Die Antworten auf diese vier Fragen lassen sich mit der folgenden Tabelle auswerten. Kreuzen Sie Ihre vier Antworten bei einem der fünf Konfliktlösungsstile (9/9, 5/5, 1/9, 9/1 und 1/1) an.

Tabelle 7.1
Konfliktstile

	9/9	5/5	1/9	9/1	1/1
Antwort 1	b	d	e	a	c
Antwort 2	a	e	d	c	b
Antwort 3	b	a	c	d	e
Antwort 4	a	e	c	d	b

Die Zahlenkombinationen in der Tabelle repräsentieren einen jeweils anderen Konfliktlösungsstil. Analog dem Modell von *Blake und Mouton* lassen sich für den Konfliktlösungsstil die beiden Dimensionen

- Orientierung an den eigenen Zielen und Belangen
- Orientierung an den Zielen und Belangen der Gegenpartei

jeweils in einer neunstufigen Skala untergliedern. Die zweidimensionale Zuordnung der beiden Dimensionen erlaubt es, fünf charakteristische Konfliktlösungsstile zu identifizieren.

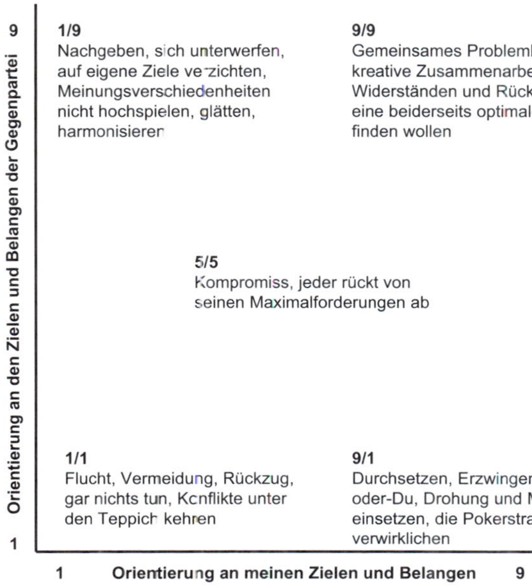

Bild 7.1
Matrix der Konfliktlösungsstile

Erläuterungen zu den Konfliktlösungsstrategien

1/1 *Flucht, Vermeidung, Rückzug* bedeuten, dass weder die eigenen Interessen noch die der Gegenpartei befriedigt werden. Die Neutralität soll um jeden Preis beibehalten werden oder eine aktive Rolle beim Lösen des Konflikts wird verweigert.

Vorteilhaft ist diese Lösungsstrategie

- wenn der Konflikt trivial ist oder Lösungen für wichtigere Konflikte anstehen,
- wenn keine Chance besteht, dass die eigene Partei ihre Bedürfnisse befriedigen kann,
- wenn die Kosten für einen Eingriff größer sind als der Nutzen einer möglichen Lösung,
- um dem Team Zeit zur Beruhigung zu lassen oder um Perspektiven zu gewinnen oder
- wenn andere den Konflikt effizienter lösen können.

9/1 *Durchsetzen oder Erzwingen* bedeuteten, dass nur die eigenen Interessen berücksichtigt werden, die der Gegenpartei jedoch außer Acht gelassen werden. Dies bedeutet, dass die anderen Parteien des Konflikts ausgestochen werden und die eigenen Interessen auf Kosten anderer durchgesetzt werden.

Vorteilhaft ist diese Lösungsstrategie,

- wenn schnelle Entscheidungen und Handlungen erforderlich sind, zum Beispiel in Krisensituationen,
- wenn in wichtigen Punkten, die das Gesamtwohl betreffen, unpopuläre Maßnahmen, wie zum Beispiel Disziplinarmaßnahmen, umgesetzt werden müssen,
- bei sehr wichtigen Fragen, wenn man sich gleichzeitig sicher ist, dass der eigene Standpunkt „richtig" ist, oder
- gegen Teams, die einlenkendes Verhalten als Schwäche deuten und ausnutzen.

1/9 *Nachgeben oder Harmonisieren* bedeutet, dass nur die Interessen der anderen berücksichtigt werden, die eigenen jedoch nicht. Andere können so ihre Bedürfnisse auf Kosten des Nachgebens befriedigen.

Vorteilhaft ist diese Lösungsstrategie,

- wenn sich zeigt, dass die eigene Partei im Unrecht ist, sie Einsicht zeigen und gleichzeitig eine angemessen Sichtweise ermuntern will,
- wenn der Streitpunkt für eine andere Partei wichtiger ist und man ihre Bedürfnisse befriedigen und Kooperation aufrecht erhalten will,
- wenn man für spätere Streitpunkte Pluspunkte aufbauen möchte,
- um Verluste zu minimieren, wenn sich zeigt, dass alle Parteien oder auch nur die eigene durch den Konflikt nur verlieren können, oder
- wenn Harmonie und Stabilität besonders wichtig sind.

9/9 *Gemeinsames Problemlösen* bedeutet, dass Lösungen gefunden werden, bei denen jede Konfliktpartei gewinnt.

Vorteilhaft ist diese Lösungsstrategie,

- wenn eine integrative Lösung für Probleme zu finden ist, die zu wichtig ist, als dass ein bloßer Kompromiss ausreichend erscheint,

- um Ideen von Personen mit verschiedenen Perspektiven zu vereinen,
- um durch einen Konsens das Engagement aller Betroffenen zu gewährleisten oder
- um widersprüchliche Gefühle bei Individuen und Gruppen zu bearbeiten und aufzulösen.

5/5 *Kompromiss oder Verhandeln* bedeutet, dass von jeder Partei ein Teil der Interessen berücksichtigt wird und ein anderer nicht. Anstatt dass wie beim Problemlösen eine optimale Lösung gefunden wird, muss jede Partei einen Teil ihrer Ziele aufgeben.

Vorteilhaft ist diese Lösungsstrategie,

- wenn die Belange der einzelnen Parteien wichtig sind, aber nicht so wichtig, dass sie ein Mehr an Aufwand rechtfertigen, das zum Problemlösen nötig wäre,
- wenn gleich starke Teams sich gegenseitig ausschließende Ziele verfolgen,
- um eine vorübergehende Zwischenlösung zu erzielen,
- um unter Zeitdruck eine Lösung zu finden oder
- als Notfallstrategie, wenn weder Problemlösung noch Konkurrenz zu einer Lösung geführt haben.

Hinweis: Kein Stil kann als der einzig optimale gelten. In verschiedenen Situationen können durchaus unterschiedliche Stile angemessen sein. Ein Konflikt wird eher bewältigt, wenn die Beteiligten flexibel zwischen diesen Stilen variieren können (siehe auch Abschnitt 4.1.1, situativer Führungsstil).

Jeder Mensch entwickelt eine für ihn charakteristische Abfolge von Konfliktstilen. Er lernt, mit welchem Stil er am besten einen Konflikt angeht und auf welchen er dann überwechselt, wenn der erste erfolglos bleibt.

Glossar

Im folgenden Glossar finden Sie Begriffe, die im Zusammenhang mit Crash-Management von Bedeutung sein können. Sie bieten im Fall von Missverständnissen oder Konflikten eine gemeinsame Diskussionsbasis.

ABC-Analyse

In der so genannten ABC-Analyse werden Aufgaben, Probleme, Fehler, Produkte, Aktivitäten oder Geschäftsbeziehungen in drei Stufen priorisiert:

A = sehr wichtig oder dringlich,

B = wichtig oder dringlich,

C = weniger wichtig oder dringlich.

Um zu verhindern, dass alles in eine Stufe einsortiert wird („Alles, was ich mache, hat höchste Priorität."), kann vorgegeben werden, wie die prozentuale Aufteilung der zu priorisierenden Elemente auf A, B und C auszusehen hat. Beispielsweise kann in Einklang mit dem 80-20-Prinzip der Anteil der „A"-Elemente auf 20 % eingeschränkt werden.

Zweck der Anwendung der ABC-Analyse bei Konflikten oder Krisen ist die Konzentration beschränkter Kapazitäten oder Arbeitszeit auf die wesentlichen und ausschlaggebenden Aufgaben der Konfliktbewältigung und Problembehebung.

Die ABC-Analyse kann noch zur ABC/XYZ-Analyse erweitert werden, wenn neben der Priorisierung in A, B und C noch eine weitere Priorisierungskategorie (zum Beispiel Häufigkeit oder Korrigierbarkeit) hinzugenommen wird. Man erhält dann eine 3x3-Matrix mit neun Feldern. Mit den Kategorien „Eintrittswahrscheinlichkeit" und „Folgekosten" wird dieses Vorgehen zum Beispiel in der Risikoanalyse verwendet.

Aktives Zuhören

Der Mensch ist sich normalerweise der Bedeutung des Zuhörens nicht bewusst. Zuhören ist mehr als nur hinhören oder aufmerksam sein. Es ist kein passiver Zustand, sondern ein höchst aktiver Vorgang. Durch bewusste und aufmerksame Beobachtung des Gesprächspartners, seiner Stimmlage, seiner Mimik, Gestik und Körperhaltung kann sehr viel mehr als das Gesagte wahrgenommen werden.

Ambiguität

Ambiguität bedeutet Doppel- oder Mehrdeutigkeit. Sie zeigt sich unter anderem in Machtverhältnissen, Erwartungen Regeln oder Anweisungen. Sind die Machtverhältnisse der abhängigen Projektteams eindeutig geklärt und konstant und werden überdies von allen akzeptiert, ersetzen Entscheidungen von Autoritäten Konflikte. Differenzen zwischen den Teams werden dann zugunsten des mächtigsten Teams entschieden. Aus diesem Grund sind Konflikte nach gravierenden Veränderungen der Teamstruktur sehr viel wahrscheinlicher als in einer stabilen, klar definierten Autoritätshierarchie. Siehe auch Rollenambiguität.

Änderungsanforderung

Da zu Beginn eines Projektes noch viele Unwägbarkeiten bestehen, sind Veränderungen gegenüber der Planung während der Projektausführung nahezu unvermeidlich. Wer von den Projektbeteiligten die Notwendigkeit einer Änderung erkennt, muss dies in Form einer Änderungsanforderung mitteilen. Wie mit dieser Änderungsanforderung verfahren wird, muss zu Beginn des Projekts im Change Management festgelegt werden. Zeitpunkt und Schwere der Änderungsanforderungen haben einen nicht unerheblichen Einfluss auf die Kosten und die Termine. Deshalb bieten Änderungsanforderungen immer wieder ausreichend Konflikt- und Krisenpotenzial.

Änderungsmanagement

Änderungsmanagement ist die Organisation, Verwaltung und Abwicklung von Änderungsanforderungen während des Projektablaufs.

Das Änderungsmanagement wird dem Konfigurationsmanagement zugeordnet.

Eine zentrale Funktion übt dabei der Konfigurationsausschuss (Configuration Control Board, Engineering Review Board, Technical Review Board, Technical Assessment Board) aus bzw. dessen Untergremium, der Änderungsausschuss (Change Control Board)

Wenn eine genehmigte Änderungsanforderung zusätzliche Kosten verursacht, das Projektergebnis geändert wird oder sich der Endtermin verschiebt, werden die benachteiligten Projektpartner in der Regel Nachforderungen (Claims) an die Verursacher stellen. Die Behandlung dieser Nachforderungen ist Bestandteil des Nachforderungsmanagements (Claim Management), das an der Schnittstelle zwischen Änderungsmanagement und Vertragsmanagement positioniert ist.

Anforderungskatalog

Ein Anforderungskatalog im Sinne der DIN 69905 ist die „Auflistung von Anforderungen, durch deren Erfüllung ein angestrebtes Projektziel erreicht werden soll." Ein Anforderungskatalog kann beispielsweise Bestandteil des Lastenheftes oder der Abnahmevereinbarung sein. Aber auch durch Qualitätssicherung oder Marktforschung entstehen Anforderungskataloge, die zur Erreichung des Projektzieles zu erfüllen sind.

In gewisser Weise kann der Anforderungskatalog im Sinne der DIN als eine detaillierte Darstellung des Projektziels betrachtet werden.

Aus Sicht des Qualitätsmanagements stellt der Anforderungskatalog eher eine Auflistung der Kundenanforderungen und damit eine Definition der Produktqualität dar. In diesem Sinne ist er die Datenbasis für die Definition von Qualitätszielen.

Alle Anforderungskataloge, die im Vorfeld oder im Laufe eines Projekts entstehen, gehören in das Projekthandbuch.

Anreizsystem

Um das Projektteam für Erfolge sowohl zu motivieren als auch zu belohnen, lassen sich Anreizsysteme für genau definierte Leistungserfüllungen als zusätzliche Anerkennungen einsetzen. Diese Anerkennungen können sowohl in pekuniärer (finanzieller) Form als auch in Form so genannter Incentives, zum Beispiel gemeinsamer Veranstaltungen, erfolgen.

In Krisensituationen ist es sinnvoll, die Belohnung stets für das gesamte Projektteam zu definieren. Wenn das Anreizsystem zu stark zwischen den einzelnen Projektteammitgliedern differenziert, erhöht es die Konkurrenzsituation innerhalb des Teams und reduziert die Teamleistung als Ganzes.

Appetenz-Appetenz-Konflikt

Eine Person strebt gleichzeitig und gleich stark zwei Ziele an, die sich nicht vereinbaren lassen.

Appetenz-Aversions-Konflikt

Auch Annäherungs-Vermeidungs-Konflikt genannt: Ein und dieselbe Sache vereinigt sowohl angenehme als auch unangenehme Aspekte in sich.

Auftraggeber

Der Vertragspartner, der das Projekt in Auftrag gibt. Bei externen Projekten ist das in der Regel der Kunde des Unternehmens, bei internen Projekten handelt es sich dabei eine Unternehmenseinheit oder auch die Unternehmensleitung.

Der Auftraggeber eines Projektes ist der wichtigste Projektbeteiligte (Stakeholder). Er erteilt den Auftrag und ist der Vertragspartner, der endgültig über den Erfolg des Projekts entscheidet.

Unterschieden wird zwischen internem und externem Auftraggeber. Der interne Auftraggeber entstammt demselben Unternehmen wie der Auftragnehmer und ist damit in einer besonderen Verpflichtung gegenüber dem Projekt. Beispielsweise kann ein interner Auftraggeber keine Regressforderungen gegen den Auftragnehmer stellen, da beide zur selben juristischen Person gehören.

Ein externer Auftraggeber steht mit dem Auftragnehmer in einem gesetzlich geregelten Vertragsverhältnis, auf das die Regelungen des BGB und des HGB in vollem Umfang anzuwenden sind. Geregelt wird dieses Verhältnis durch die allgemeinen Geschäftsbedingungen der Vertragspartner und den zwischen ihnen geschlossenen Vertrag. Für ein Projekt ist die Anfertigung eines Lastenheftes und eines Pflichtenheftes dringend zu empfehlen, da nur so die vereinbarten Leistungen überprüfbar sind.

In jedem Fall ist der Auftraggeber Mitglied im Lenkungsausschuss des Projekts. Je nach Projektart hat er dort auch die letzte Entscheidungsbefugnis.

Aufwand

Im deutschen Sprachgebrauch wird Aufwand oftmals gleich mit den gesamten Kosten für eine bestimmte Leistung gesetzt. Während die DIN 69903 vielfältige Kostenarten definiert und die DIN 69902 umfangreiche Begriffsbildungen über Einsatzmittel vornimmt, gibt es für den Begriff des Aufwandes keine zufriedenstellende deutsche Normung. Die Begriffe der DIN 69902 „Einsatzmittel-Aufwand“ und „Arbeitsmenge“ sind im strengen Wortsinn der DIN-Definition für die praktische Projektarbeit nicht sinnvoll.

Es erscheint somit sinnvoll, den deutschen Begriff „Aufwand" als übergreifenden Begriff für „Arbeitsaufwand", „Einsatzmittel-Aufwand" und „finanzieller Aufwand" zu verwenden.

Ausreden

Projektorganisation und Linienorganisation stehen häufig in Konfliktsituationen. Um offene Konflikte zu vermeiden, werden in diesen Situationen Ausreden verwendet, die den Fortgang des Projekts erheblich behindern können. Im Normalfall geht es dabei um die Durchführung von Arbeitspaketen durch Mitarbeiter aus der Linienorganisation, die nicht ausreichend für das Projekt freigestellt wurden.

Bei der Einführung von Projektmanagement als Führungsmethode haben Ausreden und Widerstände den Zweck, erworbene Machtpositionen zu verteidigen, die durch das Management by Projects gefährdet werden.

Zu den typischen Ausreden gehören: „Darüber wurde ich nicht informiert." „Bei uns ist im Moment wegen... (aktuell anstehende Routineaufgabe) Land unter." „Hierfür fehlt mir vollkommen der Überblick, in welchem Zusammenhang steht diese Aufgabe, welche Strategie wird damit verfolgt..." „Herr X ist in Urlaub, Frau Z ist krank, und jetzt kommen auch noch Sie daher!" „Mir fehlen hierfür die erforderlichen Informationen." „Das ist ein viel zu großer organisatorischer Aufwand, das können wir doch viel einfacher machen." „Das ist absolut wichtig, darum werde ich mich sofort kümmern! (Auf Nachfragen wird dann eine der anderen Ausreden für das Nichtstun verwendet.)" „Vor lauter Besprechungen und Meetings komme ich überhaupt nicht mehr zum Arbeiten."

Das Problem ist, dass diese Ausreden stets einen real begründeten Hintergrund haben. Niemand sitzt heute an seinem Schreibtisch und dreht Däumchen, bis endlich jemand ein spannendes Projekt vorbeiträgt. Um trotzdem mit dem Projekt voranzukommen, muss die erforderliche Aufmerksamkeit und Unterstützung der obersten Führungsebene, die so genannte „Management Attention", erreicht werden. Durch kontinuierliches Projektmarketing auf allen Ebenen muss zudem die Motivation für das Projekt aufrechterhalten werden.

Aversions-Aversions-Konflikt

Auch Vermeidungs-Vermeidungs-Konflikt genannt: Eine Person muss zwischen zwei oder mehreren Alternativen wählen.

Berichtswesen

Das Berichtswesen ist Bestandteil des Projektinformationsmanagements. Aufgabe des Berichtswesens ist es, die Ergebnisse der Projektarbeit zu dokumentieren und vor allem zu kommunizieren. Es liefert die Zahlen, Daten, Fakten (ZDF) für das Management (intern und extern) sowie für die Projektmitarbeiter/innen und bildet gleichzeitig die Datenbasis für das Projektcontrolling.

Das Berichtswesen ist damit ein kritisches Element für das Projektmanagement, gleichzeitig wird es aber von denjenigen, die Berichte und Protokolle zu schreiben haben, als notwendiges Übel empfunden. Die Gründe hierfür sind der nicht unerhebliche Zeitaufwand für deren Erstellung und die Hemmung, über nicht abgeschlossene Arbeiten und ungelöste Probleme zu berichten.

Berichte sind verdichtete Informationen über einen bestimmten Zeitraum und einen bestimmten Bereich des Projekts (zum Beispiel vierteljährlicher Projektstatusbericht, Projektabschlussbericht).

Für jede Art von Bericht sind folgende Eigenschaften und Personen festzulegen:

- verantwortlicher Berichterstatter (nicht gleichbedeutend mit dem/den Autor/Autoren)
- Adressat(en) und Verteiler
- Gegenstand der Berichtserstattung
- Berichtszeitraum
- Häufigkeit der Berichtserstattung
- Abgabetermin in Relation zur Häufigkeit (zum Beispiel „jeweils 10 Arbeitstage nach Quartalsende“)
- Typ des Berichts (zum Beispiel Dokumentation, Ergebnisbericht, Statusbericht)
- formelle Anforderungen (zum Beispiel vorgeschriebene Vorlagen).

Wie für alle Projektdokumente gelten auch für Protokolle und Berichte besonders hohe Anforderungen für Ablage und Aufbewahrung. Es muss zu jedem Zeitpunkt gewährleistet sein, dass alle Berichte und Protokolle des gesamten Projektablaufs bei Bedarf den Berechtigten sofort zur Verfügung stehen. Andererseits unterliegen sie oftmals besonderen Geheimhaltungsvorschriften und müssen eigens vor unberechtigten Zugriffen geschützt werden.

Beziehungsebene

Ob man will oder nicht, wenn man jemanden anspricht, gibt man zu erkennen, wie man zu dem Anderen sieht und was man von ihm hält. In jeder Äußerung steckt somit auch ein Beziehungshinweis.

Oft hat der Empfänger ein sensibles, (über)empfindliches Ohr für diese Hinweise. Beziehungssignale werden meist implizit, das heißt zwischen den Zeilen gesendet. Das Nicht-Sprachliche spielt hier eine viel größere Rolle, als der sachorientierte Sender ahnt. Diese Kommunikationsebene ist besonders störanfällig, wenn die Beziehung schon angespannt, belastet oder unklar ist. Bei einer intakten Beziehung hingegen muss man nicht jedes Wort auf die Goldwaage legen.

Beziehungskonflikt

Entsteht dadurch, dass jemand eine andere Person oder Gruppe emotional verletzt.

Controlling

„Controlling" ist mittlerweile als eigenständiger Begriff anzusehen, es gibt keinen genau entsprechenden deutschen Ausdruck dafür.

Dementsprechend ist er auch in der DIN 69904 (Projektmanagementsysteme), Abschnitt 5.1.7 eigens beschrieben. Dort werden unter Controlling die „Prozesse und Regeln, die innerhalb des Projektmanagements zur Sicherung des Erreichens der Projektziele beitragen" verstanden. Diese Prozesse reichen von der Datenerfassung über den Vergleich mit den Plandaten und der Feststellung von Abweichungen bis hin zur Bewertung der Konsequenzen und dem Mitwirken bei der Planung von Gegenmaßnahmen und ihrer Überwachung.

Die DIN 69904 unterscheidet zwischen betriebswirtschaftlichem Controlling und technischem Controlling. Das betriebswirtschaftliche Controlling hat nach DIN 69904 neben der Überwachung betriebswirtschaftlicher Aspekte der Kostenplanung und der Projektabwicklung auch die Aufgabe, die Art der Wirtschaftlichkeitsrechnung für Entscheidungsvorbereitungen festzulegen. Das technische Controlling befasst sich hingegen mit der Überprüfung der „geforderten Gebrauchswerte" und verbindet somit Qualitätssicherung mit der betriebswirtschaftlichen Überwachung.

Defätismus

Bezeichnet den geistig-seelischen Zustand der Mut- und Hoffnungslosigkeit, die in Resignation mündet. Defätisten neigen zu Pessimismus und Schwarzseherei.

Delegieren

Nicht alles selber zu machen, sondern die Mitarbeiter „einzuspannen“, steigert deren Motivation und Leistungsbereitschaft, entlastet vom Tagesgeschäft und gibt Führungskräften Zeit, sich um die Führungsaufgaben zu kümmern.

Earned Value

Der Earned Value errechnet sich aus den budgetierten Kosten der abgeschlossenen Arbeiten.

Empathie

Empathie bedeutet, die persönliche Wahrnehmungswelt des Gegenübers zu betreten, sich in sie hineinzuversetzen, um sie aus seiner Perspektive verstehen zu können. Damit man wirklich verstehen und nachempfinden kann, was andere erleben, versucht man von der eigenen Wahrnehmung Distanz zu gewinnen.

Feedback

Feedback ist die Rückmeldung in einen Kommunikationsprozess. Rückmeldungen sind wichtig. In gleichwertigen Beziehungen sind Rückmeldungen unabdingbar: Sag mir, wie meine Botschaft bei dir ankommt, damit ich weiß, wie ich in der Kommunikation fortfahren kann.

Feedbackgespräche

Feedbackgespräche sind ausdrückliche, absichtliche und einfühlsame verbale Mitteilungen darüber, wie das Verhalten eines Gesprächspartners wahrgenommen wird. Erforderlich ist dafür die kritische Auseinandersetzung mit dem eigenen Verhalten durch denjenigen, der das Feedback erhält.

Gewinner-Gewinner-Strategie

Bei dieser Strategie wird eine Problemlösung angestrebt, die für alle Beteiligten annehmbar ist. Dieses Vorgehen kann als Versuch einer konstruktiven Konfliktlösung betrachtet werden. Die Parteien verhalten sich problemorientiert. Sie definieren den Konflikt als Problem, das sie gemeinsam zu lösen haben.

Diese Strategie stellt hohe Anforderungen an die Konfliktparteien:

- gegenseitiges Vertrauen,
- ungezwungene Meinungsäußerung,
- freier Zugang zu Informationen und
- partizipative Entscheidungsfindung.

Gewinner-Verlierer-Strategie

Diese Strategie geht davon aus, dass jede Partei nur so viel gewinnen kann, wie der Andere verliert. Besondere Komponenten der Strategie sind das Durchsetzen (Machtanwendung) und das Glätten.

Im ersten Fall setzt eine Partei ihren Standpunkt auf Kosten der anderen durch. Typischerweise entsteht eine solche Situation bei ausgeprägtem Konkurrenzdenken. Beim Glätten wird die Differenz vermieden oder heruntergespielt. Positive Seiten oder übereinstimmende Punkte werden hervorgehoben.

Handlungsangst

Liegt vor, wenn Personen genau wissen, was sie zu tun haben, aber Angst haben, dieses Wissen in die Tat umzusetzen.

Interdependenz

Auf der Sachebene bezieht sich Interdependenz hauptsächlich auf die gegenseitige Abhängigkeit von Individuen oder Teams in Bezug auf Hilfe, Informationen, Feedback oder andere Koordinationsaufgaben. Je komplexer die Abhängigkeit eines Teams ist, z. B. durch

- Aufgabeninterdependenz, Ausmaß der Vernetzung der Teammitglieder,
- Zielinterdependenz, Individualziel versus Gruppenziel,
- Feedbackinterdependenz (Individual-Feedback versus Gruppen-Feedback),

desto eher kann es zu Konflikten durch Interdependenz kommen.

Interpretation von Fakten

Beide Parteien sehen nur noch, was sie sehen wollen. Sie favorisieren die Interpretation, die ihren vorgefassten Zielen am meisten entspricht.

Inter-Rollen-Konflikt

Entsteht dadurch, dass jemand verschiedene Rollen innehat, die nicht vereinbarte Erwartungen an ihn stellen.

Intrapersonale Konflikte

Eine Person fühlt sich gleich stark zu zwei oder mehreren sich ausschließenden Alternativen angezogen.

Intra-Rollen-Konflikt

Entsteht durch widersprüchliche Erwartungen einer Person in Bezug auf ihre Rolle; so kann eine Rolle zum Beispiel keine Erfüllung bringen, eine Rolle kann eine Person überfordern, eine Rolle passt nicht zur Lebensauffassung.

Die an den Rollenträger gerichteten Erwartungen sind vage und mehrdeutig (siehe auch Rollenambiguität).

Körpersprache

Unter Körpersprache versteht man die Summe der non-verbalen Ausdrucksweisen eines Menschen: Arm- und Beinhaltung, Ausdruck der Augen, Mundwinkel oder Hände verraten Gedanken, Seelenleben, Ängste, Wünsche und Begierden. Auch Eigenschaften wie Körperfülle, Kleidung, Stimme, Frisur und sogar manche Details des Gesichtes sind Informationsquellen, aus denen man bis zu einem gewissen Grad auf Charaktereigenschaften oder Stimmungen schließen kann.

Oft wird in ähnlicher Bedeutung auch der Begriff „Körpersignale“ verwendet.

Kommunikation

Kommunikation ist der Austausch von Informationen zwischen Menschen. In Projekten ist die Kommunikation nach innen und nach außen einer der wichtigsten Erfolgsfaktoren. Wichtige Informationen, der Kommunikationsprozess und weit reichende Entscheidungen sollten dokumentiert werden.

In der Kommunikation achten wir bewusst meistens auf das, was gesagt wird, eher unbewusst darauf, wie etwas gesagt wird. Aus den nonverbalen Botschaften – der Körpersprache – ziehen wir aber wichtige Schlüsse im Hinblick auf die Beziehung.

Offene Kommunikation erfordert das Zusammenspiel von Wertschätzung, Einfühlung (Empathie) und Echtheit. Einander besser verstehen beginnt mit dem Zuhören. Wer zuhört, kann präzises Feedback geben.

Kommunikationsprozess

Die zwischenmenschliche Kommunikation ist ein Prozess, bei dem ein Sender über einen Kanal eine Nachricht aussendet, auf die der Empfänger reagiert (Feedback). Kommunikation kann als Prozess des Informationsaustauschs bezeichnet werden. Die Information ist das Objekt der Kommunikation.

Konflikt

Sich überschneidende Interessen von Individuen oder von Gruppen (Teams) bzw. Individuen und Gruppen (Teams).

Konfliktverzerrungen

Beinhalten Über- oder Unterbewertungen eines Konfliktes.

Kooperation

Die Arbeit in Projekten erfordert wirkliche Kooperation und ist damit ein partizipatives Element, das häufig im Widerspruch zu gewohnten Denk- und Verhaltensmustern steht. Ganzheitliches Denken muss gefördert und unterstützt werden. Bestimmte Spielregeln, zum Beispiel die Einhaltung von Zusagen, garantieren Zuverlässigkeit und haben hohe Priorität.

Meilenstein

Bedeutungsvolles Ereignis (Fertigstellung vorbestimmter Produkte) im Vorhabenablauf, das sich terminlich planen und überwachen sowie zur Bewertung des Vorhabenfortschrittes einsetzen lässt.

Missverständnisse

Viele Missverständnisse entstehen und verhärten sich dadurch, dass die Gesprächspartner zwar glauben zu verstehen, was der Andere sagt und denkt, sie jedoch nicht überprüfen, ob ihre Annahmen auch richtig sind.

Mobbing

Für die kleinen und großen durch Menschen hervorgerufenen Schikanen hat sich in den vergangenen Jahren Mobbing als gängiger Begriff etabliert.

Konflikte am Arbeitsplatz, Kollegen, die sich nicht leiden können, Vorgesetzte, die ihre Mitarbeiter schikanieren, Frust, den man am Mitarbeiter auslässt: All das gibt es, seit Menschen in organisierten Systemen zusammenarbeiten.

Mobbing ist eine subtile Methode, die dafür sorgt, dass es um Menschen und ihre zwischenmenschlichen Beziehungen schlecht bestellt ist. Sie kann Menschen ruinieren, ohne dass diese genau wissen, warum und wie dies geschehen konnte. Das Geschäft mit dem Mobbing blüht vornehmlich in hierarchischen und starr organisierten Institutionen und Firmen, wie überall da, wo Menschen anderen Menschen die Schuld in die Schuhe schieben, große Ängste mit sich herumschleppen und nicht wissen, wie sie ihren Ärger abreagieren können. Dank dem Wissen um Mobbing ist es vielen erst möglich geworden, ihre Situationen zu erkennen, zu verstehen und zu beschreiben. Dennoch, man kann nicht gleich jede feindliche und negative Verhaltensweise mit Mobbing in Verbindung bringen, obgleich die Grenzen manchmal schwer zu erkennen sind.

Grundsätzlich gilt, dass nicht gleich jeder cholerische Chef oder jede laut schreiende Kollegin ein „Mobber“ ist. Einmal-Taten sind für sich genommen noch kein Mobbing. Von Mobbing spricht man im Allgemeinen, wenn

- Demütigungen und/oder Schikanen mindestens einmal pro Woche passieren,
- sie sich über mindestens ein halbes Jahr hinziehen,
- die Opfer wenig Möglichkeiten haben, auf die Anfeindungen Einfluss zu nehmen,
- sie überdies keinerlei moralische und soziale Unterstützung bekommen und sich nicht verteidigen können,
- sich die Schikanen auf eine Person beziehen.

Moderationstechnik

Die Moderationstechnik – praktiziert von einem Moderator – hilft, die eigenständige Entwicklung und Zusammenarbeit in einem Projektteam zu erleichtern und dessen Selbststeuerung zu fördern. Sie ist ein Instrument zur systematischen und partizipativen Zusammenarbeit. Sie berücksichtigt inhaltliche und emotionale Aspekte einer Besprechung und hilft, unterschiedliche Sichtweisen aufzudecken. Somit können Teilnehmer sich leichter mit den Ergebnissen identifizieren.

Motivationsgespräche

Der Erfolg eines Projektmanagers hängt nicht zuletzt von den Leistungen seiner Projektmitarbeiter/innen ab. Deren Bereitschaft, ihre Pflichten zu erfüllen oder sich sogar darüber hinaus für das Projekt zu engagieren, lässt sich durch (faire) Motivationsgespräche steigern. Sie ermutigen Mitarbeiter, gestellte Aufgaben konsequent zu verfolgen und auch bei Konflikten und Krisen nicht zu kapitulieren.

Negative Fantasien

Die Personen denken darüber nach, was passieren könnte, wenn sie entsprechend ihrer Überzeugung handeln.

Paradoxon

Das Paradoxon ist eine Form eines Scheinkonflikts, die echte innere und soziale Konflikte zur Folge haben kann. Diese Scheinkonfliktform hat ihre Ursache nicht in der Unfähigkeit, mit Konflikten umzugehen, sondern in der Unfähigkeit, mit Übereinstimmung umzugehen. Anders als einfache Missverständnisse kann diese Form des Scheinkonflikts häufig nur nach sorgfältiger Analyse entdeckt werden, da die Beteiligten häufig alles tun, um eine Klärung zu verhindern.

Ein derartiges grundlegendes Phänomen bei Projektteams sind Schuldzuweisungen und Fehlersuche bei anderen Teammitgliedern. Jeder gibt dem Anderen die Schuld und sieht sich selbst als Opfer. Dies ist jedoch paradox, da jedes Mitglied des Projektteams Opfer ist.

Person-Rollen-Konflikt

Entsteht durch eine Rollensendung, die mit den Werten des Rollenträgers unvereinbar ist.

Polarisierte, einseitige Position

Die Konfliktparteien konzentrieren sich auf einen einzigen Streitpunkt des Konflikts und betrachten dabei ihre Position als der Position der Gegenpartei genau entgegengesetzt. Daher kann es auch nur eine mögliche Lösung geben. Eine Partei muss gewinnen und die andere verlieren.

Produkt

Produkte sind materielle oder immaterielle Gegenstände oder Dienstleistungen, die einem *Kunden* zur Verfügung gestellt werden.

Projekt (DIN 69901)

Vorhaben, das im Wesentlichen durch Einmaligkeit der Bedingungen in ihrer Gesamtheit gekennzeichnet ist, wie zum Beispiel

- Zielvorgabe,
- zeitliche, finanzielle, personelle oder andere Begrenzungen,
- Abgrenzung gegenüber anderen Vorhaben,
- projektspezifische Organisation
- Projektcontrolling

Projektkultur

Projektkultur ist die Art und Weise, wie ein Projekt geführt wird, wie man zusammenarbeitet und wie man miteinander umgeht. Die Unternehmenskultur, das gesamte Unternehmensmanagement und in Projekten der Projektmanager prägen mit ihren Werthaltungen und durch die Art der Führung die Projektkultur mit.

Projektmitarbeiter/innen

Wer die in den Arbeitspaketen beschriebenen Aufgaben tatsächlich durchführt, gehört zu den Projektmitarbeiter/innen. Die Mitarbeit an einem Projekt kann begrenzt sein auf einen Zeitraum oder auf einen Prozentsatz der regelmäßigen Arbeitszeit.

Formell werden Projektmitarbeiter/innen gemäß DIN zu den „Einsatzmitteln" bzw. den „Ressourcen" gezählt. Beide Bezeichnungen stoßen oftmals auf Ablehnung, da die betroffenen Personen sich zu Recht nicht zu Sachmitteln, Betriebsmitteln und Finanzmitteln rechnen lassen wollen. Es empfiehlt sich, entsprechend vorsichtig mit dem Projektmanagement-Jargon umzugehen. Nach Möglichkeit sollten auch die Bezeichnungen in Programmen für Ressourcenmanagement entsprechend angepasst werden.

Die Zuordnung von Mitarbeiter/innen zu einem Projekt (Personalbeschaffung) hängt von der Organisationsform des Unternehmens ab. Je nachdem, wie die disziplinarische Zuordnung des Personals erfolgt, muss der Projektleiter für den festgestellten Personalbedarf das benötigte Personal entweder beim entsprechenden Vorgesetzten oder einer Poolverwaltung anfordern.

Projektmitglieder

Der Projektmanagement-Fachmann benutzt als Oberbegriff für die Mitglieder des Projektteams und der Projektmitarbeiter/innen den Begriff „Projektmitglieder". Er grenzt ihn gegenüber dem Ausdruck „Projektbeteiligte" dadurch ab, dass die Projektmitglieder direkt einen Beitrag zum Projektergebnis leisten. Personen oder Organisationen, die nur von den Auswirkungen des Projekts betroffen sind, aber keine Mitwirkung am Projekt haben, zählen somit nicht zu den Projektmitgliedern.

Protokolle

Protokolle sind die Dokumentation von Ergebnissen eines Ereignisses oder Vorgangs zu einem bestimmten Zeitpunkt (zum Beispiel Protokoll des Jour fixe, Prüfprotokoll der Qualitätssicherung).

Für jede Art von Protokoll sind folgende Eigenschaften und Personen festzulegen:

- Protokollführer
- ggf. genehmigende Person
- Adressat/Verteiler
- Art des Ereignisses/Vorgangs
- Typ des Protokolls (zum Beispiel Besprechungsprotokoll, Testprotokoll)
- Abgabetermin in Relation zum Ereignis (zum Beispiel „1 Arbeitstag nach der Besprechung").

Reales Risiko

Ein reales Risiko besteht dann, wenn zumindest ein Teil der Befürchtungen eintritt, wenn man eine Aktion beginnt bzw. durchführt.

Rollenambiguität

Bedeutet Unklarheit darüber, wie eine Rolle ausgefüllt werden soll, und verstärkt alle Rollenkonflikte, da diese Unklarheit Freiraum für unterschiedliche Interpretationen lässt.

Rollenüberlastung

Nicht grundsätzlich widersprüchliche Rollenerwartungen, aber zu viele die zeitlich nicht mehr alle auszuführen sind.

Sachkonflikte

Treten auf, wenn zwar Einigkeit über ein Ziel, über den Weg zur Erreichung dieses Ziels aber Uneinigkeit besteht. Dabei besteht bei den Parteien jedoch Konsens über fundamentale Werte.

Scheinkonflikte

Es werden eigentlich gleiche Handlungspläne angestrebt, dies ist jedoch den Beteiligten nicht bewusst, zum Beispiel aufgrund von unterschiedlicher Wahrnehmung oder aufgrund von mangelnder oder missverständlicher Kommunikation.

Soziale Konflikte

Entweder

- interpersonale Konflikte (Konflikte zwischen Personen) oder
- Gruppenkonflikte (Konflikte zwischen Gruppen) oder
- zwischen Personen und Gruppen.

Sie können definiert werden als Spannungssituation, in der zwei oder mehr Parteien, die voneinander abhängig sind, mit Nachdruck versuchen, scheinbar oder tatsächlich unvereinbare Handlungspläne zu verwirklichen, und sich dabei der Gegnerschaft bewusst sind.

Soziale Rolle

Das typische oder erwartete Verhalten, das eine individuelle Position im sozialen Kontext kennzeichnet.

Spiegelbild

Jede Partei nimmt die eigene Position als genau gegensätzlich zur anderen wahr, das heißt, beide Parteien sind blind für mögliche Gemeinsamkeiten oder weitere Alternativen.

Team

Der Projektmanagement-Fachmann bezeichnet ein Team als eine „Gruppe weniger Personen, deren Fähigkeiten einander ergänzen und die sich für einen gemeinsamen Zweck, gemeinsame Leistungsziele und einen gemeinsamen Arbeitsansatz engagieren und gegenseitig zur Verantwortung ziehen."

Er grenzt damit den Begriff „Team" gegen die „Arbeitsgruppe" ab, die von einem Gruppenleiter geführt wird und deren Mitglieder durch ihre Arbeitsbeziehungen verbunden sind.

Das Hierarchiekriterium erscheint nicht als zwingend. Auch Arbeitsgruppen können aus gleichgestellten Mitgliedern zusammengesetzt sein, genauso wie ein Team von einem Leiter geführt werden kann.

Die Anzahl der jeweiligen Mitglieder hängt stark von der Arbeitsorganisation ab. Für die unmittelbare Durchführung von Arbeitsaufgaben beträgt die ideale Gruppengröße zwischen drei und sieben Personen. Ein Leitungsteam, das im Wesentlichen organisatorische Aufgaben hat und Entscheidungen mit Konsequenzen für das gesamte Projekt zu treffen hat, kann hingegen deutlich größer sein und Konferenzstärke annehmen. Auch Arbeitsgruppen können erheblichen Umfang annehmen, zum Beispiel, wenn ein großer Umfang gleichartiger Arbeiten durchzuführen ist. Beispiele hierfür sind statistische Datenerhebungen, Recherchen oder Versuchsreihen.

Trennungsangst

Bei dieser Störung besteht Angst vor solchen Situationen, in denen sich der Betroffene außerhalb seiner gewohnten Umgebung aufhält oder von einem geliebten Menschen oder einer Gewohnheit getrennt wird.

Verhaltensebene

Die Hindernisse, die auf methodische Mängel zurückzuführen sind, sind relativ unbedeutend verglichen mit den Schwierigkeiten, die auf das Verhalten der Teammitglieder zurückzuführen sind. Durch Erziehung und langjährige Gewohnheiten bringen die Teammitglieder Verhaltensweisen, Denkweisen und Einstellungen in die Teamsituation ein, die eine konstruktive Zusammenarbeit oft erschweren. Es sind vor allem die folgenden Gewohnheiten:

- Konkurrenzdenken
- mangelnde Sachbezogenheit (Ebene „Wer hat Recht?“, anstatt „Welche Idee ist sinnvoll?“)
- Tendenz, stets Mängel eines Vorschlags zu diskutieren
- mangelnder Schutz der Individualität (Fehlen von Führung, Sicherheit, Vertrauen)
- mangelhaftes Zuhören und Aufeinander-Eingehen.

Verlierer-Verlierer-Strategie

Sie bringt beiden Parteien einen Verlust ein. Beide müssen einen Teil des Gewollten aufgeben. Ein typisches Ergebnis dieser Strategie sind die Flucht und der Kompromiss. Bei der Flucht (auch als „Rückzug“ bezeichnet) wird zum Beispiel einer potenziellen Meinungsverschiedenheit ausgewichen. Beim Kompromiss kommt es zum Vergleich, einer Übereinkunft oder einem Ausgleich, meist in Form der Delegation auf eine neutrale Partei.

Verschobener Konflikt

Die Ursache für den Konflikt liegt auf der einen Ebene, der Konflikt wird jedoch auf einer anderen Ebene ausgetragen.

Verstehen

In einem Gespräch, in dem alle Beteiligten einander aktiv zuhören, wird es wenig Missverständnisse geben. Der Begriff „aktiv“ verlagert die Verantwortung für das Verstehen auf die zuhörende Person. Sie muss etwas dafür tun, damit sie der anderen in ihrer Vorstellungswelt folgen und erkennen oder entschlüsseln kann, was ihre Anliegen, ihre Position oder vielleicht ihre heimliche Botschaft ist. Die zuhörende Person ist dafür verantwortlich, dass sie fehlende Information erhält oder Zusammenhänge erklärt bekommt, die die sprechende Person nicht von sich aus darlegt. Der aktive Zuhörer versucht also, die Welt mit den Augen seines Gesprächspartners zu sehen.

Verteilungskonflikte

Konflikte um knappe Ressourcen (Menschen, Zeit, Geld, Räumlichkeiten usw.).

Wertkonflikt

Entsteht durch unvereinbare Ziele, Grundsätze, Prinzipien.

Zweierlei Maß

Die Parteien eines eskalierten Konflikts sind häufig der Meinung, dass sie für sich Freiheiten in Anspruch nehmen können, die sie anderen nicht zubilligen. Nicht ganz einwandfreie Verhaltensweisen rechtfertigen sie damit, dass sie unter den gegebenen Umständen einfach nötig seien. Dieselbe Verhaltensweise wird jedoch beim Anderen als gemeiner Trick bewertet.

Verzeichnis der Bilder, Checklisten und Tabellen

Bilder

Checklisten

Tabellen

Literaturhinweise

Apitz, Klaas: Konflikte, Krisen, Katastrophen: Präventivmaßnahmen gegen Imageverlust. Gabler: Wiesbaden 1987

Belbin, Meredith, Management Teams: Why they succeed or fail. Butterworth-Heinemann: Oxford 1996

Berkel, Karl: Konflikttraining. Sauer: Heidelberg 2002 (Konfliktarten, -analyse, -bewältigung im Alltag; Arbeitsheft, macht verständlich, was Konflikte sind, wie sie entstehen usw.)

Burghardt, Manfred: Projektmanagement. 7. Auflage. Publicis Corporate Publishing: Erlangen 2006 (umfassende Darstellung des Themas Projektmanagement)

Cooper, Robert K.; Sawaf, Ayman: EQ Emotionale Intelligenz für Manager. Heyne: München 1998 (praktische Übungen und Methodik, mehr mit seiner gesamten Person inklusive seinen Gefühlen zu agieren)

Death March Projects. In: American Programmer, February 1997 Vol. 10 No. 2 (Serie von Artikeln, wie man in komplexen Projekten nicht verrückt wird)

DeMarco, Tom; Lister, Timothy: Peopleware – Wien wartet auf dich! Der Faktor Mensch im DV-Management. Hanser: München 1991 (exzellente Darstellung von SW-Projekterfahrungen)

Dörner, Dietrich: Die Logik des Misslingens. Strategisches Denken in komplexen Situationen. Reinbek bei Hamburg: rororo 2003 (ein Buch gegen das „Eunuchenwissen"; welche Fallen stellen einem in unserem Geschäft durchaus übliche komplexe Situationen und wie umgeht man sie?)

Gamber, Paul: Konflikte und Aggressionen im Betrieb. mvg: Frankfurt 1995 (Problemlösungen und Tests mit Übungen und Experimenten)

Glasl, Friedrich.: Konfliktmanagement. Haupt: Bern 1992 (ein umfassendes Buch, das viel zum tieferen Verständnis von Konflikten beiträgt)

Hersey, Paul; Blanchard, Kenneth (1986). Das Reifegradmodell. In Wildemann, B. (2000), Professionell führen, 5. Auflage, Luchterhand-Verlag: Neuwied

Kepner, Charles H.; Tregoe, Benjamin B.: Entscheidungen vorbereiten und richtig treffen. Moderne Industrie: Landsberg am Lech 1998 (Klassiker der Managementliteratur, speziell auf Führungskräfte zugeschnitten, mit hoher Praxistauglichkeit)

Kummer, Walter A.: Projektmanagement. Leitfaden zu Methoden und Teamführung in der Praxis. Verlag Industrielle Organisation: Zürich 1989

Litke, Hans-Dieter: Projektmanagement. Methoden, Techniken, Verhaltensweisen. Hanser: München 1993

Maslow, Abraham: Motivation und Personality. Harper & Row: New York 1954

Meyers, Gerald; Holusha, John: Bevor die Fetzen fliegen: Die typischen Unternehmenskrisen erkennen, meistern und nutzen. Campus: Frankfurt 1989

Naumann, Frank: Miteinander streiten. Die Kunst der fairen Auseinandersetzung. Rowohlt: Hamburg 1995

Roth, Eugen: Ein Mensch – Heitere Verse. Sanssouci (bei Hanser): München 1998

Staehle, Wolfgang H.: Management. Eine verhaltenswissenschaftliche Perspektive, 8. Auflage. Vahlen: München 1999

Tannenbaum, Robert; Schmidt, Warren H.: How to choose a leadership pattern. Harvard Business Review 1958

Watzlawick, Paul: Menschliche Kommunikation. Huber: Bern 2000 (ein Klassiker der Kommunikationspsychologie)

Weinert, Ansfried B.: Motivation. In: Gaugler, E.; Weber, W. (Hrsg.): Handwörterbuch des Personalwesens. Schäffer-Poeschel: Stuttgart 1992

Stichwortverzeichnis

W

Z

Nicolai Andler

Tools für Projektmanagement, Workshops und Consulting

Ein Kompendium der wichtigsten
Techniken und Methoden

September 2006, ca. 224 Seiten,
ca. 100 Abbildungen, gebunden
ISBN 3-89578-264-5, ca. € 37,90 / sFr 61,00

Eine der ganz wichtigen Eigenschaften, die Projektmanager, Führungskräfte oder Berater besitzen müssen, ist die Kompetenz, alle ihre Aufgaben und Probleme zielgerichtet, schnell und mit einem optimalen Ergebnis zu lösen. Je nach Aufgaben- und Problemtyp gibt es dafür eine oder mehrere optimale Techniken oder Methoden, die mit unterschiedlich großem Aufwand erlernt und angewendet werden können.

Nicolai Andler präsentiert in seinem Buch rund achtzig solche Tools, gegliedert nach den Aufgabenkomplexen Kreativität, Ideengenerierung und -bewertung – Informationssammlung und -bewertung – Situationsanalyse und Problemdefinition – Zieldefinition – Strategische und technische Analysen, IT-Analysen – Evaluation, Entscheidungstechniken, Priorisierung – Projektmanagement und -kontrolle – Kompetenzen, Teams, Zusammenarbeit – Entwicklung, Change Management, Coaching.

Das Buch richtet sich an Projektmanager und -mitarbeiter, an Berater, an Trainer und Coachs und an Führungskräfte aus allen Bereichen sowie an Studenten, die gerne mehr Instrumente beherrschen möchten als die BCG-Matrix, Mindmap oder Brainstorming. Es bietet ihnen eine umfassende Sammlung der wichtigsten Tools und zeigt ihnen, wann man welches Tool einsetzt und wie man es anwendet.

Klaus-Günter Struck

Der Coaching-Prozess

Der Weg zu Qualität: Leitfragen und Methoden

2006, 249 Seiten, 30 Abbildungen, gebunden
ISBN 3-89578-265-3, € 39,90 / sFr 64,00

Dieses Buch wendet sich an Coachs, an Führungskräfte in Linie und Projekt sowie an Personalentwickler und andere Einkäufer von Coachingmaßnahmen. Der Autor liefert zum einen ein Konzept, mit dem sich Coaching-Ziele und -Situationen nach ihrer Schwierigkeit beurteilen lassen und notwendige Kompetenzen für entsprechende Maßnahmen ermittelt werden können. Zum anderen bietet er Leitfragen und Methoden, mit deren Hilfe jeder Coach seine Arbeit systematisch optimieren kann.

Ernst Jankulik, Peter Kuhlang, Roland Piff

Projektmanagement und Prozessmessung

Die Balanced Scorecard im projektorientierten Unternehmen

2005, 273 Seiten, 115 Abbildungen, gebunden
ISBN 3-89578-251-3, € 57,90 / sFr 93,00

Nachvollziehbare Messungen und Bewertungen der Prozessqualität in der Projektabwicklung sind die Grundlage für effizientes Benchmarking und führen zu deutlich verbesserter Akzeptanz und Umsetzung von Zielvorgaben zur Prozessqualität bei allen Beteiligten.

Die in diesem Buch beschriebenen neuartigen Methoden bieten ein optionales, strategisches Steuerungsinstrument zur Unterstützung der Process Owner und eignen sich für den Einsatz in jedem projektorientierten Unternehmen.

Zu Beginn bietet das Buch Definitionen und die Diskussion wichtiger Methoden. Anschließend wird die Projektportfolio-Scorecard entwickelt, einschließlich ihrer Indikatoren und Messgrößen, und im nächsten Abschnitt ist ihre Anwendung anhand konkreter Beispiele mit Ergebnissen der Prozessmessung aus der Sicht der Projektmanager dargestellt.

Das Buch richtet sich an alle Projekt-, Prozess- und Qualitätsmanager, an Führungskräfte, Berater, Studenten und Dozenten.

Walter Gregorc, Karl-Ludwig Weiner

Claim Management

Ein Leitfaden für Projektmanager und Projektteam

2005, 222 Seiten, 34 Grafiken und Beispiele, gebunden
ISBN 3-89578-250-5, € 42,90 / sFr 69,00

Im Rahmen von Projektmanagement erhält Claim Management immer höhere Bedeutung. Dieses Buch beschreibt seine rechtlichen Grundlagen, die wirtschaftlichen und technischen Bedingungen seiner Anwendung und zeigt den operativen Einsatz in der Projektrealisierung und Gewährleistungsphase. Es soll die Projektbeteiligten in die Lage versetzen, die vertraglichen Vorgaben auszuführen, zusätzliche Forderungen zu erkennen und mit dem Vertragspartner zu verhandeln. Außerdem beschreibt es den Umgang mit Änderungen und wie sie vergütet werden. Das Buch bietet praktische Beispiele, Vorlagen und Prozessbeschreibungen, Verhandlungstipps sowie eine beispielhafte Liste der Mitwirkungspflichten des Kunden.

Manfred Burghardt

Projektmanagement

Leitfaden für die Planung, Überwachung
und Steuerung von Projekten

7., überarbeitete und erweiterte Auflage, 2006, 696 Seiten
plus 56 Seiten Beiheft, 342 Abbildungen, gebunden
ISBN 3-89578-274-2, € 119,00 / sFr 188,00

Das Buch ist ein umfassendes, anerkanntes Standardwerk für Projektleiter, Projektplaner und Projektmitarbeiter. Klar strukturiert und verständlich vermittelt es die Methoden und Vorgehensweisen im Management von Projekten. Außerdem dient es als Nachschlagewerk für alle diejenigen, die bereits längere Zeit mit PM-Aufgaben betraut sind. Für die 7. Auflage wurde das Buch gründlich überarbeitet und aktualisiert. Ergänzt wird das Buch durch ein umfangreiches Glossar, einen Fragenkatalog für PM-Untersuchungen und ein Beiheft mit PM-Merkblättern für das Erstellen projektspezifischer Checklisten.

Manfred Noé

Projektbegleitendes Qualitätsmanagement

Der Weg zu besserem Projekterfolg

2006, 320 Seiten, 60 Abbildungen, gebunden
ISBN 3-89578-270-X, € 39,90 / sFr 64,00

Dieses Buch beschreibt den Einsatz eines projektbegleitenden, prozessorientierten Qualitätsmanagements als zentrale Aufgabe innerhalb eines Projekts. Es basiert auf dem Leitgedanken der „Qualität von Anfang an" für alle Projekt- und Entwicklungsprozesse. Dies wird beispielhaft vorwiegend an IT-Projekten dargelegt, da diese nicht nur allgemein als schwierig einschätzbar gelten, sondern auch im Sinne der Kunden- und Qualitätsanforderungen nicht leicht realisierbar sind.

Durch konsequent ausgerichtete, partnerschaftliche Zusammenarbeit zwischen Projektmanagement und Qualitätsmanagement werden alle qualitativen Anforderungen an die Projektdurchführung bzw. die Projektergebnisse richtig bewertet, definiert und umgesetzt.

Projekt- und Qualitätsmanager erhalten mit diesem Buch ein erprobtes Instrumentarium an Methoden und Verfahren, ergänzt durch praktische Beispiele, Tipps und Checklisten. Von den aufgeführten Beispielen aus den Bereichen der Softwareentwicklung lässt sich die Vorgehensweise auf alle anderen Projekte übertragen.